近现代世界建筑与建筑大师

任鸿飞　编著

U0197418

中国建筑工业出版社

图书在版编目（CIP）数据

近现代世界建筑与建筑大师 / 任鸿飞编著. — 北京：
中国建筑工业出版社，2018.4
ISBN 978-7-112-21718-2

Ⅰ. ①近… Ⅱ. ①任… Ⅲ. ①建筑设计 Ⅳ. ① TU2

中国版本图书馆CIP数据核字（2017）第318514号

责任编辑：费海玲 焦 阳
责任校对：王 烨

近现代世界建筑与建筑大师

任鸿飞 编著

*

中国建筑工业出版社出版、发行（北京海淀三里河路9号）

各地新华书店、建筑书店经销

北京点击世代文化传媒有限公司制版

北京中科印刷有限公司印刷

*

开本：787×1092毫米 1/16 印张：18 字数：322千字

2018年12月第一版 2018年12月第一次印刷

定价：**58.00**元

ISBN 978-7-112-21718-2

（31549）

自序　当代建筑文化性质、意义的再寻找

　　谈及艺术与文化，常常感慨吴冠中先生临终叹息："国人至今还是普遍美盲状态。"如果谈及建筑文化，我想，吴冠中先生临终叹息的含义应该不仅仅指"美术盲"，也应该包括"建筑盲"。仔细一想，今天的社会"建筑盲"不仅普遍存在，并且存在于文化领域，甚至存在于造型艺术领域和建筑专业领域本身。我曾在建筑学院和美术学院教书，课上曾提问建筑四年级同学什么是建筑学？能够明了回答出来的学生居然少之又少；后来又提问美术学院四年级同学柯布西耶和密斯是谁？知道的学生居然也是少之又少。有时与一般社会的文化工作者闲聊，诸如一些画家、书家、作家，大多对建筑和建筑家也是知之甚少。

　　几年前，有幸在福州大学的建筑学院聆听了秦佑国先生的"建筑第一课"——建筑学专业的开课仪式。建筑学院一般要请名家大腕给学生作开业启蒙，秦先生是清华建筑学院的院长、梁思成的弟子。秦先生说他的"建筑第一课"，是20世纪50年代梁思成先生给上的，那时梁先生说："国人认为建筑师很了不起，可是却很少知道建筑学与建筑师工作的真正含义……建筑师不但要研究建筑，还要肩负向社会传播建筑文化的责任，建筑文化的繁荣首先靠建筑学专业水平和社会建筑文化认同的共同提高，否则，中国建筑很难真正繁荣。"秦先生接着说："很遗憾，梁思成先生的讲话已经过去了半个多世纪了，我们的社会仍然如此！"

　　对吴冠中先生的叹息和秦先生的"建筑第一课"我一直深有同感，本人曾学习绘画，后来又与建筑行业结缘，常喜欢与画者谈建筑，与建筑者谈绘画，感叹作为建筑人遇到既外行又"霸道"的业主之心酸，也感受到了对建筑、艺术之向往，我希望通过传播建筑文化，社会特别是文化和造型艺术专业领域，能对现代主义以来的建筑大师有更深入的了解，以此提高社会对建筑学的社会文化母体意义的认知度，使更多真正优秀的建筑得以建造完成，真正地繁荣我们赖以生存的文化空间。

　　几天前，看了一则朋友圈嘲讽画家做建筑的微信文章：宁夏一旅游企业做"有文化品位"的休闲度假项目，由12栋建筑组成的"贺兰山房"，

有些仿照"长城脚下的公社",请了12个著名画家设计建筑,微主说:"这些艺术家设计的建筑确实不敢恭维。虽然'设计师'都是大腕艺术家,但说实话,一群画家,把建筑做得很难看。某大画家的蓝色、红色片墙,方方的窗户顶多是建筑系大一学生的65分作品;某画家的作品好歹像个房子,露怯的是汽车坡道作为入口对尺度毫无概念,还有……"(微主是天津大学建筑学专业,一级注册建筑师)。我赞同微主大部分观点,也添加了评论:"建筑有自己的规律,与美术有共性,但又不是一回事,如果画家没有建筑学、建筑史论做基础,只凭造型经验,肯定做不来建筑。意大利文艺复兴时代的画家、雕塑家都是通才,能画画,也能做建筑,今天也有,但是少极了。画家纯粹的艺术行为,没有空间使用性约束,也没有结构形态、文脉和技术成本问题。而画家做建筑则不同,绘画的空间是两维度的,建筑空间是三维度的;画是虚的,建筑却是实的。况且建筑的本质并不是一般意义的美学,而是实体空间的形式逻辑;绘画相对可以随意,比如构成可以当装饰画,装饰画却不可以代替构成,绘画可以凭经验,也可以凭逻辑,而建筑艺术是对真实空间的使用,必须具有逻辑性,特别是关于现代主义之后的建筑。"

现代建筑经历了20世纪呼风唤雨的发展历程,后现代建筑登场到现在也近半个世纪了,从世界大文化的角度回望人类社会发生的巨大变化过程,就会发现我们才刚刚开始真正把近现代建筑作为社会科学文化的重要组成部分。对于现代主义以来的世界建筑艺术文化,我们只在近年学习了其经济性的优点,而对于世界建筑社会科学文化意义了解得并不多,例如,建筑师王澍曾在20世纪90年代博士毕业论文答辩时提出,在中国可以论现代建筑,只有一个半人,一个是其本人,半个是他的导师。这曾在建筑界作为笑谈传了很久,我也曾在之前和同学聊天说:"普利兹克建筑大奖不久将会有中国的建筑师获得,中国的建筑和经济存量达到了一定规模,最有可能获得普利兹克建筑大奖的人是王澍,其次是张永和……"。在王澍获得普利兹克建筑大奖之后,大家才意识到,老王那时只是说了一句大实话。现代建筑作为独立的艺术与科学体系,与社会文化艺术密切关联,是构成社会系统文化的重要部分,我们的社会对此认知不足,导致对建筑和现代文化艺术认识的局限和缺失,它们互为因果和前提,不可割舍。

建筑学是一个由社会历史、政治经济、自然生态、科学技术和文化艺术融合起来的独立的科学与艺术系统。"没有哪个领域像建筑和城市这样,涉及社会、文化、哲学、艺术、经济、政治、科学技术以及其他各种社会层面,并对各个领域都有着本质的影响。因此,建筑可以认为是所有人类活动的交汇点。"[①] 建筑如同人类社会活动，有其自身的领域和规律，它们是一个不可分割的有机体，了解建筑的演变和历史，也是了解社会本身，可以清楚社会行进的路线，晓得我们真正的需要。

对于近现代和当代建筑的历史，应该把它看作是相对独立的，即人居环境科学发展过程的回顾，也是一部艺术与技术、传统继承与文化创新的矛盾变化统一的历史，建筑大师们一系列寻求建筑设计的方式方法，以及为建筑特质划定界限的过程便是这一历史最真实和清晰的脉络，而回顾的目的在于启发我们当下从更精确的角度来促进建筑的社会实践意义。

从当下角度看近现代建筑发展历程，基本明晰地呈现了这样的阶段和领域，即现代主义的启蒙、现代主义的发展阶段、后现代建筑的出现和地域乡土建筑的再认识过程，这也是本书写作的线索脉络。

书中现代主义的启蒙章节，从现代主义的启蒙意义角度再研究，分析和介绍了格罗皮乌斯、柯布西耶、密斯、赖特、阿尔瓦·阿尔托，他们是现代主义建筑的五个最重要的开山者。现代主义发展章节从现代主义发展研究角度，介绍了菲利普·约翰逊、凯文·罗奇、贝聿铭、丹下健三等建筑家和作品，分析了他们在现代主义发展过程中的地位和意义。后现代建筑的觉醒章节，从后现代的研究意义角度，分析和介绍了汉斯·霍莱因、戈特弗里德·伯姆、弗兰克·盖里等在后现代建筑的地位和意义。乡土主义建筑章节，从后现代角度再研究，分析和介绍了路易斯·巴拉甘、阿尔瓦罗·西扎、斯韦勒·费恩等乡土派建筑大师。

本书选择研究和介绍的建筑大师，多考虑了他们在用建筑文化和技术力量改变了今天世界建筑的影响力和重要代表性，期望可以从他们的生平、生活和事业历程入手，研究了解他们的建筑思想，找到其文化与技术的特性，从而更深刻地了解自现代主义运动以来，世界建筑的文化性质和意义。

任鸿飞
2016 年 12 月 15 日于厦门集美

[①] （日）安藤忠雄. 安腾忠雄论建筑 [M]. 白林译. 北京：中国建筑工业出版社，2003：62.

目 录

第一篇　现代主义的奠基与回望——人类营造历史变革的源头与先驱

　　20 世纪初，现代主义建筑诞生以来，经历了创造性的突破和呼风唤雨的历程，推动社会发生了巨大变化，现代主义建筑师们功不可没。现代主义设计的思想既理性、有实用性，也有乌托邦的成分，现代主义建筑运动早期产生了几个重要的建筑大师：沃尔特·格罗皮乌斯、勒·柯布西耶、密斯·凡·德·罗、弗兰克·劳埃德·赖特以及阿尔瓦·阿尔托。

　　20 世纪初，现代主义建筑师看到了古典主义建筑的黄昏，预感它已经无法适应工业化社会时代，新建筑将来临。于是沃尔特·格罗皮乌斯在德国创办了包豪斯工业设计学校，提出"建筑既是艺术的又是科学的，既是设计的又是实用的，同时还能够在工厂的流水线上大批量生产制造"的现代设计原则。包豪斯的诞生引发了人类建造思想与文化精神的巨大变革，它的历史意义远远超越了建筑与设计本身。格罗皮乌斯在他的著作《新建筑与包豪斯》中提出了："我们不能再无尽无休地复古了。建筑不前进，就要死亡……"的积极思想。他的前瞻性揭示了建筑要随时代而发展这个真理，从包豪斯开始，现代设计开始渗透社会生活的各个方面，从某种意义上讲，是现代建筑引领世界进入了现代社会。

　　早期现代主义大师的建造观清晰地表达了建筑不仅是功能的、唯美的、艺术的，还更应该是时代的、有社会责任感的。例如，格罗皮乌斯首先提出装饰和产品功能没多大关系，装饰的问题在于失去建筑使用价值本身，提高了成本，现代主义最早提出反对无意义装饰的原则。

　　勒·柯布西耶以大量的实践和论著确立了现代主义建筑的存在意义，他提出"建筑除了满足人的使用，还能打动人的灵魂……"的建筑学思想，奠定了建筑作为独立现代科学——建筑学的基础。

　　密斯·凡·德·罗和同时代大师一样，也针对当时社会复古样式的建筑提出了批评，他尖锐地反对贵族建筑奢侈华巧的做法，在他的建筑作品中没有任何的装饰花纹和局部修饰。他提出了"少即是多"的名言，这也成了现代主义的标志。密斯·凡·德·罗的建筑把结构本身升华为艺术，用结构表现高贵和雅致，成为现代主义永久的典范。他也创造了开敞式平面无限自由的空间，可以随心所欲地划分和改变，让以往的空间类型在新的形式中得以实现，他的建造艺术通过精神化的技术得以升华。

弗兰克·劳埃德·赖特有着近 70 年的独立设计经验，他是现代建筑设计中最具有个人特点的大师。他的风格在漫长的设计过程当中发生了丰富的变化，他每个时期的建筑作品都对世界建筑有着独特的影响。这包括自然主义、有机主义、中西部草原风格、现代主义，以及美国典范风格。赖特也深刻地影响了现代建筑的发展，但他与当时欧洲现代新建筑运动的其他代表人物有明显的差别，他吸收了现代建筑的某些原则，但更注重地域文化和人缘环境，由此缔造了美国式的建筑。他的建造特点，一个是建筑与基地的自然环境高度协调，另一个是充分考虑人的需求和感情。赖特开启了人文地缘建筑的先河，针对后来现代主义建筑发展中出现的"均质化"和对地域文化的侵害问题，赖特的理念，闪现出人性和人文的光辉。

阿尔瓦·阿尔托是斯堪的纳维亚地区现代主义运动的引路人和领导者，是当时斯堪的纳维亚地区最重要的建筑大师之一。阿尔托一生主要的创作都是在探索民族化和人性化的现代建筑道路上，他的建筑观的精髓是建筑与自然生态景观的地缘性、人缘性的融合。在今天看来，阿尔托早已在他的建筑设计中体现出了生态建筑的理念。

现代主义建筑早期的五位大师：沃尔特·格罗皮乌斯、勒·柯布西耶、密斯·凡·德·罗、弗兰克·劳埃德·赖特、阿尔瓦·阿尔托的建筑实践和理论具有现代主义的共同特质，但又各有其精妙之处。他们成了早期现代主义时代的天空中最明亮的星斗，也吹响了那个时代进军现代建筑的嘹亮号角，他们深刻地影响和改变了时代的生活。

沃尔特·格罗皮乌斯 Walter Gropius：时代先知、现代设计之父

沃尔特·格罗皮乌斯

沃尔特·格罗皮乌斯人物介绍

从 20 世纪 20 年代开始，格罗皮乌斯便积极主张采用现代主义新观念、新材料、新结构，用现代主义新概念结合新材料、新结构开创全新的建筑设计领域，为 20 世纪世界建筑的本质性变革作出了贡献。

沃尔特·格罗皮乌斯（1883 ~ 1969 年），德国人，出身于建筑师家庭，早年就读于柏林和慕尼黑高等学校学习建筑设计。1907 年开始在柏林贝伦斯建筑事务所工作，1910 年独立创办建筑设计事务所，1919 年发起创办了包豪斯设计学校，1933 年校舍被纳粹军队占领，包豪斯带着遗憾和希望被迫关闭。包豪斯学校被德国纳粹强行关闭后，格罗皮乌斯不得不离校去了英国，开始专心从事设计工作。他借助在美国从事设计和教育工作的机会，继续广泛传播包豪斯的教育观点和设计思想，并且完成了众多的建筑设计项目。1934 年格罗皮乌斯加入英国国籍，1937 年，接受了美国哈佛大学的聘请，担任哈佛建筑研究院教授，之后定居美国，1969 年在美国去世。

格罗皮乌斯的现代建筑作品与其他大师相比数量并不多，但是他个人的影响却很大，其原因在于他创办了被誉为世界现代主义设计摇篮的学校——包豪斯。格罗皮乌斯所处的时代是在第一次世界大战刚刚结束时，当时的德国近四分之三的城市被战火摧毁，被战败的阴影深深笼罩，处于痛苦沮丧之中。而年轻的格罗皮乌斯却与所有沮丧的德国人不同，他致信魏玛政府，以极大的热情畅谈战后德国重建问题，他首先提出了未来德国恢复和发展的关键是迅速培养建筑和工业设计人才。他说："欧洲工业革命

的完成使工业化生产必将进入未来的建筑领域，而目前欧洲建筑的古典主义理念和风格会阻碍建筑产业的现代化发展。所以，虽然现在国家百废待兴，但成立一所致力于现代建筑设计的学校是当务之急。"当时他周围的人都认为他在做白日梦，在德国那时大家普遍认为，建一所医院，建一座住宅远比成立一所设计学校重要得多。然而，魏玛政府很快就采纳了格罗皮乌斯的建议。1919年3月，原撒克逊大公美术学院和国家工艺美术学院合并，成立了国立建筑工艺学校，年仅36岁的格罗皮乌斯被任命为校长这所学校就是后来著名的包豪斯学院。

上任后，格罗皮乌斯马上提出，必须提出崭新的设计观念来影响德国建筑界的全新主张，他认为没有一整套新的设计理论的支持，任何一个建筑师都无法实现当时德国社会战后建筑需求的理想，建筑师们模仿古旧建筑的现状应当马上得到改变。当时的欧洲建筑古典风格占统治地位，古典主义建筑结构与造型复杂而华丽，尖塔、廊柱、窗洞、拱顶，无论是哥特式样还是维多利亚风格，都是强调所谓艺术感染力和体现宗教神话对世俗生活的影响，无法适应即将到来的工业化社会，格罗皮乌斯看到了这一点，他开始寻求工业化快速建造的方法，担当了时代的角色。

格罗皮乌斯作品分析

格罗皮乌斯把全新几何造型设计模式引入设计实践，他设计的工厂、机关、学校、住宅等建筑不再有任何装饰，他的设计大胆采用立方体构造，最早采用大型钢结构与大块玻璃构造的结合，简洁明快，适合现代生活和生产的需要。他也是首先提出建筑造型构造逻辑性的人，他的建筑运用灵活均衡的非对称构图，追求简洁纯净的形体关系，他的建筑在吸取现代艺术的视觉新成果中不断发展。

格罗皮乌斯的代表作品有：法古斯鞋楦厂（1911～1912年与迈耶合作）；德意志制造联盟科隆展览会办公楼（1914年）；耶那市立剧场（1923年与迈耶合作）；德骚市就业办事处（1927年）；包豪斯校舍（1925～1926年）；丹默斯托克居住区（1927～1928年）；德国柏林西门子住宅区（1929年）；英国英平顿地方乡村学校（1936年）；沃尔特·格罗皮乌斯自用住宅（1937年）；哈佛大学研究生中心（1949年）；马萨诸塞州西水桥小学（1954年）；西德西柏林汉莎区国际住宅展览会公寓（1957年）；何塞·昆西公立学校（1977年）等。

格罗皮乌斯的现代主义建筑思想提出之初，首先是在实用为主的建筑

沃尔特·格罗皮乌斯设计的别墅建筑

沃尔特·格罗皮乌斯设计的包豪斯校园建筑采用了几何构成,完全去除装饰

从楼梯扶手看,包豪斯校园建筑内部空间也是完全去除装饰的,非常注重细节构造

类型中开始实践推行,如学校校舍、医院建筑、工厂厂房、图书馆建筑以及大量建造的住宅建筑等。到了 20 世纪 50 年代,在纪念性和国家性的建筑中也开始得到实现,如联合国总部大厦和巴西议会大厦。

现在,我们环视一下周围的建筑、设备工具和日用生活用品,可以说大部分都受到了包豪斯的影响。正是从包豪斯开始,现代设计渗透到了人们生活的各个环节,把建筑与生活环境转变到了现代概念的状态,结束了古典主义时代。现代主义理论提出了建筑设计要向工艺、美术、音乐、雕塑学习的意义和方法,也提出了创新精神的原则。

从格罗皮乌斯设计的建筑作品看,包括教室、礼堂、饭堂、车间等,具有多种实实在在的使用功能,如楼内的房屋面向走廊,走廊面向阳光,用玻璃幕墙环绕。再如格罗皮乌斯设计的包豪斯的校舍呈现为单纯的四方几何形,笔墨利落干净,每笔都着重于表现建筑结构和建筑材料本身质感的优美和力度,特别是建筑的外立面,颠覆性地改变了传统墙体加窗户的做法,采用了玻璃幕墙,这一创举为后来的现代建筑所广泛采用。

格罗皮乌斯的理念、言论及成就

包豪斯学院

包豪斯是德语 Bauhaus 的音译,由德语 Hausbau(房屋)一词倒置而成。格罗皮乌斯创立包豪斯的历史虽然比较短暂,但在设计史上的地位却非同寻常。著名的现代主义反装饰主张就是起源于包豪斯。格罗皮乌斯坚决反对添加无意义的装饰的做法。他认为摆脱古典主义高成本的束缚,实现低成本大规模的工业化生产,以遵从科学进步与民众的要求。包豪斯学院最重要的贡献是:建立了现代设计学的基础——三大构成,提出了理性设计观念,孕育了现代主义设计观。

包豪斯开设的平面构成、立体构成、色彩构成等课程,是对现代建筑设计的教学模式和科学方法的探索,为后来现代建筑和工业设计科学体系的建立、发展奠定了理论基础。

包豪斯提出了重视功能、技术和经济因素的理性设计观念,其设计思想的核心为:(1)设计的目的是关注功能;(2)艺术与技术的统一;(3)必须遵循自然与客观法则进行设计。包豪斯设计思想及其教学体系高度重视科学技术和艺术的结合。当时,学院集中了一批著名的设计师和艺术家,除格罗皮乌斯外还有康定斯基、克利、伊顿、纳吉、艾伯斯等,特别是 1921 年构成主义画家杜斯伯格到包豪斯之后,建立了重视科学与艺术的关系,注重结构构造法则的设计原则体系。格罗皮乌斯构成理论的教学方式提出引导学生从认识周围开始,如颜色、形状、大小、纹理、质量等。他采用一系列科学的方法,教导学生如何既能做到实用,又能独特地表达设计者的思想;他还要求学生掌握如何在限定条件下使建筑功用得到最大的发挥,他追求建筑设计达到充分的采光和通风,按照空间的用途、性质、相互关系来合理组织、布局,按照人的生理要求、人体尺度来确定空间的最小极限等。格罗皮乌斯也是最早在包豪斯的教学中采用人机工程学的。

包豪斯还孕育了现代主义设计观。格罗皮乌斯提出在出现新材料、新结构的条件下,应该建立新的建筑观、设计观。回顾格罗皮乌斯的时代,正值 20 世纪初,虽然工业革命已经开始,但和工业流程配合的产品设计却一直跟不上工业技术的发展节奏。格罗皮乌斯敏锐地发现建筑形体和内部功能的配合、表现手法和建造手段无法统一的问题,他说:"建筑不仅是功能的、唯美的、艺术的,而更应该是时代的,有社会责任感的。"为此,包豪斯与传统学校不同,学生们不但要学习设计、造型、材料,还要学习绘图、构图、制作，当时包豪斯拥有一系列的生产车间，如木工车间、砖石车间、钢材车间、陶瓷车间，等等，学校师生之间会彼此称之为"师傅"和"徒弟"。

在工业设计、家居设计及其他艺术设计领域也是如此，包豪斯学院设计的椅子没有任何装潢雕饰，四方的座椅靠背由几条曲线状的木条或钢条支撑，由于它可以在流水线上生产，大大提高了产量。包豪斯设计的台灯，金属的半圆灯罩下一根灯杆直立在薄薄的圆形灯座上……至此，小到水壶大到楼房，格罗皮乌斯让他的学生们学会了借助现代构成理论用最简约几何图形，如方形、长方形、正方形、圆形设计出丰富的样式和风格的作品，至此人们开始见到了面目全新、实用方便、成本适中的建筑和生活用品，这在当时工业时代初期的生产条件下，对人类经济社会的发展贡献是不可估量的。

格罗皮乌斯还提出一整套关于房屋设计标准化及预制装配的理论和方法，革命性地降低了建设成本，提高了工程建设质量和速度，堪称建筑史上重要的里程碑。他建立的现代设计教学、研究、生产一体化的体系，在设计和建筑教育领域可谓首开先河。

1932年，包豪斯学院举办了首届展览会，设计展品从汽车到台灯，从烟灰缸到办公楼，展览会最热情的观众遍布欧洲的各大厂商，实业家们已经预感到了这种仅以材料本身的质感为装饰，强调直截了当的使用功能的设计将给他们带来巨大的利益，因为一旦这样的设计被批量生产，成本降低而成效却会百倍地提高。包豪斯学院从此也名扬欧洲，社会热情地关注着包豪斯，包豪斯成为20世纪现代建筑设计的摇篮。格罗皮乌斯坚决摆脱过时样式和思想束缚的主张得到了社会的认可。

包豪斯校园建筑是最早的现代主义建筑

包豪斯首先顺应了时代的发展需要，向古典主义传统挑战，格罗皮乌斯的贡献在于创造了包豪斯的现代设计教育教学体系，他创造了现代设计的"鸡"，后来才有了一系列现代主义作品的"蛋"。即以包豪斯思想及方法为核心形成的20世纪30年代的现代主义建筑，形成了适应现代大工业生产和生活需要，以讲求建筑功能、技术和经济效益为特征的现代主义建筑学派。

沃尔特·格罗皮乌斯设计的钢材门窗和内部空间墙体构成采光采暖、阻热隔寒功能

当然格罗皮乌斯的包豪斯式现代主义也存在着一定的历史局限性，例如后来出现的"国际化、均质化"情形，以及现代设计对人的心理需求和人性化的关注不足等问题。但是，包豪斯模式对现代建筑的影响和其建立的系统的理论和方法，都无可否认地使它成为现代设计的先驱。

现代主义建筑

20世纪30年代格罗皮乌斯出版了他的著作《国际建筑》和论文《新建筑与包豪斯》。在《新建筑与包豪斯》中他提出了"我们不能再无尽无休地复古了。建筑不前进，就要死亡……"同时也发出了，"我们正处在全部生活发生大变革的时代，我们的工作最要紧的是跟上不断发展的潮流"的呼吁。在他所出版的一系列著作当中，格罗皮乌斯都强调了现代主义设计原则："既是艺术的又是科学的，既是设计的又是实用的，同时还能够在工厂的流水线上大批量生产制造。"正如格罗皮乌斯在包豪斯成立的庆典上致辞："让我们建造一幢将建筑、雕刻和绘画融为一体的、新的未来殿堂，并用千百万艺术工作者的双手将它矗立在高高的云端下，变成一种新信念的标志。"

今天，在世界任何城市只要有现代主义概念的建筑，就可以见到许多格罗皮乌斯"里程碑"式样的楼宇，它们已经成为今天城市的常态，矗立在城市天际线之下和人们生活的视野中，格罗皮乌斯成为最早令世人看到了20世纪建筑直线条的明朗和新材料庄重曙光的人，他的观点在现代主义早期被认为是功能主义和理性主义，其实，今天人们称为现代主义的建筑正源出于此。现代主义建筑作品的形式特征都显现了格罗皮乌斯式的内涵与形式。

现代主义建筑的出现，意味着人类思想与精神的一次根本解放，它的意义可以超越历史而永久存在，我们也许可以这样讲，今天大部分的现代城市都可以看作是现代主义建筑大师格罗皮乌斯当年理想的实现。

参考文献：

1. Tange Kenzo. Walter Gropius Contemporary System of Aesthetics. Japan Architect, January 1982.
2. An Interview with Walter Gropius. Sky line, September 1975.
3. Walter Gropius Interview by Ted Smalley Bowen. Architectural Record, November 1988.

图片来源：

1. Tange Kenzo. Walter Gropius Contemporary System of Aesthetics. Japan Architect, January 1982: 26/32.
2. Walter Gropius Interview by Ted Smalley Bowen. Architectural Record, November 1988: 50/52/53.

勒·柯布西耶 Le Corbusier：20 世纪最具影响力的建筑大师

勒·柯布西耶

勒·柯布西耶人物介绍

勒·柯布西耶素有 20 世纪最具影响力的建筑大师之美誉，他的一系列作品和著作成为现代主义建筑确立和存在的重要标志，柯布西耶的建筑和思想影响改变了 20 世纪的城市与人们的生活。

1887 年，柯布西耶出生在瑞士小镇，少年时曾在故乡的钟表技术学校学习，对美术深感兴趣。1907 年先后到布达佩斯和巴黎学习建筑。在巴黎，柯布西耶到建筑师奥古斯特·贝瑞处学习，那时贝瑞以最早使用混凝土技术著称于业界，在贝瑞那里他学会了如何使用钢筋混凝土。20 世纪初，他受到与他一起工作的建筑大师彼得·贝伦斯的影响；他还周游希腊和土耳其，参观探访古代建筑和民间建筑，潜心于雅典卫城和帕特农神庙的研究；后来，他接受了当时建筑界和美术界的新思潮，开始走上现代主义建筑的道路。1917 年勒·柯布西耶定居巴黎，1922 年在巴黎开设建筑事务所，同时从事绘画和雕刻，与新派立体主义画家和诗人合编杂志《新精神》。他在《新精神》第一期写道："一个新的时代开始了，它植根于一种新的精神，有明确目标的一种建设性和综合性的新精神。"构成几何哲学是柯布西耶重要的设计语言，一系列的格子、立方体、方形、圆形以及三角形等在他的手中变得出神入化。

柯布西耶有着多种才华，他是建筑师，也是画家、雕塑家和作家，还是一位诗人。柯布西耶出版 50 本著作，改变了 20 世纪人们对于建筑文化的看法；他建造了五十多幢建筑，改变了 20 世纪人们对生活环境的认知，但他并未接受过正规的建筑学教育。柯布西耶早年曾写信说服古根海姆博物馆收藏他的建筑模型，古根海姆博物馆馆长回信说，他们只收藏古希腊罗马和文艺复兴时期的作品。他回信说，他的建筑模型在不久以后会与古希腊罗马和文艺复兴作品等值。在之后不到30年的时间，果真如他所说，他的代表作之一萨伏伊别墅在他生前，列入了法国国家历史文物，他的马赛公寓和朗香教堂让他永久载入人类文明史册。

1965年，柯布西耶游泳中意外溺水而亡，法国政府为他举行国葬。他留给了这个时代的是无数的创见、深深的思考，以及对他本人个性的谜一般的猜测……

勒·柯布西耶作品分析

萨伏伊别墅（法国巴黎，1930年）

萨伏伊别墅位于巴黎近郊的普瓦西（Poissy）。1930年建成，萨伏伊别墅是柯布西耶早期纯粹现代主义建筑的杰作，是最能体现柯布西耶早期建筑观的作品，也是世界现代建筑史上经典作品之一。别墅坐落在一片开阔、中心略微隆起的矩形地段。建筑共3层，底层为架空层，内有门厅、车库和仆人用房，是由弧形玻璃窗所包围的开敞结构。二层有起居室、卧室、厨房、餐室、屋顶花园和一个半开敞的休息空间。三层为主卧室和屋顶花园，各层之间以螺旋形的楼梯和折形的坡道相连。萨伏伊别墅以底层架空，上部托起空间使居室空间远离喧哗，据说这是柯布西耶根据年轻时参观修道院获得的宁静体验，形成了关于理想生活的初衷，这段经历也影响了柯布西耶许多其他建筑的创作。萨伏伊别墅悬起的结构改变了当时传统的花园环绕的生活模式也是最早使用屋顶花园概念的别墅建筑，柯布西耶认为屋顶花园是补偿自然的一种方法，"意图是恢复被房屋占去的地面"。

萨伏伊别墅中庭空间

萨伏伊别墅建筑利用墙体和隔断灵活地分割空间，他认为住户应该可以按自身需要划分自己的居住空间，即"自由平面"思想，让承重结构与分隔结构完全分离，能够最大限度地实现空间划分的灵活性和适应性。自由平面，使建筑立面设计摆脱了古典主义构图原则的束缚，让建筑立面和内部功能的配合更加合乎逻辑，让人可以从不同角度满足不同需求，这样的需求并不是刻意和矫揉造作的，而是别墅内部状况的外部呈现。别墅还采用横向长窗，让房间获得充足的光线和室外景观。

萨伏伊别墅

萨伏伊别墅建筑是早期采用钢筋混凝土框架结构的典范，平面和空间可以自由布局、相互穿插、内外贯通。建筑外观轻巧、空间通透、开敞明亮，室内粉刷白色墙面，家具陈设简洁，储物空间嵌入墙体结构，没有任何装饰，达到完全忽略装饰的状态。萨伏伊别墅虽然被广泛誉为纯粹现代主义建筑杰作，却也包含古典意味精髓：坚实的基座、黄金比例应用、构造秩序的协调。建筑简约明了却可以强烈唤起美感共鸣。柯布西耶使用动态的、开放的、非传统的空间方法，尤其是以螺旋形的楼梯和折形的坡道来组织空间，在这里，完整体现了空间是建筑的主角的原则。萨伏伊别墅所表现出的现代建筑原则，整整影响了半个多世纪的建筑走向，几乎成了20世纪现代别墅建筑的代名词。

马赛公寓（法国马赛，1952 年）

马赛公寓是柯布西耶为马赛公众设计的居住单元的集合体，可容纳三百多户不同家庭类型的居民居住。马赛公寓最早采用了今天所说的跃层空间。当时，这一创新空间模式首先在建筑技术上突破了承重结构的竖向空间限制，极大地提高了高层公寓楼居住的自由度，使高层公寓实现可以适合从单身到多人口的各种家庭类型的居住需求。马赛公寓建筑大部分户型采用庭式跃层空间格局，公寓空间有独立小楼梯联结内部上下楼层，每三层只需设一条公共走道，节省了楼内交通面积。马赛公寓立面采用了大块玻璃窗满足采光和视野需求，公寓内具有完整齐备的配套商店和公用设施，包括面包房、副食品店、餐馆、酒店、药房、洗衣房、理发室、邮电所和旅馆，等等，一应尽有，可以满足公寓内居民生活的多种需求。在顶层还设有屋顶花园，在第十七层设有幼儿园和托儿所与屋顶花园连接，屋顶上设有小游泳池、儿童游戏场地，一个 200 米长的跑道，健身房、日光浴室，还有一些其他服务设施。居民还可以通过坡道车行到达屋顶花园。柯布西耶高度重视公寓的户外公共空间，设置了室外家具，如混凝土桌子、人造小山、花架、通风井、室外楼梯、开放的剧院和电影院等，所有的一切与周围景色融为一体，相得益彰。他把屋顶花园想象成在大海中航行的船只的甲板，供游人欣赏天际线下美丽的景色，并从户外游戏和活动中获得乐趣。"户内生活像一次海上旅行"这种思想贯穿于马赛公寓设计的始终。

马赛公寓是柯布西耶关注住宅和公共住居问题的研究成果，结合了他对于现代建筑丰富而深刻的思想，尤其是关于个人与集会之间关系的思考。马赛公寓的居民形成一个集体性社会，就像一个小村庄，形成了真正具有共同含义的社区邻里生活。从整体构造观念上看，大楼用钢筋混凝土建造，通过支柱层支撑在一片优雅的花园上，这种做法是受一种古代瑞士住宅——小棚屋通过支柱落在水上的启发，架空层用来停车和通风。

马赛公寓架空结构部分

在设计马赛公寓的过程中，柯布西耶很好地运用了他的"模数"概念。"模数"以男子身体的比例关系为基础，形成一系列接近黄金分割的等比数列，类似达·芬奇的"维特鲁威人"的模式。马赛公寓具体体现了柯布西耶"新建筑的五个特征"理论性总结，巨大的支撑支柱，清水混凝土墙面，都是柯布西耶的主要技术手法。现在的马赛公寓仍然在使用，同时也是缅怀、纪念大师的场所。

马赛公寓侧立面

朗香教堂（法国朗香，1952年）

朗香教堂的设计摒弃了古典传统模式，也没有采用一般现代主义手法，用柯布西耶本人的话说，是把建筑当作一件雕塑作品处理的。朗香教堂的采光借助了屋顶与墙体之间40厘米的空隙和三个弧形塔把光引入室内，其次是大大小小的方形或矩形窗洞，窗洞嵌着彩色玻璃。光线透过屋顶与墙面的缝隙和窗洞一起投射下来，烘托了室内气氛。教堂的三个竖塔上开有侧窗，教堂构造单纯、造价经济、造型隐喻，把教堂建筑的表意性表达得十分新意。柯布西耶把朗香教堂的屋顶设计成东南高、西北低，以显出东南转角挺拔昂扬的气势，大坡度屋顶有收集雨水的功能，屋顶的雨水全部流向西北水口，经过一个伸出的泻水管注入地面的水池。朗香教堂放弃了现代主义的形式原则，甚至走向现代的另一面——有机丰富性。譬如造型不同的四个立面，似乎各有千秋，形式各异，但通过弯曲的墙体间的有机性，达到建筑整体和谐统一，变化统一的开窗，丰富了室内空间。

朗香教堂获得了建筑界的广泛赞誉，它表现了柯布西耶后期对建筑艺术独特深刻的理解、娴熟驾驭形体的能力和对光与空间的处理能力。朗香教堂也是早期采用清水混凝土建筑的典范，在那个年代，朗香教堂成为模板肌理表现力的刻意流露方法的先驱，建筑粗犷的雕塑风格成为建筑"粗野表现主义"的标志，并影响和促成20世纪60年代清水混凝土建筑表现主义风格的形成。

朗香教堂内部

朗香教堂主立面

朗香教堂充分展示了战后建筑风格转变的实践轨迹，即脱离了理性主义，转到了浪漫主义和神秘主义过程。在朗香教堂设计过程当中，柯布西耶把建筑上的线条做得具有张力，像一个视觉领域的听觉器件，他说："在小山头上，我仔细画下四个方向的天际线……用建筑激发音响效果……像琴弦一样！也像人的听觉器官一样的柔软、微妙、精确和不容改变。"朗香教堂对现代建筑的发展产生了重要影响，被誉为20世纪最具有表现力的建筑。这座小教堂启迪了无数后来的建筑师，它也成为20世纪最重要的建筑之一。

昌迪加尔高等法院（印度旁遮普邦昌迪加尔，1956年）

高等法院是昌迪加尔市最著名的建筑，它的外形轮廓非常单纯，整体采用钢筋混凝土结构，在设计中特别注意了当地的气候条件，因为是在干旱的平原上，在建筑物前面布置了大片水池，建筑方位布局考虑夏季主导风向，使大部分房间获得穿堂风，为了建筑内部降温，用巨大的钢筋混凝土顶棚把建筑整体空间罩起来，顶盖长100多米，由11个连续的拱壳组成。断面呈"V"字形，前后檐翘起，既可遮阳，又不阻穿堂风。大门廊之内有室内坡道，墙壁上点缀着不同形状的洞孔，并以鲜艳的彩色涂装点缀，整体造型个性鲜明，建筑尺度庞大凝重，柯布西耶在设计中力求把这个建筑设计成巨大的雕塑，清水混凝土表现出单纯而丰富的肌理，表面色彩吸取了现代主义绘画风格。从前面看过来，建筑物就好像建立在湖中央，上下倒映，当一阵微风吹来，湖光潋滟，非常动人，高等法院建筑设计的意义还在于其成了昌迪加尔的城市核心与标志。

昌迪加尔高等法院

勒·柯布西耶理念、言论及成就

柯布西耶的建筑思想可分为两个阶段：20世纪50年代以前是合理主义、功能主义和国家样式的主要领袖，以萨伏伊别墅和马赛公寓为代表，许多建筑结构承重墙被钢筋水泥取代，而且建筑主体悬挑于地面之上。20世纪50年代以后柯布西耶转向表现主义和后现代主义设计。

柯布西耶的建筑思想核心是筑就功能与灵魂的共存空间，"建筑除了满足人的使用，还能打动人的灵魂……"是柯布西耶最著名的格言。柯布西耶把《新精神》中关于建筑的文章整理汇集出版，成为单行本，便形成了他划时代文献《走向新建筑》，在这本书中他给住宅下了一个新的定义——"住房是居住的机器""如果从我们头脑中清除所有关于房屋的固有概念，而用批判的、客观的观点观察问题，我们就会得到：房屋机器，

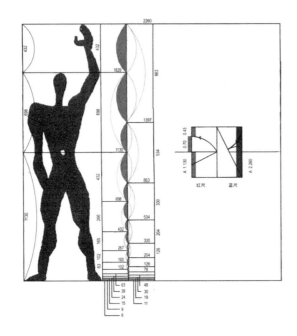

柯布西耶从人体尺度出发，选定下垂手臂、脐、头顶、上伸手臂四个部位为控制点的模数模型

工业时代到来后大规模生产房屋的概念。""你把我固定在这一场所，我的目光扫描它，眼睛看到的东西表达了一种思想，一种不以言词或声音表达的思想，完全是透过相互间具有一定关系的形体来表达，这些形体在光线照射下能清晰地表露自己，它们之间的关系不仅涉及实用性或叙述性，这是一种在你头脑中进行的数学创造，这是建筑学的语言。通过对惰性材料的应用以及或多或少功能主义的条件，你确立了某些足以唤起我情感的关系，这就是建筑学。"柯布西耶1923年发表的《走向新建筑》写下了这段著名的文字，精辟地描述了他所提倡的建筑精神。1926年，柯布西耶提出了他的五个建筑学新观点：

1. 房屋底层采用独立支柱；

2. 屋顶花园；

3. 自由平面；

4. 横向长窗；

5. 自由的立面。

1927年，柯布西耶在瑞士发起"现代建筑国际会议"，1928年他与格罗皮乌斯、密斯·凡·德·罗组织了国际现代建筑协会，成为国际风格现代建筑的中心组织。

"红蓝尺"模度是柯布西耶重要的设计理论之一，他从人体尺度出发，选定下垂手臂、脐、头顶、上伸手臂四个部位为控制点，与地面距离分别为86厘米、113厘米、183厘米、226厘米。这些数值之间存在着两种关系：一个是黄金比例关系；另一个是上伸手臂高恰为脐高的两倍，即226厘米和113厘米。利用这两个数值为基准，插入其他相应数值，形成两套级数，前者称"红尺"，后者称"蓝尺"。将红蓝尺重合，作为横纵向坐标，其相交形成的许多大小不同的正方形和长方形称为红蓝尺模度。他的理论是，首先前面几个数是：1、1、2、3、5、8、13、21、34、55、89、144……这个数列刚好吻合"斐波那契数列"，这些数被称为"菲波那契数"。特点是除前两个数（数值为1）之外，每个数都是它前面两个数之和。相邻两个斐波那契数的比值是随序号的增加而逐渐趋于黄金分割比。柯布西耶还在《走向新建筑》中提到了"参考线"概念，他认为这些线是用来确定构图中各要素的位置，从而获得整体的和谐和美观的辅助线。

柯布西耶提出"独处又交往的宜居观"，也对现代住宅的形成产生了重要影响。他曾经为劳动者设计了量产型试验住宅群，其中包括小型住宅，同时还研究了便于非熟练建筑技工可操作的构筑方法。他的设计还考虑到因地域差别而形成的地方性住宅模式，展开以原始小屋为蓝本的住宅研究和为战争难民设计住宅系统，等等。柯布西耶还致力于以普通人的公寓取代豪宅，他提出了著名的"宁静独处，又与人交往"居住理想，体现了他对人类深切的爱。柯布西耶对现代城市规划也提出了全新主张，他断定在现代技术条件下，完全可以既保持人口的高密度，又形成安静卫生的城市环境。他首先提出高层建筑和立体交通的设想，极有远见卓识，还提出了现代化城市规划的原则和基本思想。他对理想城市的诠释，对自然环境的领悟以及对传统的批判，都别具一格。柯布西耶善于顺应时代将现代城市冲突性事物之间进行结合，把理性与感性的有机形态规律通过抽象注入城市概念的设计，创造了丰富中具有单纯意义的几何城市空间。柯布西耶认为"有速度的城市才是能成功的城市"。开放城市除了提供阳光和绿化等"必不可少的欢乐"以外，还被认为有利于机动车交通。

参考文献：

1. Werner Blaser. Development of Le Corbusier Design Concept. Japan Architect, August-September 1985.
2. William J. R. Curtis. An Interview with Le Corbusier.Sky line, September 1978.
3. Le Corbusier, Japan. The Elements of Architecture.Architect, May 1983.

图片来源：

1. Werner Blaser. Development of Le Corbusier Design Concept. Japan Architect, August-September 1985: 23/26/29.
2.William J. R. Curtis. An Interview with Le Corbusier. Sky line, September 1978: 19/26.

密斯·凡·德·罗 Mies Van der Rohe：极少主义建筑的精神领袖

密斯·凡·德·罗

密斯·凡·德·罗人物介绍

密斯·凡·德·罗（1886～1969 年），德国建筑师，以其极少主义精神与纯现代建筑实践闻名于世，他与勒·柯布西耶和弗兰克·劳埃德·赖特并列为 20 世纪三大建筑巨匠。密斯没有受过正式的建筑学教育，他对建筑最初的认识与理解始于父亲的石匠作坊和亚琛那些精美的古建筑，他的建筑是从实践与体验中产生的。

1886 年，密斯出生于德国亚琛的一个石匠家庭，青少年时期在父亲的石雕店里工作，后来在贝伦斯建筑事务所当学徒，做绘图员。贝伦斯建筑事务所的工作经历深刻影响了他以后的设计理论与实践，又因随其父学石工，使他对材料的性质和施工技艺有所认识，而他的绘图技巧源于建筑事务所打工的经历。后来他在柏林开办了自己的事务所。早期他运用折中主义空间模式追求结构的高贵、雅致和艺术；之后他坚定地融入包豪斯现代主义建筑学派，并继任包豪斯建筑学院院长。20 世纪 30 年代后期，密斯·凡·德·罗又担任美国芝加哥伊利诺伊理工学院建筑系主任。

密斯的一生获得了诸多重要建筑奖项：如 1959 年获英国皇家建筑师学会金牌奖；1960 年美国建筑师协会金牌奖；1961 年柏林艺术奖；1963 年美国自由奖章；1966 年德国联邦金牌奖等。

密斯·凡·德·罗作品分析

巴塞罗那国际博览会德国馆

巴塞罗那国际博览会德国馆

巴塞罗那国际博览会德国馆（西班牙巴塞罗那，1929 年）

巴塞罗那国际博览会德国馆是密斯的主要代表作之一。主厅承重结构只有 8 根十字形的钢柱，大理石墙和玻璃隔断采用简约主义结构，创造了经典的流动空间，给人印象深刻，巴塞罗那国际博览会德国馆的不锈钢十字形结构柱，成为象征密斯的符号。它让密斯独特的建筑精神得以物化，是密斯对基督精神用建筑语言的最好诠释，为信仰创造了崇高环境，形成了象征意义空间。

吐根哈特住宅（捷克布尔诺，1930 年）

吐根哈特住宅坐落在面向南边绿草如茵的坡地上。建筑主体共有两层，另有一个地下室。而住宅的正立面，也就是住宅的南向的一面，有一个大花坛，使环境显得丰富而生动，住宅大部分的私密活动空间，如卧室等均放在二楼。它的特点是在起居部分的空间处理和室内材料的应用方面，尤其表现在底层室内设计上。密斯将它设计成一个开敞的大空间，在客厅与书房的分界处用一块独立的墙体分隔，这块墙体由精美的条纹玛瑙石石板拼成；另外在餐厅部分则用乌檀木做成弧形墙体来分隔，因此整个起居部分就被划分为四个互相联系的空间：书房、客厅、餐厅和门厅。内部流动的空间同时也被玻璃外墙引向花园，进一步加强了联系。

吐根哈特住宅周围的露天活动平台也极具特色，一楼因地形而营造了一个通透空间，使人们可以从中欣赏美丽的室外景色，视野开阔，心情舒畅。建筑的内部空间也很好地融入大自然环境，平台和踏步可以直接通向花园，这也是吐根哈特住宅最特别和优雅的地方。因为建筑地处公路旁的坡地上，所以主入口和车库入口均在二楼，邻街朝向北，人们进出或穿越住宅会产生一种有趣的层次感。吐根哈特住宅很好地融合了地形元素，密斯在设计中努力让建筑空间不只停留在平面上。密斯通过使用落地玻璃幕墙产生不同的室内感受。通过设计把私密空间和流动空间结合，落地窗使人如同置

吐根哈特住宅

身于自然之中，让居住者的心得以平静。交通空间放在建筑的四周，既不破坏空间的流动性，同时给人一种活泼感。

在吐根哈特别墅设计中，密斯也是成功地应用了"流通空间"思想，使建筑底层的起居部分成为流动变化空间，形成建筑的精华。在开敞的大空间中，密斯住宅现代主义观念改变了传统住宅的内部空间模式，他把展览馆的空间形式移植到住宅空间中，把分层次和分室的平面布置方法引入住宅空间，配套服务空间放在主要起居空间周边，实现了外部简约的理想。现如今吐根哈特住宅已成为布尔诺城市重要的文化标志之一，也是密斯在欧洲的作品中最具有广泛影响的作品之一。

范斯沃斯住宅（美国伊利诺伊州普兰诺，1945～1950年）

范斯沃斯医生希望密斯能为自己设计一套独住的居所。范斯沃斯住宅面积不到200平方米，虽然面积不大，在建筑史上却名气不小。这座建筑的结构由8根支柱钢架和平整的玻璃幕墙组成，还有垂直方向上的3个平面。范斯沃斯住宅建成之后，得到一致好评，也是代表了密斯的国际主义风格的新高度作品之一。范斯沃斯住宅明确表达了密斯的基本理念，建筑色彩上采用白色作为建筑的外部主色调。因为范斯沃斯住宅采用玻璃构造，在建成后，晶莹夺目，仿若一座"水晶宫"。外面看这栋建筑的时候，除了中间封闭区域，其他地方一览无余，通透明亮。范斯沃斯住宅采用了最简洁的结构体系、精简的结构构件和讲究的结构逻辑表现，使之成为没有任何结构障碍的自由空间。密斯"少即是多"的主张在范斯沃斯住宅设计中体现得淋漓尽致，他还开创了别墅建筑使用玻璃作为幕墙的先河。

当时也有人对范斯沃斯住宅提出争议："玻璃透明有余，隔热不行，造价不菲。"据说业主范斯沃斯也曾向法院提出投诉，密斯不得不因此为自己的想法辩解。有趣的是在座的听众却被他那口若悬河的精辟论断所感染："当人们徘徊于古老传统时，人们将永远不能超出那古老的框子，特别是物质高度发展和城市繁荣的今天，就会对房子有较高的要求，特别是空间的结构和用材的选择。第一个要求就是把建筑的功能作为建筑设计的出发点，空间内部的开放和灵活，这对现代人工作学习和生活非常的重要，这座房子有如此多的缺点，只能说声对不起了，我愿承担一切损失。"众人被他诚实的态度感动了，特别是业主范斯沃斯，竟主动撤回起诉。范斯沃斯住宅的重要意义在于它是极少主义最有影响力作品之一，更无可否认其成为建筑艺术史上难得的珍品。

范斯沃斯住宅

范斯沃斯住宅是纯粹现代主义建筑典范。光洁的地板和顶棚之间形成的透明体量，表现了自身框架结构的独特魅力。玻璃四面体和平台构成的交错的非对称组合，颇有意大利式建筑的空间感受。其砌筑与构架元素集中体现在范斯沃斯住宅那两个用石材铺成的平台上，后者的 H 型钢框架和大片玻璃形成了极简的形式空间。大理石明缝地面铺装将室外平台下方的钢板焊接排水板层覆盖起来，而 8 根支撑建筑地面和屋顶结构的 H 形钢柱立在建筑的外侧，结构细节极少却不失丰富性。住宅中包括卫生间在内的所有地面都采用了意大利灰岩铺地，使吊顶的抽象性得以发挥。密斯用这栋建筑指明了现代设计之路："流通空间"和"全面空间"的意义，并在密斯尝试新材料与新结构的过程中不断体现。

德国柏林新国家美术馆（德国柏林，1968 年）

柏林新国家美术馆是一座极其严谨的建筑，从空中垂直看这座建筑，整体为一个巨大的严肃的正方形，在这个作品之中，密斯将其早期无限连续的先锋主义空间的建构形式和结构逻辑对立统一了起来。他用连续不断的吊顶平面巧妙地融解了建筑外围构造节点。柏林新国家美术馆也是密斯职业生涯中建成的最后一件作品，这件作品也成为密斯回归意义的写照。和巴塞罗那的德国馆相比，更加单纯与纯粹，标志了密斯作为建筑师的最高境界。这一作品里浪漫主义绘画的崇高性感染着密斯，这座建筑完美处理了正方形构图和边缘的环境关系，当你走进这个美术馆，8 根柱子悬挑起来的巨大黑色正方形屋顶，形成人为的天空。

在柏林新国家美术馆的设计中运用了连续十字形支柱支撑的空间结

柏林新国家美术馆

构，将至上空间概念重新诠释，这种构架也不断地贯穿在密斯毕生的作品中。密斯早期使用独立式十字形钢柱，但柏林新国家美术馆用型钢焊接而成的十字形钢柱更体现了抽象化古典建筑秩序的某种内涵，也与其惯用的镀铬十字钢柱有所差别。密斯没有使用早期的镀铬凹槽钢构，而是采用"T"形钢材对中焊接而成的十字形钢柱，使建筑表现出别具一格的形式。密斯通过新国家美术馆这件封笔作，回归黑色的正方形纯粹主义精神，形成他纯粹现代主义建筑的终极表现。

密斯·凡·德·罗理念、言论及成就

建筑精神伴随了密斯的一生。他说："人们必须设定新的价值，固定人们的终极目标，以便人们可以建立标准。因为正确的以及有意义的，对于任何时代来说，包括这个新的时代都是这样的，给精神一个存在的机会。"密斯也说："上帝存在于细部。"那么就是说"细部中上帝"，密斯所说的"上帝"也包括他的信仰。密斯的设计形式和建筑造型都是努力体现建筑精神的结果，同时也具有神秘主义气息，例如，密斯常用的十字形柱，它不仅仅是工程意义上的结构问题，还是一种审美意义上的概念，密斯认为十字形柱表达了他的信仰。

德国18、19世纪的浪漫主义思潮影响了密斯，尤其是德国浪漫主义风景画家弗里德里希，他擅长把自然风景与人的感情结合在一起作画。弗里德里希早期绘画作品中多出现具象的哥特式教堂和十字架，比如那些停泊在海上降下帆的船，裸露出十字形桅杆等这些有早期象征主义特点的绘画作品都影响了他的建筑。他的建筑也解释着单纯和体量尺度带给人内在的快感，让人们从"崇高"中获得精神影响和感受。

他以少到极致的建筑表现表明时代科技文明形式最本真的部分，将现代技术理性的表征揭示得完美明了，并赋予了这一表征崇高地位；也体现了其精神至上的非物质化独特魅力和力量，这正是密斯精神内涵所在。对于现代技术是建设性和破坏性兼而有之的双刃剑的论断，密斯也有自己的认识，但他坚持技术是时代上帝和现代世界唯一出路，因此，密斯坚决地把建筑设计的重点从类型和空间转向技术，密斯的建造艺术的升华是在追求技术的精神化中得以实现的。

"少即是多"是现代主义著名宣言，也是他的名言，更是他的建筑营造观。"少即是多""流通空间""全面空间"这些新概念在密斯的一系列建筑中，会感受非同一般。他创造了流水般连续绵延的玻璃透明空间，风一般轻盈而优雅的构造结构，飞鸟般出挑的屋檐，诗一样的空间。欧盟以"密斯·凡·德·罗"命名了当代建筑奖，为了纪念这位改变了20世纪全球城市天际线的大师，1986年成立了密斯基金会，由密斯基金会颁发的当代建筑奖，激励着欧洲众多优秀当代建筑师们。

密斯深刻反思和批评复兴古典样式建筑，反对贵族们华巧浪费的做法，他认为少不是空白，而是精简，多也绝不是拥挤，而是完美的空间。"少即是多"被公认为现代主义的代表性宣言。"少即是多"也是密斯·凡·德·罗建筑设计逻辑思维实践性总结。"少即是多"寓意着两个方面：一是简化结构体系，精简结构构件，二是追求表现结构逻辑。"少即是多"指建筑必须注重结构构造和实用功能。他完全放弃了古典传统建筑风格手法，积极融合现代主义思想，适应新材料，如钢、混凝土、玻璃等理性简洁的建筑内涵。

密斯的建筑依赖于结构，但又不受结构限制。它从结构中产生，要求精心制作结构。他的设计作品中各个细部精简到不可精简的绝对境界，不少作品结构几乎完全暴露，但是它们高贵、雅致，结构本身已升华为造型艺术。他的建筑思想是通过结构系统性实现的，严谨的结构把他带到现代建筑的最前沿。

钢结构和玻璃在建筑中应用的探索发展是密斯的重要贡献。早期玻璃窗体的大量运用成为密斯建筑的重要标志。密斯用大片玻璃幕墙和裸露的内部构件构筑了严谨、理性、丰富、灵活多变、节点制作精致的流动空间。他的建筑以对称和不对称的几何构成的直线、直角、长方体组成的基本要素空间，流动连续、纯净、纯粹，没有任何多余。他的建筑不关注装饰，强调结构构造的必要性的建筑观，形成了现代建筑代表性的新建筑方法论核心体系，也形成了鲜明深刻的密斯·凡·德·罗个人风格。

密斯的另一代表性建筑营造观是"细节就是上帝""建筑的流动空间"。密斯的设计特别重视细节，他讲究细节技术的精美，建筑设计思想与严谨造型手法，深刻地影响了业界。他常说："魔鬼在细节""细节就是上帝"。他的建筑设计精度精确到毫米，例如金属型材的尺度、构造节点、材料间隔，等等。密斯也是最先关注到人的需求是会变化的这一现象的建筑师之一。他首先提出了建筑空间形式必须适应人的需求变化。他假设了一个整体的大空间涵盖人的总体需求，内部经过改造，如隔墙是可变的，空间始终是整体的设想，可变空间中布置可以随意，通过重组人们可以获得任何想要的形式，满足需求变化，从而形成统一流动的空间，即流动空间建筑观。"流通空间"是密斯所代表的早期现代建筑中另外一个重要的核心理论和建筑观。密斯认为好的建筑空间关系是流通的，在流通空间中，大的空间被划分为互相联系、贯通的子空间。

参考文献：

1. Mies Van der Roheby Telegraph Reader Meuron. London: Cartton Publishing Group, 1986.
2. Lloyd Morgan. Mies Van der Rohe Elements of Architecture. New York: Universe Publishing, 1988.

图片来源：

1. Lloyd Morgan. Mies Van der Rohe Elements of Architecture. New York: Universe Publishing, 1988:
   80/85/92/98.

弗兰克·劳埃德·赖特 Frank Lloyd Wright："有机、地缘"建筑之神

弗兰克·劳埃德·赖特

弗兰克·劳埃德·赖特人物介绍

弗兰克·劳埃德·赖特（1867 ~ 1959 年），被广泛认为是美国现代建筑的先驱，也是早期现代主义建筑设计中最具有美国乡土地域和个人特点的"活的""有机的"地缘化建筑大师。他的建筑和思想也成为20 世纪美国和世界文化的重要组成部分，被公认为世界重要的有机建筑大师。

弗兰克·劳埃德·赖特 1867 年出生于威斯康星州的农村小镇里奇兰森特，是威尔士移民的后代。赖特的父亲是音乐家、传教士，母亲来自于威斯康星州威尔士教师家庭。赖特年轻时曾去麦迪逊市的威斯康星大学学习土木工程，1887 年离开大学到芝加哥当建筑绘图员，从建筑学专业角度说，赖特并未接受过学校正规建筑学专业教育，年轻时进入阿德勒与沙利文建筑设计事务所工作。在工作中，他受到了沙利文的现代主义和功能主义建筑思想的影响和熏陶。1892 年，赖特离开沙利文设计事务所，自己开业，开始了漫长的设计生涯。在他之后的建筑生涯中，赖特开始自己探索，他尝试着把日本建筑风格与功能主义有机建筑进行结合，逐渐形成自己的建筑设计风格、方法和思想体系。1909 年赖特到欧洲旅行，接触了德国、荷兰的现代主义建筑，他也在欧洲的杂志上发表自己的作品，引起欧洲同行的兴趣，他的设计方法和思想引起当时国际建筑界的关注。

弗兰克·劳埃德·赖特作品分析

泰利森工作室、住宅（美国威斯康星州，1903年）

1903年，赖特为女艺术家陈尼设计住宅，与她擦出了情感的火花，两人一起私奔到了欧洲，抛下了自己在美国正蓬勃发展的建筑基业。带情人私奔漂洋过海，这段情事使赖特失去了业主的信任，使他的建筑事务所面临瘫痪。周游欧洲的赖特渐渐静下心来之后，他开始写作两本介绍自己作品的书，后来，这两本专著的出版，为他的作品赢得了国际声誉，并在欧洲产生了影响。返回美国后，赖特带陈尼回到了威斯康星州的农场，因妻子拒绝离婚仍旧住在橡树园小镇的居所，赖特因此修建了新的居所和工作室，同样将它命名为泰利森。泰利森是中世纪一位游吟诗人的名字。之后，赖特又在泰利森办起了建筑学校。泰利森住宅一直是赖特后半生的家，他后期重要的作品，都诞生于此。后来他又在亚利桑那州的沙漠购置了一块不毛之地，建设起了西部泰利森，建筑以火山石、混凝土和红杉树建造。泰利森成了赖特事业的大本营。

泰利森工作室、住宅

流水别墅（美国宾夕法尼亚州匹兹堡，1935年）

赖特在年逾七十时完成了闻名遐迩的经典之作——流水别墅。流水别墅是建筑艺术与技术的完美结晶，最完美地体现了他的建筑观。流水别墅依靠山体，隐匿于森林，悬于瀑布之上，溪水从别墅的平台怡然流出，融合于生态自然，出神入化。

据说赖特接受业主考夫曼设计委托后，认真地研究了基地详图，敏感地意识到难得的机遇到来了。基地熊跑溪的涓涓溪水给他留下了难忘的印象，他的初步构思概念就考虑到了把建筑与流水结合起来，但是在半年里一笔没动，他在等待灵感的来临。一天，考夫曼电话通知说他途经赖特住所顺便看看草图，考夫曼的车程需要约两小时，赖特却在电话里告诉雇主草图早已画好。他在仅有的两小时里开始起手草图，考夫曼到来时，设计方案已随之诞生。显然，勾画草图前，流水别墅已孕育成型，他把别墅描述成"在山溪旁的一个峭壁的延伸，建筑凌空在溪水上，珍爱此地的业主可以在悬挑的平台上沉浸于瀑布流水的声音里，享受着生活的乐趣。"他为别墅取名为"流水"赋予建筑诗境。

流水别墅建筑室内空间与外部自然生态相互交融，自然的气息从别墅的每一个角落渗透进来，深刻地诠释了流动空间建筑观。在流水别墅布局中，门廊通往主起居室，主楼梯穿过石壁向上与二层起居室的交通空间形成对比；居室中设置通往溪流崖隙的楼梯使室内空间延伸，把起居室与下方崖隙、溪流外部幽美的自然空间浑然衔接起来；自然光从天窗泻下反射进楼梯空间，流动于起居空间的东、南、西三侧，营造了起居室不断变化的光的氛围，使内部空间柔美朦胧、生机盎然。

流水别墅的内外空间格局和材料使用都典型地体现了他的地缘性建筑思想，大尺度悬挑阳台与山体石壁的依存关系，垂直和水平的悬挑结构与自然山体对比；建筑现场取材以厚重岩石作基础构造，岩石主材料的运用，赋予了建筑动感与张力。流水别墅高度实现了赖特的地缘性建筑观，深刻地表达了自然与人性亲和力结合的地缘性建筑语汇价值，赖特本人也将建筑描述为"石崖延伸出的溪流音乐"。流水别墅实现了建筑与自然的最佳契合，让建筑接受了"自然赋予的完美"。赖特用流水别墅揭示了建筑不能仅仅依赖建造的围合，更重要的是造就自然中建筑与环境之间的完整和丰富性，把地缘因素，如气候、地貌、生态、植物、光线、山石水林等元

流水别墅外景

素糅合进通透流动、互动的有机空间，把山体、溪水、瀑布的地缘特征高度融合形成有机的建筑体，还要调动人的触觉、嗅觉、听觉，让居住者的房间充满小溪的水声，用石崖边的楼梯让人感知到建筑的人造与天然、功能与形式全息交流的境界。

流水别墅营造了人、自然、建筑在时间里融合的"天人合一"的意境，完美地表达了赖特因地缘、人缘营造的"活的""有机体"建筑观。虽然流水别墅远在美国宾夕法尼亚州偏远山区，每年却有超过十几万游客造访，流水别墅也因此成为全世界上镜最多的私人住宅。赖特去世后，考夫曼将别墅捐献给了当地政府，他希望这一建筑艺术珍品可以永远供人欣赏。交接仪式上，考夫曼致辞说："流水别墅的美依然像它所配合的自然那样新鲜，它曾是一所绝妙的栖身之处，但又不仅如此，它是一件艺术品，超越了一般含义，住宅和基地在一起构成了一个人类所希望与自然结合、对等和融合的形象。这是一件人类为自身所作的作品，不是一个人为另一个人所作的，由于这样一种强烈的含义，它是一笔公众的财富，而不是私人拥有的珍品。"

"美国风格"的草原式住宅

1937年，赖特针对中产阶级居住需求，提出了"美国风格"住宅建筑，采用几何形式、没有装饰、内部自由空间的原则，赖特还制定了模式系统，作为设计与施工标准。战后美国各地兴建的大量中产阶级住宅基本上都采用了他的"美国风格"住宅建筑原则，完整表现了他的美国本土化建筑思想。那时，他也面对迅速到来的机器时代，但他用不同的视角看到："科学可以创造文明，但不能创造文化，仅仅在科学统治之下，人们的生活将变得枯燥无味……"赖特旗帜鲜明地反对理性现代主义把空间变得冷漠的做法，反对拘泥于居住机器的理念，他断定："工程师是科学家，并且可能也有独创精神和创造力，但他不是一位有创造的艺术家。"并且，在纯粹现代主义最火热的时期，他始终对建筑和材料具有独特见解，尊重建筑和材料的天然特性，他说："每一种材料有自己的语言……每一种材料有自己的故事，对于艺术家来说，每一种材料有它自己的信息，有它自己的歌。"

赖特的格言是："我的建筑好像在那里生长出来。"他说："美丽的建筑不只局限于精确，它们是真正的有机体，是心灵的产物，是利用最好的技术完成的艺术品。"赖特认为："只有当一切都是局部对整体如同整体对局部一样时，我们才可以说有机体是一个活的东西，这种在任何动植物中可

草原式的住宅

以发现的关系都是有机生命的本质。""这种活的建筑是新现代的整体,这种'活'的观念能使建筑师摆脱固有的形式的束缚,注意按照使用者、地形特征、气候条件、文化背景、技术条件、材料特征的不同情况而采用相应的对策,最终取得自然的结果。"

赖特所提并用实践创立的"草原式风格"及"有机建筑"理论首开先河,他把建筑作为人类与所处环境的有机联系体,即"有机建筑",用建筑反映了人对物质和精神的深层需要。在他的建筑中场地是自然的属性,材料使用必须因地制宜;他的建造是建筑与基地的自然环境高度协调和充分考虑并满足人的需要的结晶。赖特的有机建筑的基本原则是"活"的观念和整体性概念,这些都明确体现在内在功能和目的、材料的具体表现方面。另一个重要方面是赖特对民间传统的吸收学习,例如日本传统对他的影响,他赞赏日本"净"的戒条,即净心和净身,视多余为罪恶,他主张消除建筑无意义的部分,让建筑返璞归真、自然有机。正如他所说:"在有机建筑领域内,人的想象力可以使粗糙的结构语言变为相应的高尚形式,而不是去设计毫无生气的立面和炫耀结构,形式的诗意对于伟大的建筑就像绿叶与树木、花朵与植物、肌肉与骨骼一样不可缺少。"由于对日本传统住宅结构的借鉴,加上与典型的美国风住宅建造程序结合,形成了赖特个人程序方法组合形式,即草原式住宅形式。

弗兰克·劳埃德·赖特的理念、言论及成就

在赖特漫长的职业建筑设计生涯当中,他的建筑风格发生了多次重要变化,概括起来是从自然主义、有机主义、草原风格、现代主义,到美国典范风格的变化过程,每一个时期都影响了当时世界建筑的发展,设计项目内容也是从住宅到商业建筑、从室内到家具等,涉猎极其丰富。他还通过从事设计教育促进了美国建筑设计的成长,对美国建筑形成自己的国家特色,位居世界高水平起到了重要作用。赖特也深刻影响了世界现代建筑运动的发展,但他的建筑思想和欧洲现代新建筑运动的其他代表人物具有显著的差别,他走的是一条"活的""有机"地缘化的独特道路。赖特高度注重地域文化和地缘、人缘环境,因此缔造了美国文化的地域建筑体系。赖特因从小生长在威斯康星农场的大自然环境之中,并且在劳动中了解了土地,感悟了自然,认识了自然生态之美的深刻意义。

赖特之所以,以"有机建筑"流派的代表人物著称,是因为他首先把有机生物所具有的外貌作为生存的内在因素,让建筑的形式、构成、高度

符合内在因素而合情合理，铸造吻合客观条件的人性化建筑。把室内空间向外伸展，又把自然景色引进室内；把建筑细节贯穿于相关联的局部而成为有机整体，努力使建筑与大自然实现天然和谐，用他自己的名言概括起来说："我的建筑犹如从大自然里生长出来。"他一贯从艺术和功能等多角度理解不同的材料特性，发挥材料长处，避开短处。他的建筑装饰观念是自然的，宛若花从树上生长出来一样。他追求自然、有机但从不失简洁，而他的简洁又不简单等同于纯粹现代主义，不简单等同于"建筑是居住机器"的建筑观。赖特的有机建筑观形成在19世纪80年代，到20世纪30年代他逐渐得到机会实现。

从他的文字看，最早提出有机建筑观思想是在他1894年写的《在建筑事业中》一文当中，这段文字在1908年《建筑记录杂志》上刊载出来。他在文章中他对所谓的有机建筑提出了6个原则：1.简练应该是艺术性的检验标准；2.建筑设计应该风格多种多样，好像人类一样；3.建筑应该与它的环境协调：一个建筑应该看起来是从那里成长出来的，并且与周围的环境和谐一致；4.建筑的色彩应该和它所在的环境一致，也就是说从环境中提取建筑色彩因素；5.建筑材料本质的表现性；6.建筑中精神的统一和完整性。这6条原则具体体现了赖特有机建筑观，同时也从他一生的建筑实践中明确反映了出来。

赖特建筑观的精髓在于：建筑反映出时下的、生动的人的状况，建筑是人的本性高层次，被关注的物化，他的建筑实现了人的活动、时代、地域等精神的物质化。在赖特的建筑营造观念里具有强调外部密封与向内部开放的空间意识，而其内部空间采用中央空调和大尺度的采光天窗，这使得他的建筑外部街区形象个性鲜明，甚至特立独行，以至于曾被人们称为是"不友好的建筑"。例如他设计的纽约州水牛城的拉金公司管理大楼就是典型例子。也有评论家认定其方法为"批判的地域主义"。但是这些并不能很好地概括他在地缘、气候、文化和工艺方面完美地高度结合以及开创具有现代乡土意义建筑的贡献。是否可以说赖特的建筑在某种意义上成为后来出现的"批判的地域主义"地域性学派的先导呢？"批判的地域主义"的本质是建筑服从于其置身其中的地缘和文脉，地域主义兴起的诸多因素中，反对现代主义国际性均质化的中心主义，寻求建筑形式的多样性愿望是其主要部分，从这一方面看，赖特毫无疑问是"批判的地域主义"者的重要先驱。

参考文献:

1. Frank Lloyd Wright. The Elements of Architecture. New York: Universe Publishing, 1988.

2. Frank Lloyd Wright Interview by Yoshio Futagawa. GA Interview, April 2005.

图片来源:

1. Frank Lloyd Wright. The Elements of Architecture. New York: Universe Publishing, 1988:4/32.

2. Frank Lloyd Wright Interview by Yoshio Futagawa. GA Interview, April 2005: 60/62.

阿尔瓦·阿尔托 Alvar Aalto：斯堪的纳维亚建筑的诗人

阿尔瓦·阿尔托

阿尔瓦·阿尔托人物介绍

阿尔瓦·阿尔托一生主要的创作都是在探索民族化和人情化的现代建筑道路上，是那个时代，首先对纯粹现代主义观点持批判和保留态度的建筑师。在现代主义建筑鼎盛时期，他选择了将现代建筑与人情化和地缘地域化结合的建筑方向，探索出一条更加具有人文色彩、更加重视人的心理需求的建筑设计体系，并在此方面取得了卓越成就，形成了以芬兰为代表的斯堪的纳维亚国家的现代建筑思想体系，奠立了斯堪的纳维亚地域建筑文化基础，开启了人情化建筑理论的先河，成为现代生态化、人情化建筑道路上的先知和先行者。

阿尔瓦·阿尔托 1898 年出生于芬兰的库奥尔塔，早年在赫尔辛基工业专科学校建筑学专业就读。曾在中欧、意大利及斯堪的纳维亚地区游学。之后在芬兰的于维斯屈莱市和土尔库市创办建筑事务所工作。1928 年阿尔瓦·阿尔托加入国际现代建筑协会。1940 年，阿尔瓦·阿尔托就任美国麻省理工学院客座教授；1947 年获美国普林斯顿大学名誉美术博士学位；1955 年当选芬兰科学院院士；1957 年获英国皇家建筑师学会金质奖章；1963 年获美国建筑师学会金质奖章；1976 年病逝于赫尔辛基。

阿尔瓦·阿尔托作品分析

帕伊米奥结核病疗养院（芬兰帕米欧市，1929～1933 年）

帕伊米奥结核病疗养院是阿尔托 1929 年参加设计竞赛的中标作品，

帕伊米奥结核病疗养院

1933 年建成。疗养院很好地满足了疗养人员的需要，每个病室都有良好的光线、通风条件、视野和安静的休养环境。建筑造型与功能和结构紧密结合，设计的理性逻辑与感性形象结合，建筑空间简洁、清新，给人以开朗、明快、乐观的环境状态。斯堪的纳维亚国家冬季漫长，日照短暂，令人感觉压抑。所以，阿尔托采用大尺寸的顶部圆筒形照明，据说他是为了力求造成用天窗引入日光的效果，即便在黑夜时，人造光源也能在心理上造成太阳未落的感觉。在建筑的外皮上阿尔托用北欧盛产的木材和红砖赋予了斯堪的纳维亚民族现代诗意，创造了视觉与心理的温馨感觉。迄今为止，这种设计还在斯堪的纳维亚国家具有典范意义，并被广泛应用。

玛丽亚别墅（芬兰努玛库，1938 ~ 1939 年）

玛丽亚别墅是阿尔瓦·阿尔托的巅峰之作，被当时建筑文化界称为"把 20 世纪理性构成主义运动与民族浪漫传统联系起来的构思纽带"，与赖特的流水别墅、柯布西耶的萨伏伊别墅、密斯的范斯沃斯住宅齐名。在 20 世纪 30 年代芬兰建造的一系列私人住宅中，大都模仿格罗皮乌斯的纯粹现代风格，1934 年阿尔托在设计他的工作室和房地产经理人住宅的时候，结合芬兰的地域特点对住宅的风格作了一些改进：部分采用不同的材料，以木材为主，砖石点缀，用一种新的手法将芬兰传统建筑元素汇入新的住宅设计。阿尔托将新的、贴近自然的、非几何形体的地缘、地域化融入芬兰传统，同时保留现代建筑空间要素新原则，此次设计所采用的新理念，后来被阿尔瓦·阿尔托加以推广应用。

玛丽亚别墅是古里申夫妇于 1936 年委托阿尔托设计的私人别墅，它位于努玛库一个长满松树的小山顶上。古里申夫人玛丽亚是当时芬兰最大的工业家族之一的阿尔斯托姆的继承人，玛丽亚不仅是成功的企业家，同时对艺术有着浓厚的兴趣。她早年在巴黎学习绘画，拥有大量艺术收藏品。阿尔托理解艺术家的工作，懂得他们的工作和休息方式，因此，他把工作和生活空间融合在一起，将住宅的工作区和生活区连成一个整体，并力求表现出主人的艺术素养和个人魅力。所以阿尔托的住宅设计通常就是艺术家生活的写照。古里申夫妇和阿尔托一样，深信以理性与技术进步为基础，才能建设出一种理想的社会形态。在此之前，玛丽亚已经在这里建造了两座家族别墅，一处是木构的城堡式别墅，一处是新艺术风格别墅，它们都是当时建筑风格的典范。所以，当玛丽亚计划建造第三代别墅时，要求不仅要有符合时代特色的生活形式，还要有独特的个人魅力。她允许阿尔托在设计中进行大胆地创新和实验。阿尔托曾写道："在这座

玛丽亚别墅鸟瞰图　　　　　　　　　　　玛丽亚别墅

建筑中所运用的形式概念，是想使它与现代绘画相关联。"

　　1938年冬，阿尔托完成玛丽亚别墅第一份1:100的平面草图，平面包括一系列L形建筑。入口旁边为3层，面向花园的为2层。花园是一个用围墙围住的庭院，里面有一个桑拿室和自由曲线的游泳池。后来阿尔托作了一些改进：撤掉原有的地下室，把画室和画廊合成一个完整的平面，组成一个多功能的大空间。一层仍然作为公共空间，二层则设计成完全的私密空间。由于受到当时名声大噪的流水别墅的影响，阿尔托曾提出将地址移到有水源的地方，虽然后来没有采用这个想法，但是大师们追求建筑地域性的思路如出一辙。

　　别墅共2层，底层包括一个矩形服务区域和一个正方形的大空间，其中有高度不同的楼梯平台，接待客人的空间，由活动书橱划分出来的书房和花房。公共空间和私人起居空间由中间的餐厅和降低的入口门厅分隔开来。除了服务区之外，整个空间是开敞的。L形的别墅和横放着的桑拿房、不规则形的游泳池围合成一个庭院。桑拿房位于院子一角，连接着门廊。一道L形毛石墙强调了院落的空间。入口处，未经修饰的小树枝排列成柱廊的模样，雨棚的曲线自由活泼，从浓密的枝叶中露出一角，颇有几分乡村住宅的味道。从入口门厅过去就是起居室，这种向周围自然空间开敞的形式，在1937年巴黎世界博览会芬兰馆中也采用过。位于起居空间内的楼梯由不规则排列的柱子围合，柱子上围绕绿色藤条，形成亦虚亦实的情趣空间，而不是做成普通的全封闭楼梯间。楼梯直达二层的过厅，过厅把二层的游戏区、夫妻卧室、画室分开。

　　游戏区连接四个小卧室和餐厅上方的室外露台，其余则是佣人房间和贮藏室。这座建筑的特别之处在于，二层平面布局和底层有着很大的区别，在建筑结构上没有必然的联系。二层的画室像是从底层升起的一座塔楼，外表覆着深褐色的木条，立面的其他部分是白色砂浆抹灰。同时木材本身的纹理颜色也有细微变化，看上去不至单调呆板。在餐厅外墙和挑台，经过防腐处理的圆木横竖交叉着组成露台的栏杆，衬在背后的白粉墙上形成有韵律的线条，白粉墙的顶上安装白色的金属栏杆。平地上露台的楼梯扶手嵌在餐厅的外墙上，底衬采用宝蓝色釉面砖，脚下的台阶采用未经打磨的碎石，整个建筑表现出浓郁典型的北欧原始粗犷风格。

美国麻省理工学院学生宿舍楼

美国麻省理工学院学生宿舍楼（美国波士顿，1947～1948年）

麻省理工学院位于波士顿附近。1946年，阿尔托接受委托在临近查尔斯河繁华的岸边设计一栋学生宿舍楼。建筑表面用的是粗糙的红色石砖，而低矮的餐厅使用的是灰色大理石。西面是一个常青藤缠绕的藤架和一座大型露天花园。他为了使宿舍大部分房间面向采光面和外部河流的自然景观，避开面向市区聚集的道路和车流，把宿舍楼建筑设计成蜿蜒曲折的形式，形成一道倾斜着流动的风景；一些次要的空间放在西面，例如公用房间、走廊以及大厅一层入口等，他用降低外部服务配套建筑高度的方式巧妙地增加了走廊的采光。

建筑红色的石砖墙，蜿蜒曲折的立面，在街区环境里独特而优雅，成为区域标志性建筑。它散发出北欧浪漫主义情怀在理性现代主义建筑环境里独特的境界，震惊了当时纯粹现代主义风格流行的建筑界，并影响了现代主义建筑的设计走向。从这个建筑案例中，可以看到阿尔托的反对理性主义纯粹现代形式的建筑观，体现了阿尔托对现代主义专断的否定和独特思考。

于维斯屈莱校园建筑群（芬兰于维斯屈莱，1950年）

于维斯屈莱校园建筑群

1950年阿尔托在这座大学建筑群的设计竞赛中获胜，建筑群总平面呈半封闭状，围绕中间校园，包括教育系楼、图书馆、实验学校、体育设施、宿舍和俱乐部。建筑一侧，一层是学生和教师的自助餐厅，二层是矩形的礼堂和大厅，三层是行政管理区域。另一侧是一～二年级学生的教室、一个物理实验室和一个可容纳 310 人的大教室，还包括测量系和建筑系。遗憾的是，最初的设想还包括一个可容纳 1000 人的集会大厅，但是由于预算的原因最终没有实现。建筑群 1953 年开始建造，部分建筑在 1966 年竣工，还有一些后期的工程到 1975 年才最终完成。这座建筑群是阿尔托最出色的作品之一，自然朴素的形式是于维斯屈莱校园建筑群最为突出的特征。

珊那特赛罗镇中心（芬兰珊那特赛罗，1953 年）

20 世纪 50 年代，阿尔托的设计项目主要集中在芬兰，珊那特赛罗镇中心建筑组群的设计是阿尔托战后时期在芬兰最著名的作品。建筑群采用简单的几何形式，在材料的使用上特别具有斯堪的纳维亚特点：使用红砖、木材、黄铜等，既具有现代主义的形式，又有传统文化的特色。珊那特赛罗镇中心建筑是阿尔托把现代功能和传统审美结合得非常好的例子，在斯堪的纳维亚地区受到广泛的关注和建筑文化同行的学习。建筑典型地体现了阿尔托"芬兰的""大众的""史诗般的"艺术特征，也体现了芬兰的小国文化和独立民族的艺术精神，有效与冷静地抵挡了美国推动的国际主义风格运动的冲击，并且在吸收学习现代主义过程中，发展了斯堪的纳维亚的民族现代建筑，走出了自己的道路。以珊那特赛罗镇中心为开端的斯堪的纳维亚的民族现代建筑，丰富了世界建筑文化，展现了阿尔托现代地域人文精神的建筑思想。

珊那特赛罗镇中心建筑

珊那特赛罗镇中心建筑内部

赫尔辛基文化宫（芬兰赫尔辛基，1955 ～ 1958 年）

赫尔辛基文化宫是阿尔托成熟期的重要作品之一，其设计的最大特点是丰富的综合性，特别是剧场部分的声学性。阿尔托把它分成三个部分，分别独立设计建造。它包括 5 层的办公楼，其中有 110 个房间，包括办公室、会议室和休息室。平面呈规整的矩形，建筑装饰使用了铜材料。会堂平面采用贝壳形，线条自由。外立面铺红砖，内墙是木材和面砖搭配。会堂和办公楼之间由裙楼式交通空间相连，包括大厅、衣帽间、演讲厅、3 间教室、5 间会议室、图书馆和地下健身房。会堂部分包括可容纳 1500 个座位的大厅、一个餐厅和一个小型地下影院，建筑后来在很长的时间里成为世界建筑综合空间形式和声学技术设计的典范。在当时，赫尔辛基文化宫因卓越的声学处理闻名，频繁作为各种重要会议和重要乐队音乐作品的录音场所。在外部，不规则形体密切配合内部空间变化，外墙几乎没有窗户，使砖墙弯曲起伏富于动感，为实现这个效果，阿尔托特意制造了 V 形砖。

在谈到文化宫会堂的声学处理时，阿尔托说："它的多功能性需要一流

赫尔辛基文化宫

的声学设备，因此把它设计成螺旋形，采用混凝土墙体、木材和面砖搭配，墙和顶棚都能同时吸收或反射声波。代用墙板不仅满足不同声学需要，同时保证了建筑线条的完整性。"

伏克塞涅斯卡教堂（芬兰伊马特拉，1956年）

1953年，阿尔托完成伊马特拉市中心设计，之后他开始设计伏克塞涅斯卡教堂作为伊马特拉市中心的一部分，市区的标志性建筑，1959年教堂建成。伏克塞涅斯卡教堂出色地满足了城市功能和美学要求，成为一个独特完美的建筑，也是阿尔托最典型的教堂作品。阿尔托在这个设计中表现出了设计的成熟，他将以往教堂中遇到的问题和解决方式引入其中，例如，现代社会中教堂空间的关键问题通常是宗教性和使用功能的矛盾，教堂直接功能是宗教，但也是现代社会公共文化的组成体，现代社会中教堂原有的公共文化性经常被忽略，通常它们只等同于普通的社会活动中心。阿尔托致力于一种完美的形式设计，包容满足普通社会活动的需要，实现了宗教性与公共文化性的完美融合。再如，声学要求，这是教堂建筑最重要也是最难以解决的问题。教堂室内采用不对称布置，讲坛对面的墙决定声音的反射效果，恰当的设计可以使声音以大小适中的分贝传播。阿尔托在教堂里设计了声学墙，墙的构造由各种不同曲面组成，整个墙包括窗户向内倾斜，活动墙的曲形部分与它的曲面吻合，达成了完美的造型与声学物理性的结合。

因教堂四周工业烟囱林立，教堂难以形成理想的城市视觉空间关系，为此阿尔托设计了一座别致的钟塔和他们形成鲜明对比，同时也取得某种联系。钟塔顶部分成3份，像倒插的箭上的3支翎羽；内架3口钟。教堂内分成3个空间，祭坛上放3个十字架象征着圣父、圣子、圣灵。塔身材料为白色混凝土，其侧翼设置增强了钟塔的稳定性，侧翼构造体用来反射和加强钟声。

教堂细部也充分展现了阿尔托理性和浪漫交融的风格。白色墙面弱化了建筑与天空的界线，而参差不齐的开窗方式则强化了与树林的呼应，这一弱一强的处理将建筑完美地融入环境里。管风琴、窗户、顶棚等不仅符合功能要求，且形式新颖美观，富有创意。侧面墙的内窗和外窗是分离的，同时起到调节光线和表现空间的作用，这种方式在当时是独一无二的。

阿尔托对技术上的细节进行了描述："立面使用砖和白色混凝土材料，屋顶在东侧。内部拱形声学设计是经过微缩模型试验的，模型内安放水平、垂直都能自由转动的反射板，光源放在讲坛处，光线打在板子上，以此推

伏克塞涅斯卡教堂

断声波的音量和方向。东侧的内外墙之间的曲线活动墙可以拉进。教堂有5个入口，确保三个空间都能独立使用相互不影响，主入口设在南端。其中一个入口直接连着墓地，地下室包括储藏室、停尸房。西南侧的牧师住所有波浪形状的屋脊。"

阿尔瓦·阿尔托的理念、言论及成就

阿尔托早年曾学习和运用"新古典主义"的设计风格，后来他开始接受现代主义建筑思想，并与斯堪的纳维亚地域人文建筑结合，影响和推动了芬兰现代建筑的发展。"自然再现"是阿尔托一直秉持的理念，也就是今天提及的生态建筑概念，阿尔托的设计，自然而然地渗透进生态建筑的精神和理念中。他的设计对地形地貌、光照角度和立面方向极其考究，锲而不舍地用建筑表现自然环境和社会环境间的有机联系。他在建筑设计上获得成功的秘诀是对地域、地缘生态观念的执着追求，对自然环境、自然资源状态的反复考察，以及对地缘环境的科学利用。他充分了解研究现场，从中寻找设计切入点；大自然、阳光、树木以及空气等生态因素，在他的建筑中必然存在，并发挥了重要作用。

阿尔托的建筑强调亲近自然的无形价值。他曾如此表述对树木的理解："我们北方人，特别是芬兰人，爱做'森林梦'……森林是想象力的场所，由童话、神话、迷信的创造物占据，森林是芬兰心灵的潜意识所在，安全与平和、恐惧与危险的感觉同时存在。"对树木的眷恋造就了阿尔托建筑设计与艺术的最终特性，也凝聚成了北欧设计的特色。他用地域文化建筑把温情和诗意、阳光和温暖给了那个时代的斯堪的纳维亚。他坚定地实践着工业化和标准化必须为人的生活服务，建筑要适应人的精神要求的信条；实践着因地制宜、因时而成的建筑思想和原则。他的建筑在于与人文、自然、地缘的契合，所以高度融于乡土风情、地貌地景，建筑风格纯朴自然。阿尔托说："没有什么可以再生，同时也没有什么可以完全消失，任何东西都会以一种新的形式呈现出来。"阿尔托的建筑以斯堪的纳维亚人对木材的流畅的直线条追求，建立了民族现代建筑风格。无论外部饰面和室内装饰都大量采用木材和铜材，原因是芬兰地处北欧，盛产木材和铜。他坚信通过使用木材可以让建筑与芬兰的周边环境实现高度融合，协调一致。从玛丽亚别墅木板的构造方式，到伏克塞涅斯卡教堂参差的开窗形式，再到芬兰音乐厅片断的组合形式，始终可以感受到阿尔托运用木材表现出的高超抽象艺术技术与斯堪的纳维亚大自然完美地融合，建筑艺术成为他书写北欧的画笔，用木材作的诗篇拨动了斯堪的纳维亚人们的心弦。

　　材料考究是阿尔托的建筑的重要特点之一，他的建构理念讲究因材料而筑结、因传统而形成斯堪的纳维亚式的文化肌理。他的建筑造型沉着稳重，结构也常采用厚实的砖墙，门窗设置独特而适宜。阿尔托的作品不浮夸、不豪华，也不追随欧美时尚，形成了独特的阿尔托样式。他注重利用采光对照明的替代，因而，他的建筑设计风格质朴、细节丰富且有人情味。

参考文献：

1. Aldo Aalto. Living Architecture. New York: Universe Publishing, 1985, 16.
2. Henri Ciriani. Aldo Aalto as a Transient Medium. Architectural Design, March-April 1987.
3. Lynnette Widder. Aldo Aalto Contemporary System of Aesthetics. A + U: Architecture and Urbanism, April 1986.

图片来源：

1. Aldo Aalto. Living Architecture. Oxford University Press, 1953, 7:20/26/35.
2. Henri Ciriani. Aldo Aalto as a Transient Medium. Architectural Design, March-April 1987:60/62/65/68/72.

第二篇　新现代主义建筑的发展——现代主义建筑的普及与丰富性修正

　　现代主义建筑经历了 20 世纪 20～30 年代的启蒙之后,进入了 40～50 年代的迅速发展时期,在世界范围内产生了新一代现代建筑大师和新的现代建筑作品,现代主义建筑逐渐从欧美走向全世界。纯粹现代主义的高峰过后,伴随 20 世纪工业化和后工业化的发展,现代主义建筑形成国际化发展格局。

　　之后,现代主义建筑出现了相当数量的纯粹形式化现象,出现了破坏一些地区和国家的地域和传统文化生态的问题,一些建筑师和学者开始对此提出质疑。最大的问题是纯粹现代主义建筑出现在不同国家、地区,样式、形式却雷同,即所谓"国际化,均质化"的倾向。安藤忠雄说:"材料的形而上含义和细节都被简化为一种姿态,一种缺乏内在意义的表面姿态。这些姿态代表脆弱不堪的表象,它大大削弱了建筑形构的作用,因为形构已经不是从材料性质的基本回应中形成的空间体验,而只是形式的东挑西拣后产生的一些附加品质。在这里,表皮不再是文化意义上的操作显现,也不再是材料生产及其设施的见证,而只是文化时尚的反映。"[1] 今天,现代主义初期和发展期的影响力大大减弱。一方面,我们明确地看到了纯粹现代主义建筑给社会发展带来贡献;另一方面,也因其工业标准化模式造成对以手工业为基础的地域文化的伤害。新的探索中大多数建筑设计似乎失去明确性,人类开始多元的建筑实践,建筑师们在不断质疑建筑发展方向,质疑建筑外在和内在的本体表现层次,思考建筑构成的本质到底是什么? 这成为现代主义高峰过后的主要状态。例如,用机械化生产的建筑构件组合材料去模仿手工生产。建筑一方面表达着对过去经典的向往,另一方面却在追求急功近利,建筑精神与材料使用的错位让许多建筑落入廉价艺术陷阱。在此状态下,有了更新的探索流派出现,例如意大利的新理性主义运动。弗兰姆普敦说:"与大众主义的纲领背道而驰的,至少是在其起点,莫过于意大利的新理性主义运动,即谓倾向派,他们企图从大城市中无所不在的消费者主义的力量下拯救建筑与城市。"[2] 建筑需要通过建造过程注入社会物质文明的历史脉络之中。例如世界共同面临的问题是,民居形式赖以生存的基础——传统农业文明的衰退，使各地民居建筑日趋没落，而伴随现代主义发展的城市工业文明也在出现文化迷失，"建筑面临如何成为现代的又回归本源，在一个被后工业文明简化为巨大商品的世界中坚持走建构之路的挑战……"③。随着工业生产和消费的最大化时代的到来，建筑的工艺性和场所性开始脱离人类的建造范畴，在都市中建筑工业出现了人文性表达的无能为力和失控，以现代主义建筑为主开始出现多维状态，例如意大利"弱思维"学派，他们把传统作为演化中的复合体，把社会物质化作为人的情感得以实现的条件，用传统来弥补理性现代主义的人文缺失。这成为"弱思维"的思想基础，他们用事物片段中蕴含的传统价值来改造现代主义建筑。他们的建筑实践试图找到具有文化传统切实性的特征，并解决随着科学技术的进步，人们无法实现手工艺广泛使用的问题。

20世纪70年代后，开始呈现现代主义与地域文化结合的新现代建筑和高技术流派、商业元素结合的后现代主义建筑等多元状态，例如贝聿铭的作品：华盛顿国家艺术馆东馆、肯尼迪图书馆、美国国家大气研究中心、梅耶森交响乐中心等都深刻地影响了20世纪50年代美国的建筑发展，而他的中国银行大楼、苏州博物馆、澳门科学馆、北京香山饭店等，深深地影响了20世纪70年代中国以及东方建筑的发展。技术发展的速度超出人的接受能力的时代，比人类自己想象得更快到来。科技的发展尽管在许多不同领域造福人类，科学技术无所不在，然而似乎在吞噬着自然和人类不断改善的信念。一方面经济不断得到科学技术的支持，另一方面又面临文化和自然生态遭到科学技术的破坏。今天，破坏已经严重到了人类自身的存在岌岌可危的程度，因此，虽然现代科技进程仍在加速发展，但建筑理想化的现代性却遭到人类空前的质疑，出现了地域、文脉派建筑师；他们甚至认为对于建筑而言，科学技术的落伍反倒是件好事，建筑恰好需要通过落伍的节奏赢得时间积累的价值，于是就有了现代主义之后的地域派思想和实践，建筑在此出现了"花样翻新"的多元局面。当然也出现了模仿、取代，表达性建构价值削弱等一系列问题，例如建筑表现力在形式美学和传统文化层面的削弱。

20世纪50～60年代在东方的日本，出现了丹下健三、菊竹清训、槇文彦、黑川纪章等结成的"新陈代谢"派，使日本的建筑界开始受到世界瞩目。60年代世界性建筑设计竞赛方面日本表现不凡，丹下健三为1964年东京奥林匹克运动会设计的代代木体育馆，在当时世界性结构表现主义倾向中达到了一个新顶点，表明了日本建筑设计终于赶上了世界先进水平。之后的安藤忠雄又创造出了日本化现代主义建筑的模式，他们的建筑用独特的方式融合日本传统与现代主义，既正视传统也批判现代主义过于机能性，充分尊重日本地域和文化的现实环境受到历史影响的事实，把建筑作为世界异质化现实的一部分，形成了具有日本风格的现代主义建筑的独特形式。他们积极地以前瞻的精神去重新理解现实，使现代建筑中的传统依然存在而且充满生气，用现代传统和地域文化精神的结合提升了现代主义建筑新的价值和意义。

到了 20 世纪 80 年代，新一代现代主义建筑达到了鼎盛时期，在全世界范围内产生了前所未有的影响。正是这些众多的新型现代主义代表作品和新派现代建筑大师们的出现，让今天的世界建筑呈现出了绚丽多彩的景色。

注释：

① （日）安藤忠雄 . 安藤忠雄论建筑 [M]. 白林译 . 北京：中国建筑工业出版社，2003.

②、③ （英）弗兰姆普敦 . 建构文化研究：论 19 世纪和 20 世纪建筑中的建造诗学 [M]. 王骏阳译 . 北京：中国建筑工业出版，2007.

菲利普·约翰逊 Philip Johnson：美国现代建筑教父

菲利普·约翰逊

菲利普·约翰逊人物介绍

　　菲利普·约翰逊在现代建筑发展史上举足轻重，影响深远。被广泛誉为美国现代主义建筑教父。1906 年菲利普·约翰逊出生于美国俄亥俄州克利夫兰，建筑师、建筑理论家，1927 年哈佛大学建筑学院毕业，获得建筑学学士学位。20 世纪 40 ～ 60 年代成为全美国最具影响力的建筑师，1979 年约翰逊获得普立兹克建筑大奖，成为历史上普立兹克建筑奖第一届得主。

　　约翰逊一生主要兴趣是努力设计营造令人自豪的建筑，他认为使建筑拥有功能性与艺术性的多重意义是建筑师的天职。他说："建筑要宏伟、富有情感和纪念性，要形成一贯特色，要有可以产生连续性空间的状态；建筑应该使人产生喜悦与鼓舞，更优秀的建筑可以使人为之动容，这些空间的意义只有行走其间才能真正感受，形成某种行进的空间鉴赏过程。"约翰逊是最先懂得密斯天才之处的人，他曾学习密斯，后来也对更复杂的行进空间进行自己的研究，约翰逊与密斯的一系列配合有力推动了现代建筑在美国的发展。

　　20 世纪 30 年代以前，约翰逊学生时代曾研究哲学与希腊文，建筑上曾主张折中主义，成为现代主义对立派，在偶然接触罗素的思想和著作后，对现代主义建筑产生了兴趣。20 世纪 30 年代，约翰逊在哈佛大学学习建筑期间也接触了密斯·凡·德·罗、勒·柯布西耶和格罗皮乌斯等现代建筑大师。约翰逊还与罗素合作，组织了"现代建筑国际式样展"，推介和宣传了发源于欧洲的现代主义，包括现代建筑大师密斯、柯布西耶与格罗皮乌斯，也包括了美国本土的建筑大师赖特等，首次向美国介绍了欧洲现代主义建筑。

菲利普·约翰逊作品分析

玻璃之屋（美国马萨诸塞州，1949年）

早在格罗皮乌斯门下求学期间，他在马萨诸塞州为自己设计并修建了一栋现代主义庭院式别墅——玻璃之屋，获得了当时现代主义建筑学派大师们的普遍赞扬。玻璃之屋是约翰逊从事现代主义建筑最好的证明，也是他早期最具影响力的作品。玻璃屋被誉为美国现代主义起源的标志性作品，因此被选为美国国家级历史文化遗迹。

就读哈佛时约翰逊与密斯交往甚密，那时家庭富裕，父亲分给他不小的一笔财富，因此，他在哈佛读书时按照自己的意志做了玻璃屋建筑设计，这使得他有机会模仿密斯设计了自己的玻璃屋。玻璃屋住宅也成为他个人事业的重要转折点。他说自己的玻璃屋住宅并不是要求要像居家空间，而是要造就交流的场所，作为建筑作品透过它来扩大影响。玻璃屋的最初规划只是在山峡的角落，后来，他把整块地都买下来，让建筑不断往外延伸，形成后来的建筑格局。玻璃屋占地约20234平方米，选此基地的理由是曾经受到日本建筑风水思想的启发，把房子架高，让屋后山丘挡住"邪灵"保留风水。

因为他在玻璃屋居住了近五十年，所以玻璃屋也历经四十几年持续不断的完善过程。约翰逊回忆道："这是20世纪20年代的房子，家具都是密斯设计的……我试着做过椅子，但是糟糕透了。所以还是选大师之作吧！何必白费力气呢……我常坐在屋外，树下有个可以坐的地方。它面向下坡，但可以转过身仰望。之后浏览一番，看看雕塑艺廊与画廊……会发现，来到这房子，进入我们所坐的客厅的行进过程，……晚上飘雪时，建筑物仿佛飘浮着。如果雪花斜斜落下，你会觉得自己好像搭着电扶梯往上。不是直直往上，因为雪花从来不是垂直落下，好像飘浮在空中，这种感觉令我印象深刻，实在美妙极了。"菲利普·约翰逊过世之后，他的玻璃屋依然受到大众瞩目。

玻璃之屋

四季餐厅（美国纽约，1959年）

四季餐厅位于1958年完工的西格拉姆大厦内部，大楼由建筑大师密斯设计。约翰逊回顾道："西格拉姆大厦内部有个很大的空着的空间，当时并没有打算将这里作为餐厅，所以我们还想，这里应该会是凯迪拉克汽车展示中心。之后，西格拉姆大厦的规划主任菲莉丝问我该在这个空间做什么。我说，如果做餐厅经营可能付不起这里的租金，这里不是一楼，也做

四季餐厅

不成店面……"后来业主决定，这个空间应该要给予补贴来做餐厅，餐厅的项目据此立项。但是担任建筑师的密斯拒绝设计这间餐厅，所以设计才由约翰逊担任完成。约翰逊说："餐厅设计很棘手，经费也不足，于是我用最低成本的方式设计这个空间；当然，我没有做得像其他餐厅华而不实。"四季餐厅风格简练优雅，以现代主义设计风格为主，没有采用当时流行的法式华丽装潢模式，采用了大型的方形空间，中间以石材走道相连，在主厅中央设有一座优雅的白色大理石水池。

前哥伦布美术馆（美国华盛顿特区，1963年）

约翰逊认为博物馆是现今最重要的建筑类型，因为博物馆通常会成为社群的纪念性建筑，前哥伦布美术馆是他觉得自己所做过的最有趣味的建筑，他回忆建造过程说："一个位于伊斯坦堡大清真寺对面的宗教学校，给了我最初的灵感，它看起来跟我要设计的博物馆很像，伊斯兰的群集圆顶样式来自伊斯坦布尔，同时，我也吸收了边上的拜占庭式的建筑风格……"约翰逊没有刻意学习伊斯兰建筑，他只是重复地把圆顶组合起来，形成有趣的组合式。前哥伦布美术馆轴线是古典的，圆顶是伊斯兰式，约翰逊认为博物馆可以采用任何想要的方式，对前哥伦布美术馆来说，这些圆顶是新的表现方式，因此没有必要介意灵感的来源。约翰逊还考虑游客对内部的感受理解，建筑室内大量地使用了木材并且采用弱化立面的手法，这样可以减弱馆中玻璃材料产生的眩光，有助于游客将注意力集中于艺术品。

由于项目设计和建设没有预算限制，该建筑成为约翰逊设计造价最高

前哥伦布美术馆

的建筑。约翰逊回忆道："我的伙伴是布里斯女士，遇到这么完美的业主，空间规划及经费预算方面，真是世间少有。就像密斯与吐根哈特住宅。"

美国水晶大教堂（美国加利福尼亚州，1968～1980年）

1968年，舒勒牧师向约翰逊表达了自己的一个构想，提出在美国加州建造一座水晶大教堂，他说："我要的不是一座普通的教堂，我要在人间建造一座伊甸园。"约翰逊问他预算需用多少钱？舒勒牧师坦率而明确地回答是：现在没有钱，关键是这座水晶大教堂本身一定要具有足够的魅力来吸引捐款。舒勒牧师凭借约翰逊的方案开始了坚持不懈的募捐，水晶大教堂造价2千万美元居然如数募集上来，体现了民间对该建筑的欢迎。

水晶大教堂是约翰逊代表作之一，建筑由巨大钢架结构和玻璃组合而成，是继著名水晶宫建筑之后的，最有影响力的钢架结构和玻璃组合的建筑。建筑位于美国加利福尼亚州南部风景秀丽的奥兰治，教堂长122米，宽61米，高36米，体量超过著名的巴黎圣母院。2004年，水晶大教堂曾被美国时代杂志列为全球最有影响力、感染力和"奇观度"的建筑之一。水晶大教堂成为南加州的地标建筑，也享誉世界。塔顶高250米，顶部立有27.4米高的十字架，方圆10公里外都可看到。牧师舒勒曾长期在露天布道，所以希望建造一座看起来似乎没有屋顶和墙壁的教堂。水晶教堂落成后，舒勒高兴地说："上帝喜欢水晶教堂胜过石头建造的教堂。"

美国水晶大教堂

能源运输公司大楼（美国休斯敦，1983 年）

能源运输大楼是约翰逊设计的比较有特色的高层建筑之一，建筑比例极为修长，看上去苗条优雅。建筑完成初期，刚好赶上美国房地产大萧条，周围很长时间没有其他建筑，没有被其他建筑包围，所以在当地影响力很大。

由于业主热爱艺术，并且想建一栋超越周边的出类拔萃的大厦，所以能源运输公司大楼投资巨大，建筑承包商也通过该项目积极开发周边，精心施工建筑周边景观，加上约翰逊精心设计，形成了业主、施工、设计完美配合，使得大楼高质量完成，建筑华丽丰富。

能源运输公司大楼

AT&T 企业总部

AT&T 企业总部（美国纽约，1984 年）

AT&T 公司是一个庞大的企业，总部建筑是专为企业量身打造的，业主告诉约翰逊说："我们要的不是另一栋大楼，我们要的是在高层建筑领域跨出新的一步。"约翰逊采纳了业主的意见，设计参考了早期的罗马式建筑，并且在建筑主要立面采用了粉红色石材，强调了巨大的柱子与顶部造型组合，用以区别于纽约其他大楼的顶部，使它独一无二，过目难忘。约翰逊告诉业主说："如果我们不在顶楼做点抢眼的东西，人们就不知道大楼这么高。"建筑完成后宏伟壮观，坐落在纽约麦迪逊大道购物街，内部大厅设计得极有个性，避免了一般店面的俗气，空间氛围气势恢宏，给经过的人们留下深刻的印象，建筑完成后，约翰逊获得了业主的高度赞许。

菲利普·约翰逊的理念、言论及成就

1945 年约翰逊独立开设建筑设计事务所，还兼任纽约市现代艺术博物馆建筑部主任。那时现代主义建筑引发了约翰逊对建筑设计新风格的强烈共鸣，约翰逊认为时代迅速改变着，社会总是缺乏明确方向感，没有地方性的文化力量，也没有新的宗教力量和新的社会道德力量，但是却为新建筑发展模式提供了机会。约翰逊对现代主义的皈依犹如信徒对待宗教，从开始认识的一刻，便投入其中，他说："今天，我们以太快的速度，知道太多事情。但是若要打造一种风格，需要无视于道德与情感，坚信自己是对的。"他喜欢革新的演变与变化，在约翰逊看来，吸引他的地方是现代主义新样式和激进的新形式，他不认为建筑与意识形态有关，建筑式样和风格没有什么一定性，关键是具有热情和引人关注，建筑师需要摆脱固定模式，应该因项目和业主的不同确立不同的风格，他说："任何值得尊敬的建筑师，都会试着挣脱某种固定模式，少了这样的热情，就不该走进建筑界。"约翰逊认为历史风格建筑和现代建筑之间并不矛盾，他相信传统，但是更注重透过创新体会传统，找到自己建筑创作的切实感受，在工作中自由地去实施，从而形成个人基本建筑手法。约翰逊说："我不但相信不断革新的建筑，努力追求原创性，更在乎的是建筑的品质，正如密斯曾告诉我，'菲利普，好的建筑不仅仅具有原创性，更重要的是优秀'，我相信如此，我从不怀疑我手法的创新，对待处理传统做法方面也很用心。"

20 世纪 50 年代中期，约翰逊开始转向后现代和新古典主义建筑，这时期的代表作品有内布拉斯加大学的谢尔顿艺术纪念馆(1960 ~ 1963 年)、纽约林肯中心的纽约州剧院（1964 年）等。20 世纪 70 年代同友人合作开设事务所，合作设计了一系列建筑，较重要的作品有明尼苏达州明尼阿波利斯中心（1973 年）；休斯敦的潘索尔大厦（1976 年）；加利福尼亚州加登格罗夫的"水晶教堂"等。这几幢建筑一扫他的折中风格，颇有清新气息。这是约翰逊富有成就的时期。但在 1983 年建成的位于纽约曼哈顿区的 AT&T 企业总部大楼设计中，约翰逊又把历史上古老的建筑构件进行变形，加到现代化的大楼上，有意造成暧昧的隐喻和不协调的尺度。这座建筑已成为后现代主义的代表作。同样的作品还有匹兹堡平板玻璃公司大厦、耶鲁微生物学楼、休斯敦银行大厦等大型建筑。约翰逊后来的大量作品都是高层和公共场所等大型建筑，这时期注重变幻建筑的外形依然是约翰逊作品的重要特征。在社会和业内的评论中，他并不是一个具有原创性的建筑师，并因此而遭受批评甚至贬低，但他并不介意也不被批评和贬低干扰，他似乎是不同于世俗观念中的知识分子，他并不去管别人怎样评断，例如他会借鉴赖特、密斯等，但他其实也在努力使建筑在借鉴中产生新的含义。尽管他追随密斯的步伐，但后来在大型摩天大楼的设计中还是形成了自己的东西，用他的话来说就是："我们从来没必要照搬我们自己的东西，而是应该跟这些完全不同。"约翰逊也引领潮流，从他玻璃之屋时期学习密斯风格，后来转向新古典主义，如波士顿公共图书馆的设计，后来他又为加利福尼亚设计了加登格罗夫的"水晶教堂"，和纽约的 AT&T 企业总部大楼。他的建筑，从古典风格、巴洛克风格到现代主义都有汲取，后来他设计的匹兹堡平板玻璃公司大厦、耶鲁微生物教学楼、休斯敦银行大厦等，也都成为后现代建筑史上无法忽略的经典之作。

参考文献：

1. Philip Johnson. The Seven Crutches of Modern Architecture(Informal Talk to Students). School of Architectural Design, Harvard University, December 7, 1954.
2. Hanno Rauterberg.Talking Architecture: Interviews with Architects.Munich: Prestel, 2008.
3. Philip Johnson. Writings. New York: Oxford University Press, 1979，2.
4. lnterview Johnson and Eisenman. Skyline, February 1982.
5. Send Rodman. Conversations with Artists.NewYork: Devin-AdairCo., 1957.
6. Hilary Lewis, John O'Connor. Philip Johnson: The Architect in His Own Words. New York: Rizzoli, 1994.

图片来源：

1. Philip Johnson. Writings. New York: Oxford University Press, 1979,2: 21-23.
2. Hanno Rauterberg. lnterview Johnson and Eisenman. Skyline, February 1982: 26/28/29.

凯文·罗奇 Kevin Roche：实现摆脱精神束缚的大师

凯文·罗奇

凯文·罗奇人物介绍

凯文·罗奇，1922 年出生于爱尔兰都柏林，1945 年爱尔兰大学建筑学毕业，获得学士学位，1968 年获得美国建筑师协会奖，1974 年获得加利福尼亚政府杰出设计奖、纽约州政府杰出设计奖。1976 年纽约市政府授予他荣誉奖章，1977 年获得美国设计师协会奖，1979 年法国建筑学院授予他金质奖章，并授予他院士称号，1982 年获得普利兹克建筑奖。

凯文·罗奇曾在伊利诺伊州理工大学攻读研究生，师从现代主义建筑大师密斯·凡·德·罗，后师从埃罗·沙里宁、阿尔瓦·阿尔托等，这些建筑大师都曾是他的崇拜对象。凯文·罗奇回忆这段经历时说："我曾短暂与密斯相遇，学到何谓对的方式，何谓错的方式。其实与他不同就叫作错，但是埃罗·沙里宁没有所谓对与错的方式，他对于建筑几乎是以研究的方式在处理。密斯是个很好的老师，话不多，因为他英文没那么好，但他有一股令人敬畏的气势。密斯的建筑观黑白分明，没有中间地带，要么就是照他的方式，否则就错了。对密斯来说，如果你不能正确地把东西放在一起，那就完蛋了。这种做法固然很难忍受，但很好。我当然夸张了些，但我会鼓励年轻建筑师去找一个专制的环境，让自己沉浸在其中一段时间，对年轻建筑师会是很好的经验。能遇上一个对自己的建筑有绝对信心的人，对年轻人来说再好不过了。"

1951 年，凯文·罗奇加入了沙里宁位于密歇根州的建筑事务所工作，在沙里宁事务所任职了 11 年，这期间深深影响了他的建筑观与工程方法认识理念。从 1954 年起，凯文·罗奇成为沙里宁主要设计助手，直到 1961 年沙里宁去世。凯文·罗奇与沙利宁结下深厚友谊，觉得与沙里宁共事有美好的知识交流，仿佛属于世界社群的一部分。沙利宁的思维整体大气、包容且拥有雄心壮志，凯文·罗奇在那里待的 11 年，公司扩编到大约一百人，他们一起讨论方案，凯文·罗奇也替沙利宁把他的意图转述给业主，并配合他们。沙利宁能以全新的观点看出问题的本质，并从讨论中找出解决方案，而这些解决方案能慢慢地以实际方式，应用到建筑上，他们的建筑经济性良好，因此成为时代的代表。在与沙里宁交往中，凯文·罗奇是个密斯派，因守旧又很坚持自己的想法，会和沙里宁发生争论，而沙里宁也喜欢和凯文·罗奇争论，因此他们没有隔阂，反而变成了很亲近的朋友。凯文·罗奇是个单身汉，沙里宁可以随时找得到他，几乎像是沙里宁的养子。沙利宁待人慷慨大方，对凯文·罗奇、对别人都是如此。到了1950年代中期，事务所规模越来越大，于是沙里宁开始释出部分项目的控制权，他和沙里宁学会了不带有成见、思维敏捷、奋力，完成设计就是一切的作风。

凯文·罗奇作品分析

纽约世博会 IBM 展览馆（美国纽约，1964 年）

最初接受委托，负责设计 IBM 展览馆的是沙利宁。然而沙利宁于1961 年猝逝，留下凯文·罗奇和约翰·丁克路，由这两名助理合伙人负责完成接受的项目，其中包括 IBM 展览馆及与伊姆斯的合作。差不多也在同一时间，IBM 开始思考 1964 年的世博会展览馆。在沙利宁猝逝之前，IBM 找到他和伊姆斯合作设计，没想到沙利宁才几个月就去世了，根本来不及做任何设计。伊姆斯不确定是否要和凯文·罗奇继续合作，但经过一番思考之后，他和 IBM 同意和凯文·罗奇一起进行展览馆设计，而这也是凯文·罗奇展现信心的重要时刻。

纽约世博会的 IBM 展览馆，是一个大型椭圆体建筑，建筑开创了多

纽约世博会 IBM 展览馆

纽约世博会 IBM 展览馆内部空间

媒体演示先例，由于此前未有过此类型综合建筑形式，因此给当时的参观者留下深刻的印象。其中这则多媒体演示讲解了人类是如何感知信息并利用人类智慧解决问题的，IBM 自此也播下了世博会的"智慧"种子。同年，IBM 发布 System/360 大型机产品线，开启了计算机商用的新纪元。凯文·罗奇的建筑为 IBM 的发展作出了贡献，因此写进了 IBM 的发展历史。

福特基金会总部（美国纽约，1968 年）

凯文·罗奇自己评价福特基金会总部建筑说："这不只是另一栋办公大楼，而是全新的东西。"他把所重视的人体尺度要素，融入了优雅的福特基金会总部建筑中。他说："我在福特基金会试着探索几件不同的事情。我相信，随着建筑越来越庞大，就不能只是复制内部网格，譬如西格拉姆楼的做法。这种做法在美国已经随处可见，结果几乎每一栋大楼都跟盒子一样。我深信我们必须如传统建筑一般，采用一系列尺度，从人体尺度出发，再前往下一个等级，以此类推，最终便能达到适合整栋建筑物、也适合各个部分的尺度，这是值得关注的一点；另一项重点在于施工法。我希望在建造施工中，能和高速公路工程师在造桥一样，用混凝土来承重，用钢来做梁，这么一来柱子都是浇灌而成，并有承重框可插入跨距钢梁，让福特基金会建筑多方面都体现出是有理念的建筑物，它还有利于处理人际关系的问题，提高周边社群感，因为建造这座建筑的目的就是营造出大家庭的感受来。"

福特基金会总部

哥伦布骑士会总部（美国康涅狄格州纽黑文市，1969 年）

哥伦布骑士会总部大楼建筑的难题是建筑用地非常小，基地还位于高速公路旁，而建筑却需要 30000 平方米的空间，因此被迫设计成高层建筑，使建筑必须接受四面八方的视线汇集，对于建筑外部来讲，在高速公路上开车时尤其可以感觉到高楼附近的流动感。凯文·罗奇在获得哥伦布骑士会的委托案之前，曾画了一张高层建筑的草图，草图中建筑有四根圆柱，中间有钢构延伸连接，他只是受此意象吸引，并不想打造纪念性建筑，凯文·罗奇认为纪念性建筑无法令人信服，那不属于一般意义社会，也不符合哥伦布骑士会的理念。他花很多时间思考，研究尺度，经过切实研究，理解尺度的性质及对建筑物与人的影响，也刻意放大某些部分尺度，看看它有何影响。哥伦布骑士会建筑正和大家关注的美国老旧城市范例密切相关，凯文·罗奇也很好地利用哥伦布骑士会总部大楼建筑的设计美化了区域天际线景观。

哥伦布骑士会总部

加利福尼亚州奥克兰博物馆（美国奥克兰，1969年）

奥克兰博物馆是沙利宁去世之后凯文·罗奇独立设计的第一个项目，奥克兰计划设计一座博物馆以收藏其自然历史、技术和艺术方面的珍贵物品，同时也作为城市纪念性建筑。凯文·罗奇在奥克兰博物馆设计中采用了独特的创意：混凝土建筑坐落在四个街区中，分为3层，每一层的平台是其下一层的屋顶。其实奥克兰博物馆没有真正意义上的业主，这个案子连功能规划也没有，大家只想要一座博物馆，但却没有花足够的时间去思考什么叫作博物馆。没有了业主的限制，对凯文·罗奇来说是一个绝无仅有的机会。凯文·罗奇说："沙利宁1961年9月去世，我就在那个月底面谈这个项目，他们几乎对我们一无所知：我们没有名气，所以他们会选上我们，真是很有勇气。突然间，我们得面对博物馆究竟是什么？"凯文·罗奇意识到这里需要绿意，以及博物馆该在小区中扮演何种角色的问题。博物馆的各种用途需要互相联结，以打造出人们会喜欢进入的空间，以及多用途的公共环境，但这又不能是大而无当的广场。在兼顾种种考虑之下，他提出了阶梯式博物馆的构想。较高楼面供艺术品展出，中间是文化史，低楼层则是自然史。每一块区域都有相关的办公室，还有特殊的花园、内容变动的展览室、礼堂、教室、演讲厅与餐厅。在博物馆里，大家的注意力通常无法长时间延续，儿童尤其如此。应该要能让人走出去，看看外头，还可以到草坪斜坡上走走，斜的草坪从窗户望出去，也比平坦的绿地更广大。奥克兰博物馆一切都设计得矮矮的，具有较好的视野，围墙都设计成20英寸高，可让人坐在上面，整个空间的阶梯与边墙结合起来，还放置延伸出来的椅子，避免了让人陷入一堆长凳的无聊状态。

著名建筑评论家《当代建筑家》杂志撰稿人，史密斯这样评论凯文·罗奇："他示范了根据特定情况进行特殊设计的方法，因而，其设计作品呈现出独特的个性和多样的风格。"此外，他称凯文·罗奇："在以政府、教育和商业机构为业主的当代美国建筑师中，他是最大胆和善于创新的。"这座新颖的花园屋顶博物馆也成为凯文·罗奇设计个性的标志。

加利福尼亚州奥克兰博物馆

布伊格集团控股公司办公楼（法国巴黎，2006年）

凯文·罗奇认为，布伊格集团控股公司办公楼设计应该从使用这栋建筑的人着手，虽然因为设计许多企业总部而名气很大，但他希望有机会能做得更多，就好比一个被誉为情圣的人，会希望自己名不虚传。他喜欢设计布伊格集团建筑，因为布伊格集团是很有影响力的业主，在这类项目中有机会发挥自己的社会责任。

布伊格集团控股公司办公楼的亮点是把客厅的概念引进这栋大型建筑里，将办公室建筑理解为和家庭一样，两者有着相同元素：入口标示着家的大门；客厅与餐厅代表共同空间，两者的相同要素很多。家人会聚在厨房、餐厅或客厅，正是这种聚集在一起的行为，在该建筑中如同家人之间建立起关系，布伊格大楼从正面看或许小小的，但里头其实有礼堂、餐厅、办公室，以及花园景观，是一个丰富空间。

布伊格集团控股公司办公楼

大都会美术馆（美国纽约，1967～2007年）

对于大都会美术馆的设计，凯文·罗奇希望当建筑与景观全部完成时，可以看到都市建筑与公园建筑形成一体的局面，效果正如预期，他很喜欢边上的中央公园，因此努力不要让街道上笨重正式的建筑形式入侵公园里面。凯文·罗奇的理念是艺术品是首要的，建筑不要喧宾夺主，他说："我们是在花园庭院展现建筑的表现力，而非在展览空间，我认为这些地方是公共的社群空间，让人得以休息放松，暂时脱离美术馆紧凑的气氛，这就是引进庭院的目的。这些空间是我们的建筑主张，其他空间则是馆藏的背景。"

大都会美术馆

凯文·罗奇的理念、言论及成就

继承沙里宁事务所负责人之后，凯文·罗奇完成了10项重要工程，包括：圣路易斯拱门、纽约国际机场候机楼、杜勒斯国际机场、伊利诺伊州 Moline Deere 公司总部、纽约 CBS 总部等重要工程项目的设计。之后，凯文·罗奇与约翰·丁克路建立联合建筑师事务所，1967年他们开始负责大都会美术馆的总体规划，先重新设计了美术馆前面的都会广场。之后，又设计了美术馆几项最重要的增建项目，其中包括萨克勒馆、洛克菲勒馆、新美国馆及华勒斯20世纪美术馆等。

凯文·罗奇认为自己所知道的一切都是向沙利宁学来的，他做事的方式是这样的：讲究如何做，注重连贯，以及无穷无尽的、永不放弃的态度，坚持不懈，持续努力，直到觉得做对了为止；接下来的技巧，就是如何向业主解释，毕竟多数建筑师并不太擅长解释或沟通，至少不太懂得如何以外行人的话来说明。

一个建筑师需要雕塑家、画家、表演者的素质，还要有些改革精神；所谓的改革，是指试图做得更好，或者想服务人的愿望。建筑师需要拥有所有这些条件，若要事业有成，确实缺一不可。他不特地去对风格作出思考，一个人是活在他的时代的，许多人会去研究各种想法，这一切都形成一种氛围，就是会身处其中，他并不想当风格运动的领导者，建筑也不是孤立的活动，而是属于整体社会运动的一部分，有时甚至是附属品。建筑师经常会自以为走在前端，其实并非如此。

他认为建筑师是很棒的职业，而建筑师的人群里并未都是认真承担为社会服务的责任的，这让凯文·罗奇为某些建筑师感到懊恼，如果能创造出妥善的生活环境与尊重自然，那么建筑师对于社会福祉与人类环境的贡献，应该和医疗界一样多。现代建筑匮乏产生真正适宜居住的环境，建立适宜人的环境是今天建筑界的首要目标，应该重视这一点，也应该成为建筑师工作的理由。凯文·罗奇喜欢投入处理人的事情，设计一件案子的起点是使用者，使用者的预期是什么，将有何体验，能从建筑物取得何种收获？他是从这里开始着手，而不是结构、轴线、平面图、色彩。建筑应先从思考个人，思考心灵开始；这是建筑师该负责的，是社会责任，也是建筑师能给社会作出的贡献。建筑师不一定先从业主开始思考，而是思考那些具体使用建筑物的人；若以办公大楼为例，就是办公室的员工。他说："我访谈过成千上万名办公室员工，不厌其烦地问：你想要什么，你看见什么，你关心什么？这个经验能让人谦卑。我建议大家在盖一栋建筑时也这么做，确实去谈，去理解、倾听，毕竟我们建筑师通常没这么做。"他认为建筑师的错误是经常会武断决定，所谓常说的"事情就该是这样"，但这绝非正确的做法；正确的做法是从将使用这栋建筑物的人开始，一栋建筑的诞生会碰触到所有层面问题，优秀的建筑师会使用专属此地的语言，具备精准的技术性，它碰触普世的语汇和情感与知性的表达。

建筑的技巧在于创造一种语言，让学者、艺术家与一般人不用察觉结构、形式或构造就能了解。所有伟大的建筑都能够引起人们的思想与情感共鸣。建筑不是抽象概念，而是和人的日常生活息息相关，是一种很实用的艺术。建筑师就像勤杂工，建筑师的角色就是服务。他说："人们希望建筑师能建造出让人在室内与室外都舒适和有兴趣的建筑，营造出让人乐在其中的工作和生活环境，否则大家就会像领薪水和应付生活的奴隶；人类要摆脱当奴隶，需要有振奋人心的方式，这正是我喜欢投入处理人的事情的理由，建造最大的收获不在于设计的乐趣，而是有机会服务这栋建筑带给你的对象。"

参考文献:

1. Kevin Roche Interview by Jeffrey Inaba.Volume No.13, 2007.

2. A Way of Saying "HereI Am": Interviews with Kevin Roche. Perspecta, 2008,4.

3. Kevin Roche. A Conversation.Perspecta, 1982,19.

4. Kevin Roche Interview by Ellen Rowley. Irish Journal of American Studies lssue l, Summer 2009.

图片来源:

1. American Studies. lssue l, Summer 2009.

2. Kevin Roche Interview by Ellen Rowley. Irish Journal of American Studies. lssue l, Summer 2009: 38/39.

3. A Way of Saying "Here I Am": Interviews with Kevin Roche. Perspecta, 2008,4:10.

贝聿铭 Leoh Ming Pei：新现代主义建筑的领航者

贝聿铭

贝聿铭人物介绍

贝聿铭，1917 年出生于中国广东省广州市，贝聿铭的童年和少年是在上海度过的，1939 年美国麻省理工学院毕业，第二次世界大战期间，他在美国空军服役三年，1944 年退役，进入哈佛大学攻读硕士学位，师从建筑大师格罗皮乌斯和密斯。1945 留校担任设计研究所助理。1948 年房地产商泽肯多夫聘请贝聿铭担任他创办的韦伯纳普建筑公司建筑研究部主任。1960 年贝聿铭成立自己的建筑事务所。

贝聿铭的建筑强调融合自然环境理念，如全国大气研究中心、伊弗森美术馆、狄莫伊艺术中心雕塑馆与康奈尔大学约翰逊美术馆等。贝聿铭强调"让光线来做设计"的方法，使用庭园空间将自然融于建筑，注重自然光的引入，是贝聿铭作品的重要特征，如北京香山饭店、纽约 IBM 公司的入口大厅、香港中国银行的中庭、纽约赛奈医院古根汉馆、巴黎卢浮宫入口扩建改造与洛杉矶比华利山庄创意艺人经济中心等。

贝聿铭的代表作品有美国华盛顿国家艺术馆东馆、法国巴黎卢浮宫扩建工程等。贝聿铭曾荣获 1979 年美国建筑学会金奖、1981 年法国建筑学金奖、1983 年普利兹克建筑大奖和美国里根总统自由奖章、1989 年日本帝国奖等。

贝聿铭作品分析

肯尼迪图书馆（美国波士顿，1964 年）

1964 年，为纪念已故美国总统约翰·肯尼迪，拟定在波士顿港口区建造一座永久性纪念建筑——约翰·肯尼迪图书馆。当时贝聿铭作为建筑新人，可谓初出茅庐，贝聿铭并不为肯尼迪家族所了解，但由于他对设计方案的生动描述，获得了肯尼迪遗孀杰奎林的信任，赢得了杰奎林的欣赏，她说："贝聿铭的唯美世界无人可与之相比，我再三考虑后选择了他。"肯尼迪图书馆建造历时15年，于1979年落成，在美国建筑界引起轰动。被公认是美国建筑史上最佳杰作之一，贝聿铭先生也因此获得年度美国建筑学院金质奖章。

肯尼迪图书馆

肯尼迪图书馆，倚海矗立，黑白分明。建筑主体采用了大面积玻璃幕墙，正立面造型独特，简洁分明。图书馆部分空间低于地面，馆内有一个小剧场，室内以肯尼迪当年影像资料作为环境元素，放映肯尼迪生平的电影，这部大约15分钟的电影，介绍了他的家庭、童年、少年，影片随着肯尼迪当选民主党总统候选人戛然而止。空间还再现了白宫走廊、椭圆形办公室、第一夫人居室，展出了世界各国政要及友人所送的贵重礼品。馆内设有一条不长的黑色玻璃幕墙隧道，连接室内广场空间，10层楼挑空的钢架玻璃幕墙下悬挂了一面巨大的美国国旗，玻璃墙外的波士顿港湾海天一色，一览无余。

国家大气研究中心（美国科罗拉多州柏德市，1967年）

国家大气研究中心坐落在丘陵地带，兴建时考虑建筑不能显得太脆弱，贝聿铭把建筑打造成昂立迎向山峰的形态。他认为建筑必须人性化，但同时得够强势，才足以立于此地。在国家大气研究中心设计过程中，贝聿铭发现问题最好的解决之道并非对抗自然，而是与自然结合。贝聿铭先生自述："我到那里探索场地时，经常想到和谐。我忆起童年和母亲见过的地方，一座山顶的佛教精舍。在科罗拉多山区，我再度试着倾听静默，就和母亲教我的一样。研究一个地方，对于我变得有点像是宗教体验。而这个项目也给了我机会去摆脱包豪斯的手法，那正好就是我的目标。"大气研究中心建筑位于落基山脉的丘陵，后面是庞大的山脉，在这样的基地建造房子会显得尺度很小，而山脉却无比广袤。贝聿铭针对这一点讨论了许久，思考如何处理，如何把房子盖在这样的基地上。对自然的研究兴趣助了贝聿铭一臂之力，他说："我想与自然融合，因此，使用从山上取得的石材来盖房子……我当然是以新的方式使用石头，不是把一块块石头堆起来，完全不是，而是放进混凝土中，于是建筑物的颜色就能与山脉一样，这就是建筑物与自然融合的方式。这是我从美国印第安人那边学来的，他们就是这样盖房子的，与自然搭配得宜，是自然的一部分，建筑物几乎与自然融为一体。"

国家大气研究中心

香山饭店（中国北京，1972年）

香山饭店

20世纪70年代，中美建交后，贝聿铭应中国政府的邀请设计了香山饭店。他期望通过香山饭店提醒中国现代建筑的发展更需要地域民族传统。香山饭店基地风景如画，曾是清代皇帝的狩猎场，贝聿铭首次在基地踏勘时说："当我们看到那个地方时，我丝毫也没有犹豫。我说，我们就在这儿建吧。"香山饭店为他提供了重新寻找中国的现代建筑风格，寻找一种新式建筑语言的平台。他在接受采访时说："中国的建筑不能重返旧式的做法。庙宇和宫殿的时代不仅在经济上使建筑师们可望而不可即，而且在思想上不能为建筑师们所接受。我希望尽自己的微薄之力报答生育我的那种文化，并能尽量帮助建筑师们找到新方式……在一个现代化的建筑物上，体现出中国民族建筑艺术的精华……"为了寻找香山饭店的设计语言，他参观调研了国内众多的园林、民居和宫廷建筑，都是为了能准确表达他对新中国文化的理解，和对中国建筑民族之路的思考。

香山饭店位于北京西北郊20多公里处的香山公园内，基地内古木、流泉、碧荫、红叶构成自然天成的风景，主体建筑白墙灰瓦，设计采用江南民居简洁朴素，具有亲和力的造型，将现代建筑与中国传统营造巧妙地融合起来。建筑的前庭、大堂和后院依照南北的轴线布局，营造出庭院空间序列的连续性，院落式的布局形成了设计精髓，内有多维景观，山石、湖水、花草、树木等，建筑凭借山势，错落蜿蜒，院落相间。建筑总体面积约1.5万平方米，但视觉感受并不感觉庞大，入口前庭形成广场概念，后花园是一传统庭院空间，庭院由建筑三面围合，南面敞开，形成既有叠石小径、远山近水、后院前庭、高树铺草的江南园林格局，也有北方园林常春，四合院里有一片水的连续空间。建筑通过高低错落的庭院式格局自然地融入层峦叠翠的香山怀抱之间，形成水光山色、古树参天与自然融为一体的美妙园林特色。建筑的室内室外只用了三种颜色，白色、灰色和黄褐色，三种颜色十分统一，和谐高雅。建筑大胆地重复使用正方形和圆形，大门、窗、空窗、漏窗，漏窗花格、墙面砖饰，壁灯、宫灯采用正方形，路灯和栏杆灯也是方形，圆形则用在月门、前廊墙饰和立面漏窗部分，手法深思熟虑。

饭店拥有285套多种类型的客房，800多平方米玻璃采光棚顶的大厅宽敞明亮。店内还有风格迥异的中、西餐厅、宴会厅、咖啡吧、商场、商务中心等。饭店除接待休闲旅游客人外，更适合接待各种规模的国际、国内会议，建筑设有多种规格的会议厅、会议室、多功能厅以及配套设施。香山饭店标志性的立面，陈设了中国旅法著名画家赵无极的抽象绘画作品，表现了两位艺术大师超凡境界的融合。

华盛顿国家艺术馆东馆（美国华盛顿特区，1978年）

华盛顿国家艺术馆东馆，总建筑面积56000平方米。它包括艺术品展馆、视觉艺术研究中心和行政管理机构用房等，建筑建造历时10年，耗资近亿美元，是20世纪美国建筑的杰作。

华盛顿国家艺术馆东馆

华盛顿国家艺术馆东馆位于一块3.64公顷的梯形地段上，东望国会大厦，西望白宫，南临林荫广场，北面斜靠宾夕法尼亚大道，周围尽是重要的纪念性公共建筑，贝聿铭妥善地综合考虑这些因素，解决了复杂的设计问题，他用一条对角线把梯形分成两个三角形。东南部是直角三角形，为研究中心和行政管理机构用房。西北部面积较大，是等腰三角形，底边朝西馆，以这部分做展览馆。三个角上突起断面为平行四边形的四棱柱体。他的构图处理使建筑平面在两大部分上有明显的区别，但又不失为一个建筑的整体。考虑建筑同环境相协调，贝聿铭把不同高度、不同形状的平台、楼梯、斜坡和廊柱交错相连，把展览馆和研究中心的入口安排在西面一个长方形凹框中，形成单纯而变幻的空间效果。展览馆入口宽阔醒目，由于它的中轴线在西馆的东西轴线的延长线上，加强了两者的联系。研究中心的入口偏处一隅，不引人注目。划分这两个入口的是一个棱边朝外的三棱柱体，浅浅的棱线，清晰的阴影，使两个入口既分又合，整个立面既对称又不完全对称。展览馆入口北侧有著名现代雕塑大师亨利·摩尔的大型环境雕塑，与建筑紧密结合，相得益彰。东西馆之间由铺花岗石的小广场连接，与南北两边的交通干道区分开来，并可通过步道进入东馆大厅的底层。底部广场中央布置喷泉、水幕，还有5个大小不一的三棱锥体，广场上设置了水幕、喷泉形成特别景观。从西大门进入中央大厅，三角形建筑内部空间高挑明亮，天光从1500平方米的采光天棚上倾泻下来，落在大理石墙面、天桥及平台上，柔和而浪漫。厅内布置树木、长椅，上方悬挂着艺术家亚历山大·卡尔德创作的红色翼状壁饰，使大厅内景空间气氛优雅亲切。

当时的美国总统卡特说："这座建筑物不仅是美国首都华盛顿和谐而周全的一部分，而且是公众生活与艺术之间日益增强联系的艺术象征。"贝聿铭因而获得美国建筑师协会金质奖章并蜚声世界。

中国银行大厦（中国香港，1982年）

香港中国银行大厦，总建筑面积12.9万平方米，地上70层，楼高315米，结构采用四角12层高的巨型钢柱支撑，室内形成通通无柱空间。大厦是一个正方平面，对角形成四组三角形，每组三角形凭借高度变化，形成节节高升的外观；建筑立面整体在严谨的几何规范内变化，表现出苗

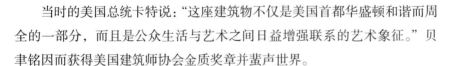

中国银行大厦

壮力量、生机盎然的内涵。大厦1990年竣工，建成时一度成为香港最高的建筑。

贝聿铭先生自述："香港的中国银行有两个代表找上了我父亲，因为他担任中银总经理，他们请我父亲答应由他来说服我设计这栋建筑。这是典型中国人表示尊重的态度。我父亲说，要不要设计就交给我决定，他们应该问我。于是他们来问我，我也接受这项委托。巧的是，20世纪20年代的中国银行香港分行旧总部，就是我父亲发起兴建的，当时他是经理。基地周围被高架桥、高速公路包围，因此我们担忧周围车流的噪声。正因如此，我们在建筑两边设立水景花园。某种程度上所有建筑师也是风水专家，字面上的意义就是风和水。我为建筑选址时，总会处理这个层面。"

梅耶森交响乐中心（美国达拉斯，1989年）

贝聿铭认为建筑与音乐都是内心的建构，它们需要结构来赋予形式，才能成为概念的实体证据，除此之外还有时间的因素，需要在空间的构造中依序体验。音乐和建筑都牵涉到对形式、结构、色彩与空间的感受。贝聿铭接受这项委托案时，音响工程师已经选定，业主已决定参照世上最好的音乐厅——维也纳和波士顿音乐厅为原型，即像一个双层方形鞋盒。这是一项既定条件，接下来的问题是如何处理音乐厅周围和室内的部分。他说："应该如何处理，我非常保守，我想要的是偏向18、19世纪的精神，因为这些音乐是在那种环境之下演奏的。至于音乐厅外部，我觉得需要自由感。"为了要用另一种形式把鞋盒包起来，贝聿铭使用了曲线，有点像巴洛克形式。正因如此，梅耶森交响乐中心的曲线形式让空间更流畅，更富感官性。观众走进去的感受比去看会更好，随着空间开展，似乎有种神秘力量吸引着游人，给人以空间上的刺激感。梅耶森不一定是贝聿铭最卓越的建筑，但是由此他开始在空间上从简约走向丰富。

梅耶森交响乐中心

卢浮宫扩建（法国巴黎，1993年）

20世纪80年代初，法国决定改建和扩建世界著名艺术宝库卢浮宫。为此，法国政府向世界著名建筑师征求设计方案。最后由密特朗总统出面，邀请世界上15个声誉卓著的博物馆馆长对应征的设计方案遴选。结果，有13位馆长选择了贝聿铭的设计方案。贝聿铭的设计方案在法国也曾引起反对，被认为会破坏了这座具有八百年历史的古建筑，密特朗总统力排众议，采用了贝聿铭的设计方案。

贝聿铭设计建造的方案是一个玻璃金字塔结构，高21米，底宽30米，

卢浮宫扩建建筑内部　　　　　　　　　　卢浮宫扩建建筑模型

耸立在庭院中央。它的四个侧面由 673 块菱形玻璃拼组而成。总平面积约有 2000 平方米。塔身总重量为 200 吨，其中玻璃净重 105 吨，仅金属支架就有 95 吨。因此专家们认为，这座玻璃金字塔不仅是体现现代艺术风格的佳作，也是运用现代科学技术的独特尝试。

为什么用金字塔？贝聿铭认为就形式而言，金字塔与卢浮宫的建筑最相包容，尤其卢浮宫有着多面屋顶，金字塔由玻璃与钢构成，意味着与过去的建筑传统切割，是属于当下时代的作品，金字塔具有入口象征性的功能，由此进入庞大的复合体，从任何意义来看，卢浮宫扩建方案都是一大挑战，业界评论广泛认为金字塔位于卢浮宫广大的复合建筑之内，是一个精彩的概念和大胆尝试。

美秀美术馆（日本滋贺县，1997 年）

美秀美术馆，馆藏有日本、中国、南亚、中亚、西亚、埃及、希腊、罗马等古文明艺术品。建筑主材料为铝框架、玻璃幕墙、石灰石等。1990 年贝聿铭接受委托，设计美秀美术馆，业主是日本企业家小山美秀子。贝聿铭取得了业主的完全信任，一切均尊重他的意见，业主不惜花费 250 亿日元的总造价。建筑造就了理想的空间：一座山，一个谷，还有云雾山中的建筑，犹如文学和绘画作品描绘的人间仙境。美秀美术馆最初的构思，来自中国东晋田园诗人陶渊明的散文《桃花源记》，在日本，他第一次到基地时曾有"这就是桃花源"的深切感动，设计也表达了"创造一个地上天堂"的初衷。

在美秀美术馆的设计案中，贝聿铭借鉴了《桃花源记》的空间境界。美秀美术馆建在一座山头上，远离都市，建筑的 80% 藏在地下，地面部分与群峰的曲线巧妙相连，美术馆的建设最大限度地保护了山体生态，地

美秀美术馆

上为自然保护区，把自然环境与周围景色融为一体。美术馆修建了专门的隧道和系列平台，以减少对水土和植物的侵害。沿山路而行近百米，再有120米的悬索吊桥穿过山谷到达美术馆入口，通过填土恢复自然景观，使建筑得以隐蔽在万绿丛中，而山上的原始风貌恢复如初。远眺裸露在地面的部分，屋顶隐蔽在万山丛中，与群峰的曲线、群山的律动高度融合，使美秀美术馆空间充满水墨山水画的意境。

晚年贝聿铭决定不再接受大规模的建筑工程，而是慎重地选择小规模的建筑，他所设计的建筑高度也越来越低，也就是说越来越接近于地平线，我认为这是向自然的回归。美秀美术馆更明显地显示出晚年的贝聿铭对东方意境的向往，特别是故乡那遥远的风景——中国理想山水画的意境。日本的评论界认为，这件作品标志着贝聿铭在漫长的建筑生涯中一个新的里程碑。

美秀美术馆是被约束下的建筑设计的典范。建筑由地上1层和地下2层构成，入口在一层，天窗玻璃丰富的多面多角度的组合，外观重复的三角、棱形等玻璃的屋顶，淡黄色木制遮光格栅，形成内部明亮的光环境空间，成为这个美术馆的形象标识。建筑主体由南北两翼展览空间构成，南北两馆由通道连接，舒畅有致，北馆是东方美术收藏和收藏库群，南馆是西方美术收藏和馆员们的办公室，地下两层为服务空间。美术馆的内部设计了一些特别构造的空间，可以展示特定的美术品，比如，南亚画廊展示的巴基斯坦的犍陀罗雕刻，在其顶部专门设计天窗，光线从上面撒下来，极大增添了展品的神秘感。

为保护安放珍贵藏品，特别设计了空调系统。为避免冷气直接接触珍贵藏品，将空调间接布置在收藏空间周围专属空间里，让理想温度的空气渗透到展示空间中来，把温度对美术品的影响控制在最小的范围。展示室的照明采用光纤照明材料技术，避免了发热光源对展品的损害。建筑环境采用借景与造园方式，通过人工的手段，截取或剪裁自然中的一部将其纳入，体现了东方传统造园手法的精髓。

澳门科学馆（中国澳门，2004年）

澳门科学馆

为了澳门民众在科学普及方面的需要，让广大青少年在轻松愉快的环境下开阔视野，领略科学奥秘，以及提高澳门居民对科普的参与度，当地政府决定在澳门兴建一座以科技展示功能为主的科学馆。2005年，澳门科学馆开始兴建，填海62000平方米为基地，2009年落成。

澳门科学馆占地面积62000平方米，投资3.37多亿澳门元，建筑的外墙以银灰色的金属铝板为饰面，辅以深色的花岗石。澳门科学馆主体由一个倾斜的圆锥体、一个半球体和一个菱形的基座组成。主体结构由展览中心、天文馆及会议中心三部分组成。外形为倾斜圆锥体的展览中心主体建筑楼高 6 层，科学馆塔高 56.9 米，分为上面的小斜圆锥台和下面的大斜圆锥台。斜圆锥台的各个环的圆心链接与水平面呈 69 度斜角，顶部与水平面成 11.65 度斜面，形成椭圆铝板屋面，圆锥台顶部为椭圆形的玻璃天窗。建筑的主体圆锥空间为 6 层，作为展览中心，内设大堂及 4 层的展览厅，顶层为观景台。锥体逐层而上，象征科学逐层而上的意义。馆内设有半球体 360 度天幕影院，科学馆基座部位的会议中心为菱形空间，设有四个会议室和一个多功能会议厅。

苏州博物馆（中国苏州，2004 年）

苏州博物馆新馆位于苏州古城北部历史保护街区，占地面积 15000 平方米，总投资 3.38 亿元。新馆分为三部分：中心入口处部分、大厅和博物馆花园，西部为展区，东部为现代美术画廊、教育设施、茶水服务以及行政管理功能区等，与拙政园和太平天国忠王府相毗邻，成为与忠王府连接的实际通道。中庭采用滨水式传统苏州园林格局。建筑既发扬了传统又表现出现代意识。

苏州博物馆

新博物馆屋顶设计的灵感来源于苏州传统的坡顶景观、飞檐翘角与细致入微的建筑细部，玻璃屋顶与石屋顶相互映衬，使自然光进入活动区域和博物馆的展区。在玻璃屋顶之下使用金属遮阳片以控制展区光线，和木作构架搭配具有怀旧情调。新馆与拙政园相互借景、相互辉映，成为拙政园的现代化延续。

贝聿铭先生自述："这个项目很特别。我在苏州长大，离上海不远……而这个地点实在再令人兴奋不过了。那是一块很特别的基地，周围是漂亮的庭园。我想这个项目会触动我与过去的关系，我的祖先，我的故乡。元代的诗人与画家会营建园林，造石，但后来已没有画家与诗人做这件事了，我派了年轻建筑师到山东省（靠近韩国）的采石场，带四五十块石头回到苏州。我选了大约 30 块，而在 2005 年，我去到那儿，看见石头全放在地上，于是我坐在桌子中央（现已是池塘），看着墙壁，那里有一台起重机，于是他们依照我的意思，把石头定位。我在那里待了约一周，最后看起来还算不错。我是到了后来，才意识到以前在苏州的时光让我学到什么。回顾起来不得不说，没错，那段时间影响了我，让我知道人与自然可以互补，而不是只有自然。人的手与大自然结合之后，就是创意的本质。"

贝聿铭的理念、言论及成就

格罗皮乌斯曾对贝聿铭说："你知道我的观点，但如果你认为你是对的，那就去证明吧，一定很有意思。" 20 世纪 40 年代初期，贝聿铭开始质疑现代建筑对地域文化的否定性，他说："建筑的国际化是有极限的，会这么说，是因为世界各地有气候、历史、文化与生活等种种差异，必然会影响建筑表现……于是我选了一个主题，为上海设计一间博物馆。建筑是一种艺术形式，这一点毋庸置疑，我对立体主义开始发生兴趣，就是感受到它与建筑之间有某种共生关系，就这方面而言，柯布西耶的作品无疑影响了我。"

贝聿铭认为建筑要成为艺术，必须以需求为基础。表现的自由，是每一个项目在经过深思熟虑的范围内进行。达·芬奇曾说："力量生于限制，死于自由。"把这句忠告铭记在心，将能收获良多。建筑的存在，是为了改善生活，建筑不光是空间中一个供人观赏的物体，若将建筑矮化至此，未免太过肤浅，建筑必须包含人类的精神活动。

贝聿铭与雕塑家马瑟·布鲁耶是好友，贝聿铭夫妻俩曾与布鲁耶夫妻共同游历希腊。布鲁耶对光线非常感兴趣，他们在希腊深刻地感受光影的魅力，布鲁耶对光的特性认知启发了贝聿铭看待光线的方式，使得贝聿铭更加坚信光线对建筑的重要性。光在他的作品中向来扮演重要角色。他很喜欢早期的立体派雕塑，要欣赏这些雕塑，光线绝不可少。事实上，如果没有光线，就不可能欣赏任何雕塑。他把这一点延伸到建筑，他认为在设计建筑时，光线是首要考虑的因素之一。他说："我想当个雕塑家，我羡慕他们的自由，如果我一开始只做形式，我就会是雕塑家，不会成为建筑师。建筑师必须先把一切事情整合起来，之后才创造形式。你得同时考虑许多事情。但形式绝非不重要，其实，它只是不是最终目的。你不能光从形式着手，然后把功能随意塞进来。我不会这么做，如果这么做，肯定无法成功。"贝聿铭的建筑是从接受现代运动的开创性观念中成长出来的，他的成就体现了现代主义建筑在艺术、科技方面的卓越进步，并为现代主义建筑的延续注入了新的力量。

自然与人是共存的，这个想法存在于贝聿铭的血液中，是贝聿铭从中国带来的，他在建筑中运用了光，就是运用自然的力量，他运用几何结构赋予建筑严谨性，比方像香港中银大楼这样庞大的高楼，就是承认自然的力量。贝聿铭认为那似乎是自然的、基本的，然而要能敏锐感受到自然的力量，却需要时间。

他还认为建筑师必须承认并接纳一个项目的限制，同时安排优先级次，如此才能直指核心。换言之，在处理形式、空间、光线与动线之前，在真正进入建筑之前，必须把非常复杂的需求精简到只剩它们的本质。他认为这并不容易达成，需要花点时间。必须除去比较不重要与抽象的部分，贝聿铭说："我从老子身上学到这一点，他把文字精简到只剩下最精华的部分。我的手法也是简化，这么一来，过程开始时很复杂，但渐渐会变得更简单，简单至极，然后又回归到复杂，以及为建筑成品做出细部。可以一笔完成的，何必用两笔？"

参考文献

1 Leoh Ming PeiPritzker Prize Acceptance Speech, May 16 1983.

2. Gero Von Boehm. Conversations with Leoh Ming Pei: Light Is the Key. New York: Prestel, 2000.

3. Hanno Rauterberg. Talking Architecture: Interview with Architects. Munich:Preste, 2008.

4. Philip Jodidio. I.M. Pei Complete Works.New York: Rizzoli, 2008.

图片来源：

1. Gero Von Boehm. Conversations with Leoh Ming Pei: Light Is the Key. New York: Prestel, 2000:33/35.

2. Hanno Rauterberg. Talking Architecture: Interview with Architects. Munich:Preste, 2008:22/26/27.

丹下健三 Tange Kenzo：以创新现实提升未来的大师

丹下健三

丹下健三人物介绍

丹下健三，1913年生于日本四国今治市，2005年3月逝世。1938年获得日本东京大学建筑学学士学位，1945年获得日本东京大学建筑学硕士学位，1959年获得日本东京大学建筑学博士学位。代表建筑作品有：1952年日本广岛和平纪念资料馆；1964年东京奥运会代代木体育中心；1964年日本东京圣玛丽大教堂；1979年科威特国际机场航站楼；1991年日本东京东京都厅等。1987年丹下健三获得普利兹克建筑大奖。

丹下健三的建筑以独特方式融合传统与现代精神，他处理现代建筑的手法，即正视现代主义原则，对现代主义建筑过于强调机能而忽略文化性给予纠正，他也在现代主义正鼎盛时，敏锐地觉察到了现代主义对机能的考虑已经过度的问题，丹下对于现代主义过于强调机能性的矫正之道，是坚持进一步创新精神的实践。他通过洞悉日本的现实环境，指出日本虽然受到民族历史的影响，建筑仍然需要具有创新性质，以赋予日本传统新的独特道路与形式，不可忽略日本作为世界现实的一部分，必须跟上现代发展的现实创新。他理性地把日本民族传统置身于世界现实之下，以前瞻的精神去重新理解传统与现实关系，以传统本身与现实世界结合使建筑实现真正可以持续发展。丹下健三明确提出，唯有具有前瞻态度的人，才会明白传统依然存在，而且充满生气，只有同时面对传统与现实，才能征服传统，但这不表示必须替未来做出复杂宏大的计划或只能认命地与传统牵扯，而是要明白今天最重要的任务是用创新提升过去，实现未来。

丹下健三作品分析

广岛和平纪念资料馆（日本广岛，1952 年）

在 20 世纪 50 年代，丹下健三关注的一大主题是设法让现代建筑在日本战后的严苛环境中扎根。因此，丹下健三在负责战后重建广岛时，努力将现代建筑引进日本。1949 年丹下健三赢得广岛和平纪念资料馆的建筑竞标，广岛和平纪念资料馆占地 122100 平方米，包括资料馆、礼堂、会议中心、展览馆、图书馆、办公室与旅馆。

公共广场由和平纪念资料馆的建筑围合空间形成，在拱形的和平纪念碑周围同时可以容纳 5 万人。丹下健三负责战后重建广岛的意义在于，定义了战后日本的现代建筑，和平纪念资料馆展现出丹下健三对传统文化与现代建筑结合深度的探索，代表了日本现代建筑的发展趋势。丹下健三说："从我的立场来看，广岛项目的重要性不仅是建筑，建筑以外的考虑意义也很重大。"第二次世界大战之后，日本处于社会限制很多的时期。丹下健三从业早期是在广岛和平中心建设时期与 20 世纪 50 年代之间，那时当代建筑能在日本生根是件很难的事情，毋庸置疑，那段时间有关日本传统主义的讨论，以及那时出现的许多建筑刊物影响了丹下健三。广岛和平纪念资料馆的意义已经跨越历史和时间，成为广岛的象征，也成为建筑纪念性的典范。

广岛和平纪念资料馆

圣玛丽大教堂（日本东京，1964 年）

第二次世界大战，战火毁灭了原有的东京圣玛丽大教堂，东京圣玛丽大教堂的重建，是为了取代原有的教堂。丹下健三设计圣玛丽大教堂时，同时也在完成他的另外一个重要作品——东京奥运会的代代木体育中心。那时的丹下健三非常关注大空间的创作，为了东京的圣玛丽大教堂项目，他专门参观了欧洲中世纪哥特大教堂建筑。东京的圣玛丽大教堂的屋顶十字结构成为教堂建筑鲜明特色，它强烈的造型不仅可以从空中俯瞰，从周边建筑的室内也看得见。

丹下健三谈道东京圣玛丽大教堂的设计时说："在欧洲中世纪哥特大教堂建筑中体验到难以言表的神秘空间和高耸入天的雄伟景象，之后，我开始想象更新的空间并且借助现代科技把我的感受和想象打造出来。在 20 世纪 60 年代，我开始感受到空间的黏合性，原以为空间干净利落，其实有着和胶水一样的黏合性，也就是说，空间并不是撕裂实体而创造出的东西，其实它有着胶一样的黏合力，就像照片的正片与负片，那时，我在开

圣玛丽大教堂

圣玛丽大教堂内部空间

始诠释空间时意识到空间是有黏性的，而不是空的，这种黏性让其他东西能够依附于其中，圣玛丽大教堂的设计便是这样的一个例证。"

东京奥运会代代木体育中心（日本东京，1964 年）

东京奥运代代木体育中心

在东京奥运代代木体育中心的设计中，丹下健三实践着在建筑中结合纪念性与人性的目标，也体现出他的创意作品表达科技与人性结合的观点。丹下健三创造了功能典型化一词来取代功能的说法。他的功能典型化包含建筑的人性化、基本意义和未来需求导向与机能。丹下健三在代代木体育中心设计中也运用了象征手法，建筑的结构设计也非常精湛，在体育场椭圆形结构和混凝土梁柱与钢结构屋顶悬垂的构造设计都具有很高的造诣。他说："当功能典型化的认同伴随着精神内涵时，就达到了象征的表达层次。我想，我们在设计东京奥运会代代木体育中心时，已经开始思考这个议题。通常，项目难免受业主种种限制，但我们也需要以普通人的角度重新思考，这便需要我们运用功能典型化方法，从建筑的众多需求与功能中，选择出最人性化、最基本、最具有未来导向的部分，设计本身就表示要有先见之明。"

科威特国际机场航站（科威特费尔瓦尼耶，1979 年）

丹下健三作为那个时代最具国际影响力的日本建筑师，在 20 世纪七八十年代开始不断接下国外的建筑委托，他参与的项目开始扩散到各个地区，除了日本，美国、欧洲与中东都开始出现丹下健三的建筑作品，这使他的影响拓展到世界范围。科威特国际机场航站楼，于 1967 年开始着手设计。由于中东形势动荡，工程到 1975 年才开始施工，1981 年建成启用。科威特国际机场坐落在无垠的沙漠中，其航站楼成为科威特国家地标建筑，具有科威特国家门户的象征意义，给来自世界各地的访客留下了强烈印象。候机楼是个三叉形，从空中俯视就像一架飞机，丹下健三的意图是在科威特广阔无垠的沙漠上缔造一种飞行里程碑的象征，给飞临的游客一个一目了然的目的地形象。建筑形象呈现出一翼向前推进，两翼仿佛是张开的翅膀，非常富有动感，同飞机高速飞行的感受相适应。

丹下健三的建筑注重区域当代特色与历史氛围，科威特国际机场被业界普遍认为是丹下最具代表性的作品。由于科威特国际机场候机楼设计年乘流量达到 190 万人次，丹下在建筑物两翼的部位留出了一些空隙，可以对接未来新扩建卫星登机楼，满足航站楼进一步发展的弹性需要。丹下健三认为候机楼是人们往返活动的特殊场所，从某种意义上说是人们登机前

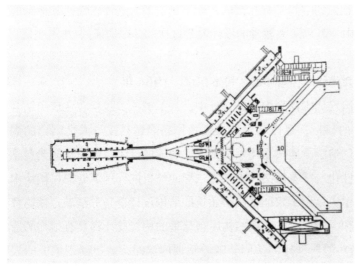

科威特国际机场航站楼平面图   东京都厅

通行的大走廊。因此，设计的要点是使旅客行走时不感到厌烦，相反感受旅行的欣喜，建筑处理要能引发旅行者的好奇和愉悦。

候机楼的布局采取分层布置的空间手法，首层是到港层；二层是离港层；夹层是旅客休息休闲层，使出入港的旅客人流秩序井然。候机楼前方的架空车道通向二层，旅客可以乘车直达出发层办理离港手续。

东京都厅（日本东京，1991年）

东京都厅其实是由三栋建筑物构成的复合建筑，除了供市政府使用，也是东京都知事室所在地。复合建筑包括东京都议会大楼，以及一座供127名市议员与其员工使用的高楼。丹下健三说："我们的做法从对功能主义的批判出发。大家基于不同立场，会需要许多不同的功能。对于是否有责任追求所有武断的功能并赋予形式，我们其实抱持怀疑态度。比方说，在兴建东京都厅的时候，经常会遇到各种不同立场所加诸的要求。先从知事开始，再加上将在此处工作的人、使用建筑物的市民、代表市民的议员。一旦我们理解所有这些需求之后，哪一种才是东京都厅真正的功能，这个问题对我们的做法变得最有影响。"

丹下健三谈的理念、言论及成就

他说："我有两个老师，米开朗琪罗与柯布西耶。我爱上了罗马，战后至少去了150次。我最推崇柯布西耶的作品，我也很推崇密斯之作，但由于他为自己的作品设下限制，因此我想没有人能够进一步发展了。我欣赏密斯，是因为他朝着同一个方向，达到了最终极的目标。我不知道还能再如何发展下去，或许是不可能了。从这方面来看，柯布西耶仍然自由行走，留下各种可能性。身为建筑教师，我非常推崇格罗皮乌斯。他们都是了不起的老师，我很尊敬他们。今天的建筑师往往太小看自己，认为自己不过是普通公民，没有力量改变未来。然而我认为，建筑师有特别的责任与使命，必须对建筑与都市规划的社会文化发展有所贡献。"建筑创作是理解现实的一种特殊形式。建筑作品会影响现实、转化现实。艺术形式有两层特性，既反映现实，也丰富了现实。大家思考外在的现实，是透过建筑形象创作来塑造，由此来表达内在现实，这就是建筑创作的逻辑。若从全球的角度回顾当代的建筑发展，有些方面特别引人注意。建筑表现形式有走向普遍化与国际化的趋势。有些建筑作品的表达方式，会受到传统的被动态度影响，作为建筑师，大家必须采取积极的立场来加以克服。丹下健三认为当代建筑的发展方式，不能只是传承传统手法，唯有让建筑面对今天的现实，才能促成其发展。人们活在巨大矛盾共存的世界，人性尺度与超人性尺度、稳定与移动、永久与变迁、自明性与匿名性、可理解性与普遍性。这一切正反映先进科技及亘古存在的人性之间产生的落差。传统必须和催化剂一样，一旦任务完成就消失。他说："无论如何，我不想让我的作品显得传统，即便在我打从心里对传统最有兴趣的时候，我还是努力设法切断与传统的联系。但与传统的联系和催化剂一样，能引发化学变化，但化学反应完成之后，就消失不见。我不相信传统可以被保存，或转化为创意的动力，如果我的作品还有传统气息，那是因为我们的创意能力尚未开花结果，还在追求创意的过渡阶段。"丹下健三相信当代设计不一定总和传统有关，而是存在于生活的现实之中。无法了解传统存在于内在，或者拒绝面对传统，就无法处理传统或真正征服传统。把科技进展与社会的演进分开思考是不可能的。因此，不能仅仅考虑科技层面，而是必须同步思考社会变迁如何影响建筑。在当代，创意作品是结合科技与人性的表现。不连贯本身能制造活力，最了不起的是从科技与人类存在的冲突中诞生。科技与人性的对抗是个问题，而今天建筑师与城市规划师的任务，就是在两者间搭起桥梁。

"东京计划1960"是丹下健三重要的都市主张，他以当时建筑及城市规划状态对东京快速的经济成长提出响应。丹下健三的设计主要是将都市的成长延伸到东京湾，并架起超大的桥梁、人造岛屿与水上公园结构网，以符合未来东京人口稠密的多变需求，这项未兴建的计划具有一定的乌托邦色彩，但相当重要。"东京计划1960"提出一套方法，以求达到大型都市的最佳条件，他试着阐述结构在建筑与城市的方法论中有何重要性，而非仅仅针对东京这座特定城市的规划进行提案。在计划中，东京将具备一条都市轴结构，城市可能的成长与变迁将沿此发展，这条都市轴也具有象征意义。他借此把功能单元的界定提升到象征层次，结构体本身也将沉浸在象征性当中。丹下健三认为：要挽救东京只有一种方式，即创造新的都会结构，让都市能发挥真正的基本功能。事实上，我们规划的建筑物可应对当代的速度与尺度，同时延续过去的都会生活。由于当时日本仍受到国家的绝对控制，人民整体的文化力量或许创造了新的形式，却受到局限与压抑，直到我们这个年代，我所说的这股力量才开始释放出来，但依然在混沌不明的媒介中运作，而且还有很长一段路要走，才能建立起真正的秩序。但无疑地，在把日本传统转变为新颖有创意的东西时，这股力量扮演了重要角色。1960 年丹下健三提出必须依照现实来选择建筑材料的观点，他认为就当时日本而言，混凝土是目前最好、最基本的材料。它比钢铁便宜，又能做出更自由的形式。丹下健三曾想在作品中使用钢材，但就日本的情况来说太早了，无法完全表达或制造出他想要的形式。因此，他的大多数建筑选择了混凝土。

　　丹下健三感到非常幸运，能见证日本从战后的破败，转变至今日的富饶。虽然他认为自己享有优势，但对于有机会参与这些令人振奋的项目，依然相当感激。丹下健三不想重复做过的事情，他认为每一个项目都是下一步的跳板，大家需要从过去一直朝着不断改变的未来前进，迎接接下来的挑战。丹下健三的建筑哲学是去思考什么样的设计，才是信息社会的理想表达方式。现代建筑通常是工业社会的语汇，把空间视为具有功能的地点。在信息社会，应把空间视为沟通的场域。他也反对有了电子沟通之后，我们不必再到处跑了的说法，丹下健三觉得其实正好相反，正因为有了这些电子设备，反而更需要直接的沟通。电话只是用来敲定约会的工具。他说："在 20 世纪 50 年代，日本一头栽进工业社会，于是我们发现在日常生活中，必须与先前从未想象过的技术密切接触。因此，在运用符合工业社会的最新技术来表现时，我们也要认真尝试，设法让建筑能回应激烈成长与变动的现实。"在信息社会，科技的考虑对建筑与城市很重要。所谓的智慧建筑的发展是理所当然的结果，而今天的社会，将要求整个区域与城市本身，和个别建筑一样有智慧，在强调沟通的社会中，对于和环境关系的考虑，或许应该与个别建筑的机能一样多。他认为新的建筑样式发展，必须进一步研究先前讨论的三大元素，并由此着手，人性、情感与感官要素；智慧技能要素；空间的社会沟通结构。建筑结构存在于许多层面，例如动态关系之间有物理结构，而事物的联结也需要依循结构。空间本身会传达讯息给人。就书面语言来说，结构建立了讯息的文法。不仅如此，结构是一种途径，人们可以由此参与沟通的空间。这里所谈的结构和社会结构一词的含义一样，换言之，就是透过沟通空间，把空间联系起来的方式。建筑的需求不再是盒子似的形式，而是能够诉诸人类情感的建筑。这种新需求影响了每一种设计，从小小橱窗展示到建筑街景都是如此。

丹下健三还认为20世纪70年代的能源危机，致使大家的价值观从物质转向非物质，甚至是精神考虑，至少在日本如此。这种转变不仅发生在建筑上，也发生在日常生活里，因为大家对于非物质的重视程度高于物质。随着不再那么强调工业化，加上信息传播社会的持续发展，前一阶段以理性与机能为主的哲学会改变，而且大家会寻找能吸引情感与感觉的事物。在20世纪70年代初期，全球开始激烈转变朝新方向前进，20世纪60年代因经济成长的需求，导致的严重污染，至今依然对自然环境与历史环境有毁灭性的威胁。很自然地，四处都可看见强烈对抗这种破坏的运动在进行。他对于自然与人造环境、现代与历史维持和谐的需求，印象十分深刻。不仅如此，丹下健三深信有必要创造这种和谐。

参考文献：

1. John Peter. The Oral History of Modern Architecture: Interviews with the Greatest Architects of the Twentieth Century. New York: Harry Abrams, 1994.
2. Kenzo Tange. Development of Design Concept and Methodology. Japan Architect, August-September 1996.
3. Kenzo Tange. Creating a Contemporary System of Aesthetics. Japan Architect, January 1983.
4. Maggie Jackson. Japan's New Architecture Is an Expression of Freedom. The Associated Press. International News, 2-November-1987.

图片来源：

1. Kenzo Tange. Creating a Contemporary System of Aesthetics. Japan Architect, January 1983: 31 /33.
2. Kenzo Tange. Development of Design Concept and Methodology. Japan Architect, August-September 1996: 23 /25.

戈登·邦沙夫特 Gordon Bunshaft：逻辑和个性的建造家

戈登·邦沙夫特

戈登·邦沙夫特人物介绍

戈登·邦沙夫特，1909 年生于美国纽约水牛城，1933 年获得麻省理工学院建筑学学士学位，1935 年获得麻省理工学院建筑学硕士学位。代表作品有：利华大楼（美国纽约，1952 年）；汉华银行（美国纽约，1953 年）；耶鲁大学贝尼克古籍善本图书馆（美国康涅狄格州纽哈芬，1963 年）；赫什霍思博物馆与雕塑公园（美国华盛顿特区，1974 年）；国家商业银行（沙特阿拉伯吉达，1983 年）。1988 年戈登·邦沙夫特获得普利兹克建筑奖，1990 年逝世。

邦沙夫特出生在一个家境贫寒的美国移民家庭，父母用努力打拼的积蓄，把他送进了麻省理工学院，让他像富家子似的在大学就读。他非常感谢父母无私地给他提供教育机会，使他打下稳固的人生职业基础。

邦沙夫特个性沉默寡言，他强调建筑要动手做和实践，他的普立兹克奖获奖演讲仅用了四句话，共 58 个字，成为史上最短的普立兹克奖获奖演说，他说："我并不真正了解建筑是什么，只了解建造；我不读书，我是说，我读许多小说或传记，但很少阅读建筑或艺术书籍；我只看绘画或草图，我认为对我这辈子有帮助的是逻辑、常识与动手做；我不会犹豫，我从不犹豫。"

戈登·邦沙夫特作品分析

利华大楼（美国纽约，1952 年）

利华兄弟公司总部原本设在剑桥，后来总裁查尔斯·洛克曼决定迁往

利华大楼   汉华银行

纽约。不久查尔斯·洛克曼就找上 SOM 建筑事务所，请事务所设计新的企业总部，那时邦沙夫特刚成为事务所合伙人。邦沙夫特回忆道："洛克曼给了我们一个项目，要我们设计一栋办公大楼，里头要容纳 1000 人，而且要是一栋出类拔萃的大楼，他还设了一项条件，由雷蒙德·洛伊（Raymond Loewy），美国知名工业设计师做室内设计，我们就是在这种情况下获得了项目。"邦沙夫特设计的利华大楼，希望打造出大家意念中真正的现代企业办公大楼，利华大楼建成后成为美国企业建筑的典范之作，在业界引起影响。邦沙夫特并未特意强调任何特定的意识形态，他只是把这栋建筑的设计与20 世纪 30 年代柯布西耶和密斯·凡·德·罗提出的原则理想形成了关联。

    1992 年，利华大楼被官方列为重要地标建筑，肯定了建筑的重要性，邦沙夫特认为利华大楼是第一栋真正的当代建筑，也是当代建筑第一栋重要作品，但利华大楼并没有什么特殊性，关键是设计和施工都做到了尽善尽美。他说："有些人会说利华大楼有柯布西耶的色彩，另一些人则说像密斯之作，因为它使用了细竖框，但两者都是无稽之谈，利华大楼是当代主义作品，或许也受到柯布西耶底层独立支柱思想和其他影响，但这种说法对柯布西耶不公平，因为他打造的建筑会比利华大楼有趣得多。"邦沙夫特认为在基地上建造的第一个工作是找出分区限制，例如不能占用的露天空间，还有建筑与基地的尺度关系，特别是利华大楼地势有点斜坡角度，要打造一栋玻璃大楼，需要有新意，采取前卫的做法，把建筑放在支柱上正是基于这样的考虑。

汉华银行（美国纽约，1953 年）

1997 年汉华银行和利华大楼同时被列入纽约市地标建筑。邦沙夫特将汉华银行设计为透明的现代主义建筑，在此之前从来没有银行像这样透明，甚至连金库也清晰可见。据说邦沙夫特得到汉华银行委托的原委是，因为当时汉华银行新总裁上任，他拿到前任总裁移交给他的汉华银行完整施工图，但是对这份施工图没什么概念，于是他询问好友，银行董事会成员路易·克兰德尔该怎么办，克兰德尔也是纽约市数一数二的营建公司的经营者，因为曾承建利华大楼而与邦沙夫特有着密切交往。他们打了电话给邦沙夫特，希望邦沙夫特能帮忙看看是否可以减少部分结构使设计做得更加简洁漂亮。邦沙夫特回电话给他说："如果你要盖一栋新银行，那么省几张工程图，会限制探索出好建筑的机会，这可是不明智之举。如果你想要盖一栋好建筑，就得重新开始。"于是他们决定委任邦沙夫特和SOM事务所重新设计汉华银行建筑项目。邦沙夫特回忆道："他是很早与我们结为密友的未来业主，人很棒，和他合作相当愉快。我太太和我晚上会去工地看看建筑进度，而我们会发现他们夫妻也在附近闲逛，他真的很有魅力。他会告诉我：'如果行不通，我们在这城市也待不下去，因为完全使用玻璃的银行建筑可是创新做法。'但总之，后来成功了。他举办了很棒的启用宴会，而且业务快速成长，令他相当高兴。在兴建这栋建筑物的过程中，经常用到艺术品。这是我们说服业者在主管楼层采用艺术品的第一栋建筑物。"据说当时事务所有三四个年轻建筑师，SOM的创办合伙人，刘易斯·史基摩告诉他们说："如果你们愿意周末加班，为一家银行画草图，那么我会给画得最好的人50元奖金。"所以他让4个人整个周末加班发想，只为了50元。最后获胜的查理·修斯是个很棒的设计师，他祖父是首席大法官，修斯提出了玻璃盒子的初步概念，由邦沙夫特接手完成最后设计。

耶鲁大学贝尼克古籍善本图书馆（美国康涅狄格州纽哈芬，1963年）

贝尼克古籍善本图书馆是世界上收藏重要古籍的图书馆之一。耶鲁在1701年开始收藏古籍善本，时任10位部长会面决定在康涅狄克州殖民地建立一所学校。部长们捐赠的书籍成为图书馆的第一批礼物，这样的捐赠延续了三个世纪，其中包括伏尼契手稿和现存21本古腾堡圣经中的一本，该书在1926年被捐给耶鲁大学。这些古籍图书原先被储藏在设有特制书架的德怀特厅，直到19世纪晚期，德怀特厅被用作图书馆；至20世纪30年代，古籍被移至斯特林图书馆的古籍藏书室。到了20世纪60年代由于收藏量上升，耶鲁大学校友回馈母校，捐建了这个新的特藏馆。

耶鲁大学的最初意图，是在四个建筑事务所之间举办一个竞赛，最终决定贝尼克古籍善本图书馆设计者。戈登·邦沙夫特是其中之一，邦沙夫

耶鲁大学贝尼克古籍善本图书馆

特曾接到邀请，参加贝尼克图书馆设计竞标，他的回答是："我不会参加竞图，那不是设计出好建筑的方式。"他坚信如果你参加了竞图，就得预写空间需求规划，说明这栋建筑物会是什么模样，之后你会据此提出解决方案。而问题在于，根本没有跟任何未来将使用这栋建筑的人磨合，所以如果方案经过修改形成，最后的东西不过是一种妥协而已。邦沙夫特认为在设计一栋建筑时，撰写空间需求规划当然重要，但这个过程需要和建筑未来的使用者磨合，通过磨合找出他们希望如何在此工作与生活。磨合过程不是要倾听他们的解决方案，而是倾听他们的需求，有了这些信息，再开始操作，纸上谈兵的空间需求，只不过是蠢行。他说："我们一接到耶鲁大学贝尼克古籍善本图书馆项目，我就开始思考，但其实没什么可以知道的，这是一个庞大的收藏库，一个安全的地方，温湿度控制相当严密，有成堆的书籍，此外，还必须有几间策展人办公室，一间给几个学者的阅览室，一些展览书籍的空间，正巧我也爱书，尤其对装订有兴趣，因此我认为这间图书馆应该是个类似藏宝室一样的空间，要表达这种感觉，就是把大量的美丽书籍放在玻璃后方，展示出来。"

图书馆的突出特点是结构以缟玛瑙包覆，大片饰板以透明的缟玛瑙制成。邦沙夫特的创作灵感来自参观伊斯坦布尔一座文艺复兴式样的宫殿时他看见的缟玛瑙结构。他说："我们的模型打光之后，实在美极了，那是纯正的缟玛瑙做成的，每一片削到不满八分之一寸，业主喜欢这件模型。我不知道我们是否有告诉他们预算费用，但是富勒公司应该说了；富勒营建公司为当时纽约知名建筑承包商，也是建筑的营造者。总之需要800万美元。"采用缟玛瑙是因为这些书籍不能直接接触阳光。图书馆模型看起来像一只藏宝箱，由四个角落的柱子支撑，外观的图形则由结构桁架构成，戈登·邦沙夫特在项目刚开始不久，就想到要用缟玛瑙，既使光线变得柔和，又能遮住阳光，使人在图书馆的感觉就像是在大教堂。图书馆外表冷峻，内部空间却温暖丰富。当阳光洒进藏书空间实在美妙极了。他说："每个人都喜欢进入美好的空间，正因如此，大家都喜欢参观大教堂，大众就是喜欢如此。"

邦沙夫特除了对大众关系的关注，也有对空间有限性的考虑，他说："中间有很大的体块，但如果能做得美，那么好的空间就能将情感经验传达给民众。"邦沙夫特对图书馆的自我评价是："我设计的所有建筑中，或许就属这间图书馆最令人联想到我，而且它会长久屹立于此。我不知道这是否表示伟大，但就长期而言，一栋建筑的重要性得交由后代来评断。"贝尼克古籍善本图书馆在1963年开幕,图书馆独特的设计采用了现代主义风格,与耶鲁校园内文艺复兴风格的建筑形成鲜明的对比，当时邦沙夫特曾被指责蔑视和侵害了传统。但随着时间的流逝，贝尼克古籍善本图书馆逐渐彰显出其价值，如今邦沙夫特大胆的风格被建筑界广为称道。

赫什霍恩博物馆与雕塑公园（美国华盛顿特区，1974 年）

赫什霍恩博物馆与雕塑公园的设计，邦沙夫特不仅要容纳约瑟夫·赫什霍恩的现代主义艺术收藏品，还需考虑它和其他位于史密森园区的现有建筑的关系，他说："或许全球只有这座博物馆不会花三分之一的空间，去做大厅和纪念性建筑。这座博物馆完全献给艺术藏品，我深信这对博物馆很重要。"戈登·邦沙夫特在赫什霍恩博物馆设计上极重视建材的选择，赫什霍恩博物馆采用了喷沙混凝土覆盖立面，很好地提高了建筑的耐候性。美国联邦政府总务管理局曾要求邦沙夫特采用石灰岩作为建筑外立面包覆结构，被他果断拒绝，邦沙夫特明确提出了石灰岩在晴天、阴天等各种天气下看起来都一样，对建筑没有任何意义。

沙特阿拉伯国家商业银行（沙特阿拉伯吉达，1983 年）

邦沙夫特认为，沙特阿拉伯国家商业银行是唯一表达了自己的概念和理想的建筑，该建筑独一无二，与利华大楼相比，它的可贵在于摆脱了柯布西耶引领的整个现代运动的影响。国家商业银行不属于任何一种建筑系统，而是为世上一个独特地区提出的独特解决方案。因为，它处于极度干热的气候里，所以处理此种气候环境的办公大楼的手法是全新的。在考虑极端炎热、基地的特殊性、停车场的需求，以及探索内向式办公大楼的概念之后，邦沙夫特的设计采用了三角形式；可在两个边开出中庭，让在建筑物内移动的人看到不同的景观。

赫什霍恩博物馆

赫什霍恩博物馆与雕塑公园

沙特阿拉伯国家商业银行

戈登·邦沙夫特的理念、言论及成就

　　1933～1935年，邦沙夫特在麻省理工学院攻读，获得建筑学士和硕士学位，在麻省理工学院就读期间曾获得罗奇游学奖学金，密斯和柯布西耶是在大学生涯影响他最深的人，邦沙夫特回忆道："密斯是建筑界的蒙德里安，柯布西耶则是毕加索，麻省理工的学生，都是在图书馆找书来看。我没有，但是我的同学如此。我习惯等他们把书带来，然后我就会看到了。我们都在研究柯布西耶。我认为，柯布西耶是透过书本，把现代建筑变成全世界的准则，全球各地都是在用混凝土盖房子，但勒·柯布西耶的东西能很自然地融合。他还透过写作，成为建筑界的重要导师。密斯不像勒·柯布西耶那么早出书，而且他来到美国以后，才真正全盛发展。我认为密斯是真正了不起的建筑师，他也设计了很多了不起的房子，例如吐根哈特住宅、巴塞罗那展览馆，以及有史以来最了不起的办公建筑西格拉姆大厦。我想他后来接了太多案子，因此有些重复。我认为他应该是盖几栋作品就好的人，当然，前面提到的那三栋太棒了，很少有建筑师拥有三栋了不起的建筑。"

　　1937年戈登·邦沙夫特年加入史基摩、欧文斯与梅利事务所（SOM）建筑事务所。那时邦沙夫特27岁，他在SOM任职达42年。邦沙夫特谈到SOM时说："几百年后的人撰写历史时，或许史基摩、欧文斯与梅利事务所不会是20世纪最有创意的建筑师团体，却会是最重要的，因为他们不预设立场、没有哲学，什么都没有。这家事务所倒是有一项基本的东西，我认为所有参与的人都是健全、有逻辑的思想家，他们不是梦想家。SOM今天能存在，是因为他们能服务大众的建筑需求。他们接下的案子，有一大半是别人做不来的，SOM能与时俱进。"他说："建筑必须有用，现在许多知名建筑师盖的房子根本不能用。古根海姆美术馆就是一场灾难。如果那算得上美术馆，那我就是拿破仑，建筑物不会永远存在，除非该死的历史学家，把城市里所有的垃圾建筑保留下来。我试着依照我的个性，无论好或坏，尽力把事情做到最好。"他这样总结自己："最简单地说，就是我对自己这辈子的所作所为感到很开心。我认为原因有几点。第一，我的家人一心一意，确保我能够拥有一切学习与接受教育的机会。第二，我相信自己心理健全，不会太过诗意，而且相当有逻辑感。第三，就建筑来说，我生对了时机。或许还有其他原因，但也许最重要的是，我顽固地坚持自己的信念。最后一个原因，或许也比其他都重要的是，我很幸运。我相信建筑师应尽量多看一些设计过程，或是有设计的事物，无论是自然、绘画、雕塑、图像或建筑；我也不断把这个想法，告诉任何愿意听我说的人。我们应该尽量多看，尽量让自己在博物馆欣赏伟大艺术作品的时间和观看建筑的时间一样多。我的基本看法是，我们的大脑就和计算机一样，无论自己是否察觉，都会把一切吸收进来。当你埋头工作，你看得越多，计算机就能输出越多。你不能说：我要盖一座沙尔特大教堂，除了建筑之外什么都不看，那么你的计算机只有五分满，但如果你多看，你的潜意识里会拥有更多选择。"邦沙夫特认为业主也是项目的一部分，他曾形容业主雇用建筑师，"就像是结了婚，却没有性生活"。他说："我想，建筑完成后，业主一开始会很高兴，要判断业主过了三四年是否还觉得满意，那就要看看大楼有没有仔细维护。我说的业主，是指那些跟我合作的企业老板，以及在里头的员工，他们是否满意。这意味着，这栋建筑是否令人引以为豪，这一点无疑最重要。对我来说第二重要的，也是我整个建筑设计生涯最大的乐趣；那就是我的业主多半是我喜欢的人，他们喜欢我，并能成为一辈子的朋友。如果建筑师无法为客户带来超越预期的东西，就不算投入得够多。"

参考文献：

1. Blum Oral. History of Gordon Bunshaft Biography.Hatje Cantz Publishers, 2004 .

2. Gordon Bunshaft Interview On SOM.Hatje Cantz Publishers, 2003.

3. Gordon Bonshaft Biography. Pritzkerprize. com.

图片来源：

1. Blum Oral. History of Gordon Bunshaft Biography. Hatje Cantz Publishers, 2004 :8/22/36.

2. Gordon Bunshaft Interview On SOM. Hatje Cantz Publishers, 2003:32/33/35.

阿尔多·罗西 Aldo Rossi：类型理论建筑的先驱

阿尔多·罗西

阿尔多·罗西人物介绍

阿尔多·罗西，1931 年生于意大利米兰，1959 年意大利米兰理工大学建筑系毕业，1990 年获得普利兹克建筑奖，1997 年逝世。

罗西的代表作品有：格拉雷特斯集合住宅（意大利米兰，1974 年）；法纳诺欧罗讷小学（意大利瓦雷泽，1976 年）；世界剧场（意大利威尼斯，1979 年）；圣卡塔多墓园（意大利莫德纳，1984 年）；皇宫酒店（日本福冈，1989 年）；布尼芳坦博物馆（荷兰马斯垂克，1995 年）等。

阿尔多·罗西不仅是一名建筑师，也是重要的理论家与作家。罗西曾写过两本定义他的建筑手法的书，1960 年出版的《城市建筑》，以及 1984 年出版的《科学的自传》。《城市建筑》是罗西建筑与都会理论的重要著作，他在书中提出类型学的理论，反对功能主义与现代运动的学术观点。《科学的自传》是罗西依据撰写的笔记写成的回忆录，书中讨论了他的建筑项目和影响他作品与个人经历的艺术。

阿尔多·罗西作品分析

格拉雷特斯集合住宅（意大利米兰，1974 年）

格拉雷特斯集合住宅

格拉雷特斯集合住宅项目是罗西早期的作品，该作品展示了他的集合住宅类型学研究成果，表明罗西对于都市空间的观点。长长的柱廊延伸了整排建筑，成为格拉雷特斯集合住宅的显著特征。罗西的叙述："在我的方案设计中，对技术的热情很重要，技术也是我在建筑中很关注的部分，我相信米兰格拉雷特斯区的集合住宅或许意义深远，原因是它创造了可以不断重复的简约构造典范，它造就了一种平面单纯的长廊类型模式，也创造了作为公共空间建筑物的场所意义，运用大型双层挑高柱廊作为露天集市，提供了孩子嬉戏和成人聚会的场所。"

法纳诺欧罗讷小学（意大利瓦雷泽，1976 年）

这个项目的中心概念是建构一个有如小城市围绕着的中庭广场，广场以两个层次开展，广场的处理犹如有阶梯座椅的剧院，一个可供演说与聚会的剧场。行经学校的道路以砖头铺设，像是老工厂，把学校与周围工业地景结合起来，形成具有象征性的空间，建筑师根据对不同场所与城市的详细观察与研究后，提出这一建筑方案。罗西叙述道："对中庭的研究，似乎一直在我的建筑设计中扮演重要角色。在欧洲大部分地区，中庭是重要的特色，在农场建筑中可以看见，在古老的卡尔特修道院中

法纳诺欧罗讷小学

也找得到。典型的卡尔特修道院，中央会有大型中庭，周围则是僧侣的住所，这可以转化为都会的形式。在法纳诺欧罗讷小学的照片中，最爱的是孩子们站在阶梯上，在大钟下面拍的照片，它指出了一个特定的时间，也展现了童年，拍团体照的时光，还有这类照片带来的欢笑。建筑成为纯粹的剧场，但也是生活的剧场，即便每一项活动都已在意料之内，但是我的确以日常现实来构思这所剧场似的学校，在那里嬉戏的孩子便构成这栋生活之屋。"

世界剧场（意大利威尼斯，1979 年）

1979 年 11 月 11 日，世界剧场作为威尼斯戏剧建筑在世界艺术双年展上正式启用。本届双年展的主题构想是回忆 18 世纪威尼斯颇具特色的浮动剧场。世界剧场的设计方案特色是调整浮动剧场的某些结构，但保留船上建筑的概念模式，使其更具特色，威尼斯城市成为舞台空间的后方和清晰可见的背景，由此创造出剧场建筑空间完美的深度感。世界剧场就是名副其实的船，剧场建筑在富希纳造船厂打造，再由拖船拖到威尼斯的现场。建筑底部构造将钢梁焊接成筏，建筑物本身盖在钢梁上方，建筑和船一样能在湖中移动，会轻轻摇摆，因此坐在顶楼座位而见到窗外的水域时，感觉如同在船上。

建筑师依照水面与天空的高度，来切出这些窗户，窗框交会处的影子与树木形成对比，窗户形象地体现出建筑的特征。由于剧院在水上，当观众到达剧院听音乐会，鱼贯而入，挤满包厢，大家会感受到特别的效果，

威尼斯世界剧场

如果望向窗外，即可看见行进的汽艇与船只，就像站在另一艘船上，当这些船进入了剧院的意象当中，便会构成固定与移动兼有的场景特色。

　　世界剧场建筑设计灵感，从希腊岛屿上的威尼斯商人的住宅，以及复制古威尼斯体系的村落元素中诞生，同时也借鉴和参考了新英格兰大灯塔元素，这些衰败或荒废的意象表现出一种特别的力量。威尼斯世界剧院塔楼像是一座灯塔或钟楼，剧场的塔楼与威尼斯城市尖塔建筑交相辉映，丰富了威尼斯城市背景，表现出惊人的环境与人文的契合。

圣卡塔多墓园（意大利莫德纳，1984 年）

　　罗西 1971 年竞图表达的是，希望将意大利的传统葬礼与现代需求融合为一。墓园竞图的设计标语是天空之蓝，这些庞大湛蓝的金属板屋顶，对日夜及季节的光线感应敏感，观看时，有时是深蓝，有时则是清朗的天蓝。墙壁以粉红色灰泥，覆盖了旧墓园的砖石构筑，同时展现出光的效果，有时近乎白色，有时则是暗粉红。圣卡塔多墓园由锥形体、立方体与梯形侧房三部分组成，正好对应三种建筑形式。这些结构体代表意大利天主教墓园的传统与习惯，建筑师为这三个部分赋予了象征意义。

　　罗西的自述："1971 年 4 月，我在前往伊斯坦布尔途中，在贝尔格莱德与萨格勒布之间出了严重车祸。或许正因为这次事故，圣卡塔多墓园就在斯拉沃尼亚布罗德的一间小医院诞生了，同时为我的年轻时代画下句点。我躺在一楼小小的病房中，病床靠窗，可以望见天空与小花园。我几乎无法动弹地躺着，思考着过去，但有时候根本什么都不想，只是

圣卡塔多墓园

望着树、望着天。这些东西的存在，以及我与它们的分隔，加上自己骨头的疼痛感，把我带回童年。接下来的夏天，我在研究这个案子时，或许只有这个印象及骨头的疼痛感还保留着，我把身体的骨架看成一系列需要重组的碎块。在斯拉沃尼亚布罗德，我看见死亡以骨骼的形态出现，也看到它能承受的改变。1979 年初，我看见莫德纳墓园的第一栋侧楼装满了逝者，这些遗体与泛黄发白的照片、姓名、家属与大众送来给予安慰的塑胶花安放在一处，为此处赋予特殊的意义。但经过众多争论之后，它回归到逝者的大房子，建筑只是专家眼中不太引人注意的背景。为了要有意义，建筑必须被遗忘，或者必须只呈现虔敬的意象，之后这意象会变得跟记忆融合为一。"

福冈皇宫酒店（日本福冈，1989 年）

明亮、活泼、趣味的色彩和造型是福冈皇宫酒店的突出特点。酒店建筑很好地融入周边历史街区建筑环境，成为城市居民与旅客的聚集热点区域。外部空间布局无疑也是皇宫酒店重要特色，饭店建筑恰当的退距，很好地完成与公共广场的结合，这种布局吸收了意大利建筑模式，饭店建筑主要入口设在广场上，使广场成为建筑物结构的一部分，在广场上同时可以看到建筑立面与河岸的景观。广场以罗马石灰华铺设，建筑物立面则是采用了伊朗的红色石灰华，颜色会随着光线变化而变化，有时是亮红色，有时呈金色。面对着广场的立面，嵌入漆成绿色的铁制楣梁，标示出不同楼层。两侧立面皆为石材结构，几乎没有装饰，形成建筑独特的美感。

福冈皇宫酒店

布尼芳坦博物馆（荷兰马斯垂克，1995 年）

布尼芳坦博物馆已经成为马斯垂克的代表性建筑。罗西认为博物馆是生命纪念物的聚积，或是人们生活的一部分。博物馆建筑应保持对这类问题的开放性，博物馆的本质还表现了文化开始衰微与结束的意象，提醒访客以关注这些问题的心情进入博物馆恰是建筑的精髓之处。或许博物馆展现出来的，应当关乎每个人的经历，每一种善恶，每一件和人类有关的事情，作为建筑师不必下定义界定博物馆空间的本质到底是什么，而是找出办法，让即便最匆忙的博物馆访客也能印象深刻，建筑师也没有必要局限于狭小概念里去衡量博物馆的空间尺度。

布尼芳坦博物馆室内空间

布尼芳坦博物馆大厅是访客最先进入的空间，圆顶不仅联结到古典建筑的传统，同时呼应荷兰周围的水道。大厅直接通往建筑的主要空间，无

布尼芳坦博物馆

论任何访客,何时、如何浏览博物馆空间,给人印象最深的,永远是博物馆雄伟的圆顶。

雄伟的圆顶表达了两个主题:第一,是从古典世界到19世纪意大利建筑师的纯建筑传统;第二,是荷兰的起点与终点,提示荷兰临海与河流遍布的地形。还有使访客记忆深刻的是置于博物馆主要量体之间的罗马碑石,一块简单削切的石体片断,包含了珍贵的历史过往见证物的意义。如果访客穿过观景台,会清晰地看见博物馆的整体,犹如透过看到的片断景象找回遗失的整体,深刻地感受那些属于艺术与古老欧洲的景象。布尼芳坦博物馆拥有独特的望远镜造型,望远镜是典型的采光室,和苏黎世大学的天井一样,建筑并非强调典型的北欧风格,而是强调地域建筑的雄伟和殖民世界的重要接触点特色,这个高耸的空间以浅海蓝色作为主要色调,而光与颜色会让建造此处的材料特性消融。

阿尔多·罗西的理念、言论及成就

阿尔多·罗西喜欢先从概括的轮廓来领略一栋建筑,他主张在回忆城市的时候,解读的不只是建筑师自己的建筑,而是整体的建筑。然后思考诸如线条如何相交等形式问题。他认为建筑师应该为自己有特别的能力来观看、观察感到荣幸,建筑类似人们对生命关系的体验,与其说类似心理学家或地理学家,不如说更接近工程师,事物的本质总是简单的,而简单的本质与建筑师要创造的事件经常冲突。犹如海明威曾说过一句话:"邪恶至极的东西,在诞生的那一刻也曾是天真的"。 罗西曾走遍欧洲了解各地城市规划,并将城市分门别类,他还通过写书来明确其作品的定义,对罗西来说,需要说清楚庭院与长廊是都会形态学的元素,如同矿物学一般纯粹,散布在城市之中。他还阅读了大量都会地理、地形、历史的书籍,就像一名将军了解所有可能的战场、高地、通道、林地。建筑事业就像一厢情愿撑下去的恋人,经常忽略自己对这些城市的隐秘感受,光是了解主导城市的系统便已足够,或许建筑师只是想要把自己从城市中解放出来。罗西还不到三十岁时写了《城市建筑》这本书,他在探索自己的建筑,写作是在感觉的基础上探寻恒定的类型学固定法则,《城市建筑》的出版给他的事业带来了成功。

罗西认为最重要的是对事物的观察,因为观察之后会转变为记忆,他能把看见过的、观察过的东西,像工具一样整齐排成一排,使其介于想象与记忆之间,强调这些物体形态的构成和演进变化。一个建好的建筑具有一种生命状态，但是这个建筑的方案或草图又有另一种生命状态，建筑好像其他技艺一样，是让对象与对它的想象能够一致，让想象力感受者回归基本，回到它尘土与血肉一样的基础上来。他说："我在米兰理工大学念书时，老师们总是说别拿我当榜样，这无疑表示，我的建筑挑起了令人又爱又恨的东西，而我真的不知道为什么。但我相信，每个人都在作品中表现出自己，而我的作品也有某些富有个人色彩的东西，它们会再流传下去。建筑的生命一向很重要，开始，我最早的作品体现了对纯粹主义的兴趣，我的认知一直和一些同辈与教授毫不相同，我相信任何原有的秩序，对实际的变化都是开放的。例如，每当我追踪自己的项目进展过程，我会喜欢工地犯的错误；小小的变形，以及为了补救而产生的意外改变，这些东西确实令我感到惊奇，因为它们开始变成了建筑的生命，因此，原有的秩序也能容忍人类缺点带来的失败。"

罗西关注着城市，把城市视作"不同时间的复制品"，以此对人类生活现实感受进行观察，他认为道德力量与诗意是人的建筑表达原则，建筑的时刻性与记忆密切相关，城市、集体都有自己的记忆，而非个人记忆，由此他开启了具有生命的类型性的建筑设计道路。罗西认为现代城市至少不输于古代，和古代城市一样美，他觉得现代城市，今日所见的城市，充满了历史与人性痕迹。如果将城市视为人类生活现实的一部分，人们对于与生活的地方产生感受有不同观察，会感觉到城市就像是不同时间的复制品。他相信，生命中最重要的事是根据道德与诗的原则为基础的。他总是想着一些时刻与记忆、始终觉得建筑的生命一向很重要。新的意义源自于事物之间出现关系，而不是事物本身。建筑物的每个层面都可以预期，因为这份预期正可以来自建筑本身，就像是约会、蜜月、假期，就像任何先预期才会发生的事，只有欠缺想象力的傻子才会反对有组织的谨慎行为，唯有透过努力安排，最后才能拥有意外、变化、喜悦。建筑设计的天性就像一场恋爱，无论是哪种情形，都是建构情感，永远都会有悬而未决的事情。

无论罗西设计的圣卡塔多墓园还是他童年的住宅、剧院或表演场所，对他来说，这些项目与建筑似乎都包含了生命的季节与年龄。然而，它们不再呈现功能之外的主题，更确切地说，它们展现了生与死的形态。他喜欢的是事物的开始与结束，他也喜欢事物破碎又重组的过程，他常把建筑设计做的事情比作考古与外科手术。

参考文献：

1. Aldo Rossi. A Scientific Autobiography. Cambridge, Mass.: MIT University Press, 1981.

2. Jeffrey Inaba.The Works of Aldo Rossi. CRIT. Spring, 1979.

3. An Interview with AldoRossi. Sky line, September 1979.

图片来源：

1. Aldo Rossi. A Scientific Autobiography. Cambridge, Mass.: MIT University Press, 1981:9-10.

2. Jeffrey Inaba. The Works of Aldo Rossi. CRIT. Spring, 1979:5-6.

理查德·迈耶 Richard Meier：白色派建筑王子

理查德·迈耶

理查德·迈耶人物介绍

　　理查德·迈耶，美国建筑师，白色派的重要代表。1935 年理查德·迈耶出生于美国新泽西州纽瓦克城，1957 年获得美国纽约州康奈尔大学建筑学学士学位，大学毕业后迈耶考察了欧洲建筑，曾求教柯布西耶与阿尔瓦·阿尔托。青年时期曾在纽约 SOM 建筑设计事务所和布劳耶事务所任职，也兼任过一些大学的教职。1963 年，迈耶在纽约组建独立事务所，逐渐展现其才华与社会影响，1984 获得普利兹克建筑大奖。

　　迈耶的设计延续了现代建筑做法，在现代主义系统之下进行了新的探索，他的建筑并不标新立异，也不要求一切都是新的或不同的。迈耶讲究穿插和纯净体量空间，他认为白色包含了所有颜色，最有效地反映出自然，彰显建筑空间，体量和材料基本元素，可以创造中性表面的建筑空间。迈耶代表建筑作品有：史密斯住宅（美国康涅狄格州，1965 年）；雅典尼恩游客中心（美国印第安纳州，1979 年）；亚特兰大高等美术馆（美国亚特兰大，1983 年）；法兰克福装饰艺术博物馆（德国法兰克福，1984 年）；盖蒂中心（美国洛杉矶，1997 年）；罗马千禧教堂（意大利罗马，2000 年）；罗马和平祭坛博物馆（意大利罗马，2006 年）等。

理查德·迈耶作品分析

史密斯住宅（美国康涅狄格州，1965 年）

　　史密斯住宅被认为是迈耶风格成熟的标志，这座独立住宅通体洁白，

史密斯住宅

采用立体主义几何形体构成，鲜明地体现了现代建筑的语言。建筑主立面面向沙滩与大海，一条长坡道由丛林引向住宅，入口穿过树林，切入住宅实体，与水平走廊连接，后面是对角布局的楼梯间。住宅空间分为实体和开敞部分，形成家庭公共空间和私密空间，交通流线使私密空间和公共空间有机结合，形成清晰的空间逻辑关系。住宅设计在迈耶的早期职业生涯中扮演了重要角色。1963年迈耶就设计了他父母位于新泽西州伊赛费尔斯的住宅，1965年设计的史密斯住宅，终于让他成名。

在这栋住宅里迈耶实验了他的各种想法，比如公共与私人领域的差异，这向来是许多住宅项目的中心主题，史密斯住宅也是如此。

对迈耶来说拥有史密斯住宅这样的建筑基地位置非常重要，迈耶经过仔细构思，把建筑主体设计在位于地基附近的两棵树木之间，并采取措施确保树木不因施工而损毁。他觉得这么做是出于很单纯的理想，保留让人想在此居住的景观。但问题在于无法精准预测这些树木会如何生长，如何影响住宅。事实上，树木为住宅两侧创造了无形的伞，随着晨昏与季节变化，以不同方式过滤光线，而其调整住宅色彩的细腻程度，远远超越设计预期。迈耶说："我认为这栋住宅的成功之处，在于它能吸收光线与背景的暂时现象，与之产生对话，这些到最后成了建筑物的材料。"

住宅本身以功能关系划分为实体和开敞两大部分，以区分家庭成员各自的私密生活空间与家庭的公共空间，而住宅的结构系统和空间组织系统正好也与之吻合。住宅形成了清晰的形式逻辑关系：一条长坡道从丛林引向住宅，入口切入住宅实体部分，与住宅内部的水平走廊连接，水平走廊又在每个层面连接了两个成对角布局的楼梯，交通流线就这样将住宅私密与公共的两个部分有机地结合在一起。

雅典尼恩游客中心（美国印第安纳州，1979年）

雅典尼恩游客中心设计表现出迈耶精准、严谨的一贯特征，平面与形体、侧立面关系完整有机。迈耶认为，平面图是设计最重要的表达方式。印第安纳州新和谐市的雅典尼恩游客中心，是第一座以陶瓷和钢壁板结合而成的建筑。该中心坐落于沃柏希河畔，迈耶对斜坡、玻璃墙与柱子的运用，学习了柯布西耶结构模式。基地特色在于自然环境包围，形成临河立面与面向林木的立面、临路的立面和面朝城市的立面。

建筑的不同立面具有不同的形式，形成了一面封闭、两面开放的空间格局。为了突出该建筑的当代意义，迈耶没有把雅典尼恩游客中心设计成具有历史感的建筑，而是选择了强调与历史建筑有所不同的手法。建筑要

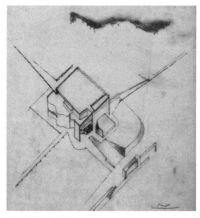

雅典尼恩游客中心   雅典尼恩游客中心

解决这些不一样的立面的差异关系，设计就必须面临许多特殊问题，其中
通道动线和斜坡元素就是关键之一，斜坡形成 5 度的倾斜，让整栋建筑具
有"动了起来"的视觉效果。游客中心是用陶瓷与钢板做主材营造的建筑。
建造过程中，迈耶试验过各种金属墙板，把建筑接合起来的是各个构件，
而不是体量。格网结构是将建筑整合起来的要素，因此个别的机能系统可
以解读为并置的阶层。薄壳墙体是这栋建筑物最具表现性的部分，也准确
反映出整栋建筑物的意义。

亚特兰大高等美术馆（美国亚特兰大，1983 年）

在亚特兰大高等美术馆方案中，迈耶从古根海姆美术馆得到灵感。
高等美术馆的主要设计挑战，在于如何容纳如此多样的馆藏，包括装饰
艺术、当代艺术与 19 世纪艺术品，而美术馆本身又必须具备社会功能，
为提出解决方案，迈耶参考了古根海姆美术馆，并决定拉直赖特以螺旋
状安排的展览空间，他认为自己掌握了古根海姆美术馆美妙、集中、充
满光线的空间特色，并予以重新诠释。迈耶说："斜坡给了我们绝佳的空间，
让你可以走进美术馆，同时展览空间仍紧邻动线空间。大家可从一间展
览室，望向另一间展览室或中庭空间，但在展览室中时，并不会觉得身
处动线空间。"

亚特兰大高等美术馆

法兰克福装饰艺术博物馆（德国法兰克福，1984 年）

迈耶对博物馆的设计艺术有其独到的贡献。有人问他，如果可以选择
的话，这辈子接下来比较想做哪一类型的建筑？他的答案是博物馆。博物
馆的确是世界上最重要的非世俗社群空间。在其他任何地方，都看不到这

么多各式各样的人。没有任何一种比它更细腻的机构建筑可设计的了。

迈耶受邀参加法兰克福新的装饰艺术博物馆竞图，获邀请的建筑师有三组来自国外，三组来自德国。迈耶觉得获胜很幸运，因为这对于他是很重要的项目。在法兰克福兴建这间博物馆的同时，有人找迈耶谈在亚特兰大建造另一间博物馆。那时迈耶给亚特兰大高等美术馆建设委员会看的就是法兰克福项目的绘图与模型。他就这样获选设计高等美术馆。所以迈耶差不多在同一时间，着手这两座博物馆的设计。法兰克福博物馆其实是现有建筑的增建，面积为原建筑（梅兹勒别墅）的 9 倍。问题是如何把增建的博物馆附加到梅兹勒别墅上，同时又不会碰触到这栋历史建筑。迈耶的解决方案是一系列相连的展馆，全数参考原别墅的大小、尺度与特色，他在法兰克福装饰艺术博物馆有许多层面要处理，其中包括保存所有树龄都超过百年的树木。

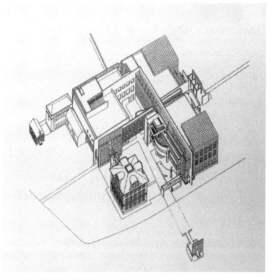

法兰克福装饰艺术博物馆 3D 绘图

盖蒂中心

盖蒂中心（美国洛杉矶，1997 年）

盖蒂中心位于洛杉矶，是世界上收藏最丰富的私人博物馆之一，由亿万富翁保罗·盖蒂捐赠建立。盖蒂中心 1997 年底在美国洛杉矶落成并向公众开放，工程历时 14 年耗资 10 亿美元。中心建筑群共 8.8 万平方米，坐落于一座小山丘上，集展览、研究、行政、服务于一体，被认为是世界上最昂贵的博物馆之一。盖蒂中心由 6 组建筑综合体组成，充分展示了迈耶的艺术个性，成为迈耶设计生涯的里程碑。盖蒂中心的主体是由大厅和一组独立展厅组成的美术馆，6 幢建筑造型巧妙，依山就势的展厅，分为两组不对称排列，风格相近，但却又各具变化，方向形态错落有致，楼群中间则是露天庭院和水池。盖蒂中心设计成功之处在于完美的建筑组群环境关系。平面具有清晰的轴线，圆形和方形空间通过合并、交叉、扭转产生理性的几何有机变化，造型采用几何立体的排列、穿插、叠合、扭转、凹凸等多样变化。外墙大面积采用铝板和意大利大理石，博物馆部分采用劈裂的大理石墙面，使建筑与山体融合。

盖蒂中心也像一间微型大学校园，各个部分通过统一系统规划，由一群特色各异的建筑形成有机变化的统一体。盖蒂中心建筑材料传达了坚固永恒的感觉，石材、陶瓷和玻璃搭配得相得益彰。

罗马千禧教堂（意大利罗马，2000 年）

罗马千禧教堂，又名仁慈天父教堂，是迈耶在意大利的第一个建筑作品。建筑周边是 20 世纪 70 年代修建的中低收入居民住宅以及一座公共花园。教堂和社区中心通过 4 层高的中庭连接起来。教堂由一组帆状白色片墙组群构成，井然有序地朝垂直与水平双向弯曲，看上去像白色的风帆。"白"在此依然是迈耶建筑不可缺少的元素，而白的墙就像画纸，光影就在其上自由地做着移动的图画。2003 年千禧教堂在罗马正式开放。这座地标性的建筑距离罗马市中心不远，教堂建筑面积 10772 平方米，建筑材料包括混凝土、石灰和玻璃。三座大型的混凝土翘壳，高度从 17 米逐步上升到 26.8 米，看上去像白色的风帆。玻璃屋顶和天窗让自然光线倾泻而下。夜晚，教堂的灯光营造出一份天国的景观。千禧教堂与周围环境有机结合，室内光线经过弧墙的反射，显得静谧洒脱。

罗马千禧教堂

千禧教堂具有传统教堂的崇高和敬畏性，但也与公寓区高度融合亲近。内部天窗使人们可以沐浴在阳光里，三片曲面墙是用三百多片预铸混凝土板制成的，弧形倾斜的高墙就好像人在做礼拜，以极简的方式分隔内外空间，展现了哥特式教堂的垂直风格。

罗马和平祭坛博物馆（意大利罗马，2006 年）

罗马不但是一座充满石头与石灰华的城市，更是一座光的城市。迈耶在罗马和平祭坛博物馆设计过程中，高度重视罗马被大众认为是一座光的城市的认同感，他的设计灵感恰好来自罗马令人陶醉的光线，他首先思考的是如何以不同方式把光带进建筑，其次是如何望出去看见周遭光线斑斓的城市。由于迈耶设计的和平祭坛博物馆基地是从罗马另一处旧址搬迁至

罗马和平祭坛博物馆

此，因此设计不仅要考虑博物馆周边现状，也要照顾到原来旧馆的文脉环境和地缘关系特色。

和平祭坛博物馆也被认为是第二次世界大战之后，罗马第一栋具有现代意义的建筑。作为现代建筑，迈耶不但大胆地运用了现代建筑材料，也在设计中注入了现代建筑应该具有的开放性、透明性和轻盈感。迈耶设计成功完成了他面临的挑战；即罗马和平祭坛博物馆将成为重要历史文化城市环境中的第一栋现代建筑，因此必须满足要求很高的周遭历史环境需求。

理查德·迈耶的言论及成就

1970年迈耶和迈克尔·格雷夫斯、查尔斯·加斯米、彼得·艾森曼及约翰·海杜克等五人，由于理念相同，对于现代主义建筑的见解也相近，所以便一同将作品结集出版，人称"纽约五人组"。他们的作品有相同的特点，建筑立面是光滑的纯白色，吸收了现代主义雕塑风格，因此称为白色派。白色派的建筑曾对当时建筑发展产生很大影响，迈耶是白色派最重要的代表，因此有白色派王子之称，"白"是他的作品的第一特征。迈耶受到立体主义艺术的影响，做出的设计，比例严谨尺度理性，讲求面的穿插和纯净体量空间，通过对空间、格局以及光线等方面的控制将室内外空间融合起来。迈耶说："白色是一种极好的色彩，能将建筑和当地的环境很好地分隔开。像瓷器有完美的界面一样，白色也能使建筑在灰暗的天空中显示出其独特的风格特征。雪白是我作品中的一个最大的特征，用它可以阐明建筑学理念并强调视觉影像的功能。白色也是在光与影、空旷与实体展示中最好的鉴赏，因此从传统意义上说，白色是纯洁、透明和完美的象征。对我而言，白色就是所有的色彩，白色创造了一种中性的表面，在这个表面上会出现空间感，并增强人对空间的结构感和秩序感。白色允许光和影奢华地表演，使建筑沉浸在光线中，光线沉浸到每个角落，因此我们可以最纯粹、最基本地感知到光线的存在。"迈耶善于利用白色表达建筑本身与周围环境的和谐关系。在建筑内部，他运用垂直空间和天然光线在建筑上的反射达到富于光影的效果。迈耶职业生涯中取得的巨大成就，正是取决于他不懈地追求个性风格，坚守"白色"的设计信仰和创作理念。

迈耶说到自己的建筑，最注重的是光线与空间的秩序与界定，其次是建筑必须跟光线、人的尺度与建筑文化有关，建筑之所以有活力又持久，是因为它容纳了人的活动，人们在其中移动、进出、使用，因此生活被建筑空间所影响，他会在意通过操作光线中的形式与流动、停滞来处理体量和表面、尺度与景观的变化。他的观点是做建筑要努力尝试去界定秩序感，不断重新去理解已存在与能存在之间的关联，建筑还需要从人类的文化精粹中取出永恒主题。对迈耶来说，决定纳入或排除，个人最后要行使的意志与智慧，就是风格的基础，或许可说他的风格诞生自文化，然而又与个人经验深刻联结。作为建筑师，迈耶思索的是空间、形式、光线，以及如何打造它们，建筑的目标是存在，不是幻象，建筑师需要以毫不松懈的精力追求这项目标，并相信它就是建筑的心与灵魂。

　　光是瞬间即逝的元素，也有些人认为迈耶的建筑过于开放、透明、充满光线，但迈耶却认为，光线永远不够，与光线共生互依的建筑，不仅在白天与夜晚的光线中创造出形式，还能让光成为形式。能意识到天气灰暗很重要，表示你比较喜欢不那么灰暗的日子。若无法察觉外在世界的光、色彩与气氛，将是生活质量的严重损失。他迷恋光与影的世界，在他的建筑里人们不会想起特定的色彩或材料，设计的关键并不在于如何照亮空间，而是如何在特定的环境与条件下，让室内与室外空间皆能获得光线。这不是在寻求平衡，而是建立关系或对话，这一点非常重要。

参考文献：

1. Hanno Rauterberg. Richard Meier: Light as a Transient Medium. Architectural Design, March-April 1997.

2. Richard Meier: Buildings and Projects 1979. New York: St. Martin's Press, 1990, 07.

3. Richard Meier Interview by Stanley Abercrombie. Interior Design, October 1996.

4. Richard Meier. Thirty Colours Blaricum. The Netherlands: V+K Publishing, 2003.

5. lnterview with Richard Meier. Designer of the New Ara Pacis Museum.Musei in Comune Roma Museo, 4-September-2008.

图片来源：

1. Hanno Rauterberg. Richard Meier: Light as a Transient Medium. Architectural Design, March-April 1997: 30/32.

2. Richard Meier Interview by Stanley Abercrombie. Interior Design, October 1996:16.

3. Richard Meier: Buildings and Projects 1979. New York: St. Martin's Press, 1990,07:8-9.

克利斯蒂安·德·鲍赞巴克 Christian de Portzamparc：演变场所精神的大师

克利斯蒂安·德·鲍赞巴克

克利斯蒂安·德·鲍赞巴克人物介绍

　　克利斯蒂安·德·鲍赞巴克，1944 年出生于摩洛哥卡萨布兰卡，1969 年毕业于巴黎国立高等美术学院建筑学院。代表作品有：巴黎歌剧院芭蕾学校（法国南特尔，1987 年）；福冈集合住宅（日本福冈，1991 年）；巴黎音乐城（法国巴黎，1995 年）；里昂信贷银行大楼（法国里昂，1995 年）；法国大使馆（德国柏林，2003 年）；卢森堡音乐厅（卢森堡，2005 年）等。1994 年获得普利兹克建筑奖。

　　鲍赞巴克面临时代变革，他废除教条，采取另一种立场，通过探索，建筑与城市物质空间综合呈现的场所精神，重新确认了建筑的真正意义和建筑师的责任，提出必须注重有机生态的都市规划思想。他的看法是将建筑视为有生命的、有社会责任的部分，身为建筑师应该可以让城市环境的真实情况变得更好，建筑师应该关注，建筑能在生活中使用，在建筑里面工作或居住的人还可以得到一个空间静下来，做个梦，找到美感。

克利斯蒂安·德·鲍赞巴克作品分析

巴黎歌剧院芭蕾学校（法国南特尔，1987 年）

巴黎歌剧院芭蕾学校

巴黎歌剧院芭蕾学校是西方国家最古老的芭蕾学校，也是培养古典芭蕾人才的摇篮，巴黎歌剧院芭蕾学校也是一所为儿童和青少年进行舞蹈活动而设计的寄宿学校。舞蹈讲究光线与动作，有背景、空间、墙与方位基点。练舞室就好比画家的画布，是一张空白的纸，等待画笔画出第一笔，

学生的生活以一天 24 小时的循环为节奏。早上上课，下午舞蹈，之后玩耍、吃饭、睡觉。这是一天的 3 种时序。3 个领域，3 栋离心移动的建筑，也是三个相互关联的动态场所。鲍赞巴克在巴黎歌剧院芭蕾学校的设计中力求表现动感概念，就像舞蹈表演，不仅是眼睛看到的移动，更是全身的舞动，打造移动感随着人的移动而同步感受到的效果。巴黎歌剧院芭蕾学校的空间格局是外向的，各个间隔在延伸中产生关联又割据，场所体现出差异性，鲍赞巴克把空间拉长、旋转、抬高，有线与面、建筑步道、透明、两极化，等等，让人可以尽情浏览每个立面和每个个性化空间，浏览过程促使人必须随着空间变化移动，就像在建筑中漫步和自由舞动，让建筑和舞蹈共同表现和颂扬空间，空间变化包含和预示着动感，移动则在静态的空间里产生。

福冈集合住宅（日本福冈，1991 年）

建筑师普遍认同设计集合住宅是解决都市问题的训练场，因为集合住宅必须依照不同个案，面对都市的实际问题。画平面图时，必须先思考可能的高度、间隙空间、景观与照明配置。因此设计完美的居住单元，不再是可信的目标。一模一样的环境是假象，只会让大家沦入相同的平庸。容积因素很重要，必须顺应基地，依据位置、朝向、光线与景观，善加利用最好的条件。

福冈集合住宅

福冈集合住宅计划，由 4 个不同的单元，37 间公寓构成，该项目所在地的总体规划，由日本建筑师矶崎新负责，福冈集合住宅设计给了鲍赞巴克探索欧洲以外的世界，思考非西方文化的契机。鲍赞巴克说："国外工作令人兴奋，我在福冈兴建住宅时，的确发觉了截然不同的日本文化，这项设计必须有典型的日式房间，但又是混合的，因为公寓里也包含西式厨房；在国外工作的经验，最重要的是让我有机会思考比法国更有吸引力的住宅单元。在其他国家，有发挥不同观念的空间，例如日本的可用空间有限，因此设计上可以穿过客厅就进入卧室，不必经过走廊。运用全新的眼光，通常可能找到具有独创性的解决方案，这是已经习惯自己国家刻板印象的本土建筑师无法察觉到的。"

巴黎音乐城（法国巴黎，1995 年）

巴黎音乐城的特点是坐落于不同设计元素之间，集多栋大楼组合为一体。鲍赞巴克的巴黎音乐城设计，空间需求非常复杂，面临诸多功能、都市涵构等问题需要解决，鲍赞巴克想在建筑内部完成的最关键的探索，是

巴黎音乐城

形式与空间的性质。这个项目成为鲍赞巴克的建筑实验，一方面，音乐城的功能规划非常特殊；但另一方面，也要具备一般性的建筑空间。鲍赞巴克面临一系列非常不同的空间需求，必须安排精确的空间关系，才能容纳各类音乐活动，例如表演舞蹈，爵士、古典、电子音乐，等等。而在东翼则有另外不同的用途，包括音乐厅、博物馆、管弦乐团总部、住宿处、音乐实验室、入口咖啡厅等，这些空间彼此并无联系，相当独立。或许可说巴黎音乐城本身是一座由特色各异的建筑所构成的建筑群。他试着把几栋建筑结合为一，让内部与外部的感觉模糊，以便形成宽泛的建筑包容性。鲍赞巴克希望能营造明暗清楚、空间交错的节奏感，这是源自南特尔舞蹈学校的经验，他觉得建筑环境的光线若没有变化，缺乏光影的美感与诗意。他很好地理解了光线是相对的，而明亮与黑暗需要对比。鲍赞巴克说："空间触发的情感，会被各种偶发事件掩盖掉。长时间下来，一个地方的习气会冲淡这个地方给人的悸动。音乐触发的情感，不受习惯、经济与空间限制的影响，能够巧妙摆脱偶发事件。显然，音乐的本质之一是它的规则，这是音乐带来的一大启示，建筑师应该铭记在心，因为建筑师的技能会受到材料与技术的限制，导致他们失去对空间诗意的感知。"

里昂信贷银行大楼（法国里昂，1995 年）

里昂信贷银行大楼建筑隶属于 1994 年启动的欧洲里尔都会商业项目的一部分，该项目由库哈斯担任总体规划设计，由于图形形象性很强的缘故被称为"滑雪靴"。鲍赞巴克的设计用意旨在再度赋予里昂市的工业区活力。里昂信贷银行大楼建筑的意义还在于打破战后的政治、公共与宗教机构，纷纷采用低调的建筑形式的局面。纪念性建筑或多或少成了某种禁忌，当然以现代主义建筑观念衡量，纪念性意味着寻求不该追求的外在效果，但对纪念性建筑的怀疑，主要是独裁政治造成的，而战后象征着民主的现代主义国际性、功能性建筑，也证明了面临被后现代所替代的局面。鲍赞巴克说："其实每一座城市的建筑实践，都像在写一首诗，有其特殊的形式限制；城市的建筑不断随着涵构调整，而每个建筑的涵构都是奇特而独一无二的。当然，建筑永远不断产生'外在'与'内在'的效果以刺激我们的感官，世界上所有的理性系统都无法防止压抑感觉产生，压抑感觉只会转变为病症。问题在于如何控制某些实体给人的感知，因此，我开始关心公共建筑如何使一个场所变得重要，充实空间的内涵让它永远能超越建筑本身。"

里昂信贷银行大楼　　　　　　　　　　　　　　　　　　　　　　　　　　　法国大使馆

法国大使馆（德国柏林，2003 年）

　　位于德国柏林的法国大使馆是鲍赞巴克颇具前卫性的建筑作品，建筑的主立面朝向巴黎人广场，邻近知名的布兰登堡门，由于特殊的基地条件给设计带来诸多限制。为此建筑师采用了各种不同的材料与表面处理手法，彼此互相作用，多样性没有给建筑物带来负担。鲍赞巴克说："我试着让这个四周由毫无特色的墙体围绕着的封闭基地，尽量舒适怡人。为了营造宽敞的感觉，我原本可以将建筑之间的区域用玻璃屋顶覆盖起来，做成中庭。但是德国和其他北方国家一样，只要天气允许，大家比较喜欢接触新鲜空气。因此，我想要让大家可以开窗，接触新鲜空气，并能望向四周林立的树木。"

　　建筑立面部分由混凝土粗糙和平滑光亮肌理组合而成，玻璃间隔部分采用透明与白色涂层结合，不同材料肌理之间彼此互动、对比，形成有机组合，材料的对比关系使空间显得更大，是这个建筑作品的突出特征。鲍赞巴克说："在一篇德国报道中，记者质疑我没有从头到尾使用同一种混凝土。虽然当时学界倡导统一的材料与形式，但如果我从头到尾都用混凝土，会使空间变得相当封闭。我们都经历过这种现象无数次了。在此，一致性要建立在重新界定的气氛之上。一般认为，空间的统一只靠材料来界定，而不是气氛。但其实看不见的气氛，最常界定出空间的一致。"

卢森堡音乐厅

卢森堡音乐厅（卢森堡，2005年）

在卢森堡音乐厅的设计中，鲍赞巴克希望民众能够占满空间，他认为对音乐家来说，能看到周围都是人是件好事，而听众能感到与表演者很亲近，也是好事，鲍赞巴克原本希望在音乐厅周围种一圈树木，让访客先走一段步道，再进入音乐的演奏空间，后来他发现基地并不适合种植树木，于是决定在音乐厅的立面做出823根柱子，当作森林，营造类似的感官效果。鲍赞巴克说："我喜欢为音乐打造建筑。这些建筑能够传达听觉与视觉的对话。随着事件与时间的流逝，我们以五感和身体来感受建筑。这一点，建筑和音乐是一样的。"

克利斯蒂安·德·鲍赞巴克的理念、言论及成就

鲍赞巴克的建筑生涯正处在20世纪60年代巴黎城市大规模改造建设时期，巴黎曾计划将市中心三分之二部分进行重建改造，当时还正是现代主义建筑发展的盛行时期，也恰好是巴黎城市建筑新时代的开端。起初，鲍赞巴克感到兴奋不已，不久之后他开始怀疑现代主义建筑理念的正确性，他认为规划者计划将市中心夷为平地似乎有太多问题，这种不切实际的想法误解了城市的本质。正确的做法是必须把城市视为存在于时间与空间的一个整体，建筑与其所创造的空间需要放在涵构概念下整体思考。他说："我向来把建筑物视为一个可以构成集体的片段，也就是说整体的一部分，而包含建筑集体才是城市。20世纪60年代的法国建筑谈的是如何改善城市，打造战后新的都市纹理。60年代初期我深信这种新的都市主义。我们相信巴黎将有七成会重建，进而创造崭新的现代都市，至少官方是如此规划的。大约在1966年，我开始实践创造新社区的想法，以及我在绘图与摄影中所描绘的主题连续性概念。我对于城市与电影之间的关系很感兴趣，把城市当成'脚本'，我会思考空间、形象、距离、阴影与光，思考形式与形象，但从未用理论来概括和处理这些问题。"

城市是工作与居住的工具，但体验城市也像读小说，一本属于人的生活的小说或电影，如果想让功能性避免沦为枯燥，那么想象力就非常重要。这就是建筑师的工作。他的规划项目皆反映出一种演变，这种演变和品位没有太大关系，而是跟建筑是一种文化与形式的存在有关，一种决定性的空间。鲍赞巴克崇敬建立系统的人，例如巴哈，但鲍赞巴克和他们不同。他的例子比较像毕加索或赖特，像一个旅行者，和系统建立者正好相反。他的作品有些层面是系统性的，但就形式而言，他避免

崇尚一种理想的风格，并一直试着摆脱自己的习性。他认为建筑把握艺术与科技侧重点的能力是一件复杂而艰难的事情，建筑客观与主观是矛盾对立的，建筑建造依赖科技的同时又要实现城市人性场所精神，在建造技术与艺术之间寻求平衡，建筑的魅力和挑战体现在既包含客观的责任，也要担负建筑无可预测的特性，建筑师要准确把握艺术性和应用性的平衡点。他说："比如安东尼奥·高迪的建筑，让我们看到今日城市在现今与过往的性质，这构成了我们当代的整体经验。我内心一半关注理论，另一半更要关心施工技术。"

在 20 世纪 70 年代初期，鲍赞巴克领悟到形式、空间与视觉，必须和人们的生活有关，但是该由谁将这些层面同一栋具体的建筑联系起来，并赋予其艺术形式？显然，单单靠着技术方面的思考，无法引导这个世界，即便是技术对世界的掌控程度越来越高，他认为建筑需要用另一种方式来看待技术，既要理解技术又不被技术吞噬，建筑不但需要艺术的投入，而且要融于城市环境，不应该是仅仅体现业主的个人意愿。鲍赞巴克也充分关注到了城市空间的矛盾性，比如类似 18 世纪与 20 世纪的建筑，会并立在 15 世纪铺设的街道上，无论建筑和街道的美丑，大家都要居住和使用，而城市的转变又必须由这些因素来决定。因此，建筑师要拥有准确定位都市建筑中的艺术与科技侧重点的能力。大家通常的概念中，认为城市是永恒的，但鲍赞巴克认为，历史证明了城市和其他人为事物一样，会受当下经济、生活形态与技术的偶发事件影响。因此，城市显然是会不断演变的，他个人对于城市的理解是，它代表着实际、集体与私密的庞大记忆，随机的事件能为当下带来动能，引领我们前进并走向未来，大家需要启发与观点，包括实地观察与长远展望。他为此提出建筑是讨论虚空间与物体之间的关系的观点；即建筑与城市会以实体的、感官的形式与物质的事件综合呈现出来，比如人们走在城市里，被建筑包围时，他会产生厌恶或喜欢的情绪，由建筑组成的城市实体通过场所精神影响人的感官，让人们形成"秘密世界似乎就在我们面前现身"的"现在"性心理感应。鲍赞巴克的建筑通过"时间封闭"的手法，追求把某个年代从目前的时间区分出来，把城市的永恒感展示在人们眼前。

参考文献：

1. Christian de Portzamparc Interview by Henri Ciriani. Guided Tour of the Cite De La Musique. L' Architecture Aujourd, April 1991.
2. Christian de Portzamparc Interview by Yoshio Futagawa. GA Document Extra 4, 1995.

图片来源：

1. Christian de Portzamparc Interview by Henri Ciriani. Guided Tour of the Cite De La Musique. L' Architecture Aujourd, April 1991:5-6.
2. Christian de Portzamparc Interview by Yoshio Futagawa. GA Document Extra 4, 1995: 15-16.

槙文彦 Maki Fumihiko：都市建筑代谢学派领袖

槙文彦

槙文彦人物介绍

槙文彦，1928 年出生于日本东京，1952 年毕业于日本东京大学获得建筑学学士学位，1953 年毕业于葛兰布鲁克艺术学院获得建筑学硕士学位，1954 年毕业于美国哈佛大学获得建筑学硕士学位。

1950 年代后期，一群有远见的年轻日本建筑师与城市规划师创立了都市建筑代谢学派，槙文彦是"都市建筑代谢学派"的原始创立成员之一，他们共同探索未来城市的理论，认为未来城市的特色是大尺度，有弹性的建筑，城市将形成有机的发展过程。槙文彦以都市建筑代谢学派理论界定了自己独有的集体形式哲学，强调个别元素是整体的起源，槙文彦的建筑定义和理论对日本都市发展影响深远。他的建筑素以节制闻名，从他发表的著作与言论中可以看出他思考建筑的方式，但他在设计过程中的思维也非常讲究直觉与非理性。

槙文彦代表建筑作品有：代官山集合住宅（日本东京，1969～1992 年）；华歌尔艺术中心螺旋大厦（日本东京，1985 年）；京都国立近代美术馆（日本京都，1986 年）；东京体育馆（日本东京，1990 年）；岛根县立古代出云历史博物馆（日本岛根，2006 年）；华盛顿大学山姆福斯设计与视觉艺术学院（美国密苏里州圣路易市，2006 年）等。1993 年槙文彦获得普利兹克建筑奖。

槙文彦作品分析

代官山集合住宅（日本东京，1969～1992 年）

代官山集合住宅

代官山集合住宅位于日本东京，1969 年开始建设，项目共分为 7 期来执行，1992 年结束，共历时 30 多年，槙文彦在该项目用心良苦，这个项目给槙文彦带来得以完全投入公共生活的设计良机，日本传统建筑文化与现代建筑在代官山项目的演变进程中相遇，这在日本建筑文化历史进程中可以说是绝无仅有的。槙文彦在代官山集合住宅设计中，采用了一系列的传统元素，例如以树木当作建筑物之间开放空间的中介，把建筑物的入口置于总体布局的角落里，这非常具体地借鉴了日式传统住宅的大门风格，这是一个典型在小型区域形成多样空间的例子，与日本城市传统的开放空间风格非常吻合。槙文彦在代官山集合住宅设计中，把日本传统元素以现代主义语汇形式完美地表达出来。对槙文彦来说，代官山项目是扮演社区建筑师的机会，这是难能可贵的经历。代官山集合住宅在业主善加维护之下，依然保持着原有的环境。有人问起槙文彦身为建筑师哪个案子最令他印象深刻，他会说代官山集合住宅。槙文彦在这个项目投入的设计与兴建的时间，已经超过三十年，代官山集合住宅群，是从 1969 年以来历经 3 个时期开发的集合住宅，该设计呼应东京不断变迁的环境，为了营造独特的气氛，采用各种不同的设计策略，包括因细微的地形变化进行调整，做出空间层次，并打造受保护的外部公共空间。这个项目能够成功，受惠于槙文彦的空间与建筑设计手法，建筑尺度、透明度以及他对公共生活的规划与发展等。

华歌尔艺术中心螺旋大厦（日本东京，1985 年）

华歌尔艺术中心螺旋大厦

华歌尔艺术中心螺旋大厦位于东京，1985 年设计完成，螺旋大厦表现出现代建筑的艺术特质，具有丰富独特而又熟悉的形体空间元素。建筑造型元素以螺旋的方式筑成，递进式逐渐往上部结构发展演变，避雷针作为螺旋终点最后收拢在顶部。建筑的外观像现代图像的拼贴，大厦的螺旋结构将多种现代造型语言集结起来，槙文彦之所以采用这种集结形式，是为解决建筑物与周遭拥挤的都会地景的衔接问题，也表现从外观透露内部空间体验的讯息传达。建筑物入口的楼梯引领访客进入二楼，透过此处的大型窗户，可欣赏外面都会活动的全景。内部空间的咖啡厅位于中心部分，四周环绕着展览空间，这种空间模式能将咖啡厅与展览空间整合起来，形成独特的空间体验。摆设在窗前的椅子，让访客能坐下来放松心情，看看

京都国立近代美术馆

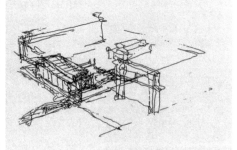
京都国立近代美术馆草图

下方都会生活的流动。沿着楼梯前进可以通往露台，提供一个安静但超现实的地点。

京都国立近代美术馆（日本京都，1986年）

京都国立近代美术馆位于日本京都城市的历史街区，槙文彦把建筑的现代性与古城京都的文脉结合作为该项目设计最重要的课题。因此设计主题最重要的部分，在于如何在古城京都的中心，传统文脉的限定下，恰当传达20世纪的现代精神。槙文彦的设计，用意在于体现出水平与垂直、现代与过去、透明与厚实，以及日本与西方融合的双重性，在京都国立近代美术馆空间的深度方面，槙文彦的做法是更着重水平性而非垂直性，这种空间模式很好地揭示了历史时间感。

东京体育馆（日本东京，1990年）

东京体育馆位于日本东京明治神宫花园外苑。东京体育馆其实是由几栋建筑物组成，主建筑为大型体育场，看起来好像只有屋顶，因为它的墙体只比广场高个几层楼。从上方鸟瞰，会发现屋顶造型是两片对称并靠的叶片，由于体育馆以纯粹的线条、明晰的几何形式整体集结构成，形成高度统一且变化丰富的整体，与周边历史建筑并置在一起，改变和创造了日本东京明治神宫花园外苑新的都会地景。1990年建造时是为了配合周围公园模式环境体系，东京体育馆用多元的建筑语汇造就了各种室外空间。每一栋建筑包括主运动场、次运动场、室内泳池等皆保持大型量体的完整性，同时又为市民提供人性化的户外使用空间，把这些元素集合起来，便构成了槙文彦所提倡的"集体形式"的空间概念，建筑随着观看角度的变化，三座量体的重叠部分形成了个性独特而丰富的轮廓。

东京体育馆

岛根县立古代出云历史博物馆

岛根县立古代出云历史博物馆（日本岛根县，2006 年）

岛根县立古代出云历史博物馆位于日本岛根县，2006 年由槙文彦设计，基地沿着神社的南北轴心延展，借景出云北山形成云林建筑。建筑物的外部景观简洁明快，一对起伏的屋顶与建筑物融合为一，与周边景色共同创造出优雅高耸的天际线，参观者的视线可从前景的屋顶延伸到起伏的庭院，融入背景宁静如画面般地山脉，景色浑然和谐。岛根县立古代出云历史博物馆外墙使用特殊的耐候性钢材，这种材料在岛根的历史中扮演着重要角色。特殊的耐候性钢材与透明玻璃表面形成强烈对比，表现出岛根县立古代出云历史博物馆独特的精准、动态的质感。

华盛顿大学山姆福斯设计与视觉艺术学院（美国密苏里州圣路易市，2006 年）

华盛顿大学山姆福斯设计与视觉艺术学院

华盛顿大学山姆福斯设计与视觉艺术学院位于美国密苏里州圣路易市，2006 年由槙文彦设计完成，该建筑设计任务是将视觉艺术与建筑的相关研究课程和空间需求予以整合并改善。两栋新的建筑物分别为肯伯美术馆与沃克馆和现有的艺术学院建筑整合，借此形成魅力校园空间，原有建筑中肯伯美术馆仍然是建筑组群关系中的主体。

槙文彦设计围合出一系列户外空间，建筑围合了一座双层挑高的拱顶中庭，形成的中庭是个多功能空间，涵盖 3 座展览厅与图书馆。沃克馆部分可服务艺术学院的各个组织，艺术学院需要大量的基础设施，而工作室的安排采取开放空间的方式，以获得最大的弹性空间。为了让开放空间达到最大，所有固定的核心设备都集中在建筑物边缘。新大楼以石灰石打造，并搭配各式玻璃窗。集结传统与现代材料，与原有的建筑脉络形成和谐的对话关系。槙文彦说："假设你要打造三栋独立的建筑物，并试着将它们与其间的开放空间联系起来，西方建筑发展出许多规则与原理，并以几何法则与透视法主导，看看文艺复兴时期的建筑，就会发现在建构它们的关系时，必须透过很严格的理性秩序，但身为日本建筑师的我们，会认为怎么合适就怎么安排，不必用那些理性秩序。"

槙文彦的理念、言论及成就

1962 年槙文彦发表了《集体形式研究》（*Investigations on Collective Form*），这是他毕生建筑实践的核心理论。《集体形式研究》中论述道："我们习惯在构思建筑物时，将之视为分开的实体，导致欠缺足够的空间语言来打造有意义的环境。这种情形，促使我研究'集体形式'的性质。集体形式跟一群建筑物与准建筑物有关，即我们城市的片段。然而，集体形式并非将彼此无关、分开的建筑物集结起来，而是一群有理由聚集在一起的建筑。我提出3种主要分类：1.构成形式。谈到城市和建筑，两者关系最重要的层面，在于建筑有自己的都市性。当我们思考都市性的时候，重要的应该是营造能让大众共享的熟悉感。我认为能够提供熟悉感的建筑物，对打造好的城市不可或缺。2.巨型形式及群组形式。城市代表每个人每天重复的旅行途径之总和。建筑物可说是旅程的交会处，一同创造出场所，一种大家共享的场所精神，即便只是短暂共享。场所有时是一群个体的记忆装置，也是当代神话仪式发生的戏剧舞台。要在城市创造建筑，就要创造出场所，并为'时间'的过去、现在、未来赋予生命。"槙文彦认为建筑与都市设计的最终目标，就是打造场所。只要场所让人觉得舒适怡人，大家就会被吸引过来。如果可以有更多这样的空间，那么城市将变成更适合生活与工作的好场所。城市秩序的观念基础集结了众多因素，这使秩序有了另一个选项，自20世纪初以来，建筑师与乌托邦主张者倡导的庞大建筑为基础，这种建筑物是具有公民性质的土木工程作品。强调个别建筑元素的独立自主性，并刻意削弱其间的联系，这就能让这些元素变成时间与场所更明确的指标。他发现对立与和谐，其实都能为许多不同层次的关系赋予特色，这些关系累积起来，就能决定城市的实际意象。

槙文彦谈日本建筑传统

槙文彦说："正如我们在日本所见，都市社会被迫在不规则的土地配置架构中开发，扩展了传统的空间构成技法与感知，例如日本'间'的概念。这些技法可用来创造弹性的城市秩序，一种不规则与拼贴的城市秩序；有趣的是，这比现代主义的原则更经得起考验，换言之，就是和西方城市相比，更着重于空间而非量体，更关注非对称而非同轴度。'间'或者'间隙'，指间隙或者两个结构体之间的空间，在英文中是以'剩余'来称呼。西方认为剩余是残留，在形式与空间的安排上，无法扮演有意义的角色，但是对我们来说却有意义。我们欣赏有意义的虚空间与余空间。在某些程度上，'间'就呈现出这项特色。"

槙文彦对连续移动的空间深度的看法是："我们关注如何发展出空间，这不以绝对的高度或长度来判断，而是以空间的深度感受为准。为了营造出这种感受，你必须发展出连续的空间层次或界线。如果只是凝视建筑物，或者从上方俯瞰，是无法实际体验到都会空间的。空间只能以连续的移动来感受。"

槙文彦谈设计流程

槙文彦说："当我开始设计，通常不仅有整体的想法，也有对构件的想法。我详究这些概念，渐渐地，整体的样貌就会浮现。有时候，正如古典建筑一样，你先从完整性或清楚的整体开始着手，之后才处理能放进这个框架的构件。建筑师就和电影导演一样，拍电影时，最重要的是他想要在关键时刻营造某种场景或景象。为了让这些场景合理化，他得运用一个故事，或编出一个故事，身为建筑师，我对特殊情况很有兴趣，这些情况几乎算是场景或景象；其中一个例子，就是华歌尔艺术中心螺旋大厦有个可供行进的屋顶或中庭。这很重要，我们先由此出发，再建构出建筑物的其他部分。每一个项目的特色看似有系统性，原因在于功能或地理环境类似。至于我的项目有什么连贯的特色，或许很难有逻辑地解释清楚，因为我认为这些特色与我的个性有关。我经常改变建筑物的轴线，但不会采用45度或30度，只是靠着眼睛和心来改变轴线，或者说只是凭感觉。同样地，当我试着把两三栋建筑物组合成复合建筑时，我经常会使用模型。虽然有这些模型，但最后决定时还是需要依靠调整和改变。如果建筑是一种艺术，我认为应该将它对照内心的景象来处理，别管建筑需要多少合理性。我们无法抽取这种意象，它和你内心的景象有深刻的关联。"

槙文彦谈建筑职业生涯

槙文彦在谈及建筑职业生涯时说："建筑如同马拉松，而非百米赛跑，建筑师应该依据长远的理想来打造建筑，而不是跟随一时的风潮。我不想成为快速达到巅峰却很快消失的建筑师。一方面，我希望能稳定工作，有长期目标，同时向年轻一代展现某种建筑的存在。大型机构的概念从来不吸引我。另一方面，小型组织提出的概念又可能太过狭隘。我理想中的团体组织，是能让人发挥不同的想象力，这些想象可能彼此矛盾或冲突，但大家能集思广益，在为建筑这么实际的东西做决定时，能经过审慎客观思考与研究。"

槙文彦的建筑借助现代建筑样式、技术，表现现代语汇的日本建筑，使传统得以新陈代谢式的发展，这是他职业生涯的重要贡献。他从日本都市社会的土地配置架构中扩展了传统的空间构成，提出了"间"的概念，把设计触及有意义的虚空间和余空间部分，形成了东方的现代建筑特色，创造性地发挥了东方建筑更重视空间而非量体的传统精神，用来创造城市的弹性，推进、完善和发展了现代主义建筑体系。他从"建筑都有自己的都市性"问题入手，思考营造都市性的，大众共享的"熟悉感空间"，关注"熟悉感"建筑对打造城市场所的不可或缺性，用"熟悉感"建筑群组给城市人群重复的旅行路径，创造了大家共享的场所精神和"群体记忆装置"，为城市、建筑"时间"的过去、现在、未来赋予了意味深长的生命意义，让城市成为人们更适合生活与工作的场所。

参考文献：

1. Jeffrey Inaba. Maki Fumihiko Buildings and Projects. New York: Princeton Architectural Press, 1997,2:12-13.
2. Maki Fumihiko Interview by Aesthetic Lee. Space, November 2006:9-10.
3. Fumihiko Maki Biography.www.pritzkerprize.com

图片来源：

1. Jeffrey Inaba. Maki Fumihiko Buildings and Projects. New York: Princeton Architectural Press, 1997,2:12-13.
2. Maki Fumihiko Interview by Aesthetic Lee. Space, November 2006:9-10.

安藤忠雄 Ando Tadao：混凝土王国的东方诗人

安藤忠雄

安藤忠雄人物介绍：

安藤忠雄，1941年出生于日本大阪，早年喜爱绘画，做过拳击手和工匠。多次游历欧洲和日本各地，走访建筑大师和前卫艺术家，研究历史和名家建筑。因喜爱绘画接触到柯布西耶的建筑草图，因而对现代建筑发生兴趣，在建筑学领域完全是自学成材，主张在游历建筑中学习建筑，在与艺术家的交往中学习艺术，在盖房子的工地上学习建造。

深深吸引安藤忠雄的是日本传统建筑形式中的旧式农舍。这些农舍的构成简单，是从多年来和大自然的争斗与和睦关系中演变而来，同时也反映安藤忠雄认为空间并不是一般意义的构筑，空间是蕴含许多感觉的场所：视觉、听觉、触觉，以及发生在其间无法言喻的东西。安藤的建筑在处理空间与形式时，都在尽量善加处理人类的智慧与精神。

安藤忠雄代表作品有：六甲山礼拜堂（日本神户，1986年）；水之教堂（日本北海道，1988年）；光之教堂（日本大阪，1989年）；直岛当代美术馆（日本直岛，1992年）；沃斯堡现代美术馆（美国德州沃斯堡，2001年）；普利兹克艺术基金会会馆（美国密苏里州圣路易市，2001年）等。1995年获得普利兹克建筑奖。

安藤忠雄作品分析

光之教堂（日本大阪，1989年）

光之教堂的主题，是透过光与影循序渐进，即光明与黑暗的对比。柱子与横梁切割了左边的大型窗户，朝内形成十字，透过阳光照射，会把独特的十字形状投射到地面，因材料限制营造出的单色空间，引进了户外绿意成为室内的景观，可凸显大自然的深度。在安藤忠雄看来，影子与黑暗有助于庄严宁静的气氛塑造，黑暗创造思考与沉思的机会，黑暗的区域非常重要，跟创造的深奥象征层次有关。

光之教堂

据说光之教堂由于预算有限，尽管安藤忠雄尽最大努力发挥了经费的效用，但在墙体完成后还是一度停止修建。安藤忠雄曾考虑以无屋顶的露天礼拜厅充当替代方案，然而，信众的热情感动了营建商，让他们决定要做出值得骄傲的作品，因此还是完成了建设。安藤忠雄总结说："这件建筑小品的兴建过程，正是人类的意志有时可以超越经济问题的有力证明。"安藤将这栋建筑设计成简洁的方盒子造型，光之教堂作为简约化的宗教建筑扮演了特殊角色。如何在盒子内营造出众人集会与祈祷的神圣空间，让安藤忠雄思索了一年之久，之后，他构想出一面混凝土墙，斜穿过这个盒子，将入口与礼拜堂一分为二，后者有往下的阶梯地板，这间清水混凝土礼拜堂没有空调设备，只有用简单、未修饰的材料打造的连排长凳及讲道台，由于完全没有装饰元素，朴素的空间简化到了极致，前方的墙切出十字形，将教堂的象征投射进这片内部的空间，形成光之教堂的独特感受。

直岛当代美术馆（日本直岛，1992 年）

从安藤的直岛当代美术馆概念草图，我们可以看见一座位于山坡上的城堡。直岛上寺院原址的南寺基地位于古老排屋之间，拥有强烈的精神象征与独特的都市记忆，安藤忠雄希望能够通过建立新建筑去唤起它们。安藤很好地把握了基地自己的特色，好像在揭示记忆的层层印记，在倾听一块土地的低语，针对基地所有的力量做全盘思考，包括看得见的特色与看不见的记忆，那些地与人之间的互动，他试图把这些元素融入直岛当代美

直岛当代美术馆

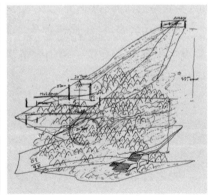

直岛当代美术馆草图

术馆的建筑设计中，让它能够把基地的精神传承给当地的孩子们。安藤忠雄谈到直岛当代美术馆设计过程：开始会在心中形成画面，直岛方案的意象是一座山丘上的城堡，这是他最初对基地的印象，这也是大家都可以理解的，安藤忠雄更希望孩子能接受这个想法，让孩子们一看到海上的美术馆时，建筑的外形便可以启发他们的想象。

　　安藤也鲜明地反对用局部的堆积进行建筑设计，他的细部设计细腻但并不固执，力量和魅力表现在建筑主要理念的有效组成部分和严谨的必要性诉求，并非形式上的模式化。他让细部有逻辑地贯穿整体、互相关联，形成整体与局部之间的组织体系，使基本要素间的相互关系实现高度平衡，进而表达出建筑的思想性和逻辑性。安藤忠雄说："我喜欢遗迹，因为剩下的并非完整的设计，而是清晰的思想、裸露的结构、事物的灵魂。它可以带来灵感，令人从中学到许多。"

沃斯堡现代美术馆（美国德克萨斯州 沃斯堡，2001 年）

　　沃斯堡现代美术馆的展馆群设计灵感来自附近的金贝尔美术馆，这个美术馆在许多方面，对他有所启发。安藤忠雄认为，任何基地周围的涵构都非常重要。在沃斯堡现代美术馆中，基地最明显的特色不是地形，而是邻近沃斯堡的金贝尔美术馆，他努力让沃斯堡现代美术馆设计能与金贝尔美术馆产生共鸣的对话关系，他把这视作对路易斯·康的敬意。[①] 安藤说："如果你可以在一个宁静的地方，与自己的思想独处，就算只有一小时，这个地方也能提供一点特殊的力量。我不希望大家来这里只是好玩，而是来改造、滋养他们的精神与灵魂。"他把这栋建筑想象成浮在水面上的天鹅，从远处看这个意象就能清晰可见。他也学习了知名的京都宇治平等寺的建筑形式，宇治平等寺就像只凤凰，好似在水中倒影可以看得到传说中的珍禽。在沃斯堡现代美术馆也可以看见类似的意象。美术馆和教堂一样，为人的生活创造出特殊的空间。人们日常的生活是忙乱的，而美术馆是生活的延伸，通过面对艺术与环境，人们得以改造自己。

沃斯堡现代美术馆内部

他还把建筑视为借这块特殊基地所赐的艺术楼阁，他相信建筑需要促进公共生活、鼓励社交互动。在这座建筑里，大家可以感受到自然，他透过设计手法，把自然带进建筑内部与周围，并透过正确的朝向，善加利用每一处的景观和光线的移动。安藤忠雄说："建筑的室内是灵魂所在，在浇铸混凝土时会非常谨慎，但如果在铺花岗石与木质地板时没有同样仔细，那么也无法完成理想。我把金属墙板视为和式拉门。相对于混凝土的厚重，金属墙板就像纸门一样，可以围塑出空间，但非常轻盈。西方对墙体的认知，是一种强势、有力、厚重的东西。但是在东方，我们处理墙体的方式有很多种。"

普利兹克艺术基金会会馆（美国密苏里州圣路易市，2001 年）

普利兹克艺术基金会建筑最初的设计目标，是用来收藏普利兹克家族的艺术收藏品，并成为该地区的文化中心。鉴于基地周遭的环境与功能规划需求，设计必须含有住宅的特色。建筑由两个矩形量体构成，在水景花园两端相互平行，两座量体高度不同。展览室内部积极引进自然光，强化室内外的连续性，目的在于整合时间与季节的更迭效果，创造出拥有自然气息的空间。在展开规划期间，曾把方案提供给基金会的艺术家艾尔斯沃斯·凯利与理查·瑟拉，以便请他们一同参与设计，建筑师和艺术家能持续交换意见与提案，虽然有时建筑师和艺术家意见相左，但随着建筑师、艺术家和业主的持续对话，建筑的质量也逐渐提高，这里表现了建筑师和艺术家合作意义重大，让建筑师很好地思考了美术馆最基本的要素。

普利兹克艺术基金会会馆

安藤忠雄的理念、言论及成就

1965 年安藤忠雄到欧洲旅行，参观了希腊的神殿、罗马万神殿和柯布西耶的建筑。这让他对建筑的思考，进入更高层次，他开始理解建筑可以是一种创作力，而不光是遮风挡雨，设计目标除了要体现建筑师的建筑理论之外，还要通过自然元素与日常生活的众多层面融合，为空间赋予丰富的意义。他把光、风等自然元素导入建筑室内，变成有意义的形式。他说："光与空气的独立片段，令人想起整个自然界。通过联结人类生活，以及能显示时间流逝与季节变化的自然元素——光与空气，我所创造的形式能改变意义，获得意义。虽然空间蕴含不同发展的众多可能，但我偏好以单纯的方式来彰显这些可能性。不仅如此，我喜欢将固定的形式与构图方式，跟日后将在此空间发生的生活，以及当地的地方社会，建立起联系；换言之，我会依照大环境，来选择问题的解决方案。比如水经常用来反射光线，但也用来释放想象，或者营造宁静感。在我的许多项目中，水都是关键元素。例如农舍和茶室建筑不同，农舍的组成结构具有空间完整性，界定了日常生活。居民简朴的生活方式，为简单的农舍结构带来力量。如果去看日式寺院，会发现日式寺院带来的启发。日式寺院没有任何东西受到忽视，可以说，所有材料、所有接合处，都是神圣的。然而茶室本身并非平民所能拥有，但是它清楚蕴含的美学意识与情感，对全体日本人都很重要。例如茶室使用纸门窗来隔绝光线，同时和篱笆构成的外部庭园墙，产生内外连接与分隔的关系。"安藤忠雄的建筑强调两个方面的结合，一方面是知性元素，也就是清晰的空间合理创造，体现逻辑与智慧的秩序。另外也强调感觉，赋予生命的空间形式。这是所谓建筑空间的两大关键意义层面，也可以看作实际与理论的关系。另一面则是感觉与直觉。当我们说到秩序，大家想象的是限制与规范，但安藤想到的却是几何，能延伸至走进建筑内的人的心灵。秩序必须有扩张的感觉。

他早期曾经把混凝土想得非常坚硬、锐利，喜欢用混凝土做出锐利的边缘与平面，在自然环境里，就像是很有力的叶片，精准的秩序与大自然形成对比，让两种元素都更加活泼。然而，使用混凝土多年之后，安藤忠雄开始发现这种材料的不同性质，他开始依据试图兴建的空间而定，有时对混凝土的看法刚好和初期相反，他让混凝土体现出柔和，而不再显得冷峻。

有评论将安藤忠雄的建筑定义为"批判地域主义"，他并不反对，以他个人看法认为，批判地域主义是在现代主义的批判中对进步之处的继承和实践应用，植根于具备人文、风土、地缘场所合理性的建筑之中。建筑不仅仅停留在视觉上，也不仅仅是将地域性直接引入现代建筑形态，而是用现代主义的实践对现代建筑进行积极批评，并借此重新解释地域性。因而，建筑也不仅可以使五官感受到，也可以让内心感受到。他说："从某方面来说，我希望外观能够消失，变成一个能刺激思考的空间。如果外观的表现不过于强势，那么大家就会开始思考自己，并为空间赋予意义。"

安藤忠雄有一个美丽的雅号，"东方的混凝土诗人"，他的著名格言是："建筑师是在建造房子的过程中产生的。"他的建筑风格平实而不平淡，简洁而不简陋，并且在保留现代建筑基本原则中，完美地继承和发展了日本的传统文化，作为建筑师，安藤忠雄的才华表现在，在后现代主义建筑思潮风行而摇摆的时代，冷静地另辟蹊径；他恪守现代主义的原则又克服其弊端，他也沿用了现代主义几何形体和混凝土及钢材的营造方法，但是处理成带有日本韵味的细部设计，形成了东方的全新的现代主义模式。他说："对于建筑来说，如果问我什么是第一位的，我的回答是，具有持续不断的自由思考。年轻时与艺术家们的交往，使我坚信只有执着地深入思考才能成为开拓未知世界的原动力。学建筑的一种方就是去上建筑学校，这是一般做法。然而，我采取的是不同的方法。我透过身体力行来学建筑，我和工匠与建筑工人一起工作，他们简直是艺术家。所以我与建筑的关系和身体有关。建筑的实体存在，是我感知的基础。"

安藤忠雄并不是简单地将日本的传统应用在他的建筑设计中，而是对介于建筑内外之间的地缘及人文环境具有东方哲学式的考量，例如日本传统的缘侧廊道、禅意庭院式的暧昧空间等，他的建筑善于在现代和传统空间中融合、转换来表达他对建筑形式的独特理解，体现了他注重精神与情感内涵的个性和宁静的生活方式。安藤善于应用清水混凝土，无论是小规模的茶室、家居，还是大型公共空间场所的建筑，他都把它们作为生命的有机体并且做到极致简化。例如著名的光之教堂，主体部分由优雅单纯的混凝土长方体浇筑而成，门、窗以精致缝隙构成闪光的要素，清水混凝土浇筑透光留白的十字架在单纯的空间里熠熠生辉，用他的话说是"有生命的建筑"。建筑在他的塑造中实现了与东方神话诗意境界的有机融合。他说："没有任何材料能独自运作。一种材料总是受到其他材料及自然环境的影响。我喜欢混凝土，因为相较于其他现代兴建方式，混凝土较具有手工色彩。混凝土是很常见的材料，几乎随处可得，由于它广泛使用的方式几乎只有一种，因此，我们以为混凝土很单一，然而，混凝土的变量很多，每一种混凝土的组合与浇筑，都会产生不同特色，它和钢或玻璃不同，后者的性质比较一致，但是混凝土非常不同，每次使用时，表现的深度都有差异。柯布西耶把混凝土当黏土用，发挥混凝土的可塑性，好像他在雕刻一样。但是路易斯·康运用混凝土，好像那是坚硬的钢材料，效果截然不同。钢筋也很重要，钢筋就像是人体的骨骼，而混凝土是肉，我把浇注混凝土建筑比喻成人体，如果你的骨骼过粗，但是肌肉与皮肤不足，那么骨头就会突出。但如果肉太多，感受不到骨骼，那么建筑看起来会肥胖浮肿。让钢筋之间保持精确、适量的空间很重要，现场浇注混凝土是一种手工建筑，如你所知，从白到灰再到黑之间，有许多颜色变化。混凝土的色彩可以很丰富，我认为混凝土的颜色是用深度来看，而不是从表面。渐变有层次的色彩能营造出深度感。如果你只以表面来思考颜色，就无法看出深度。"

安藤忠雄的创作得益于现代主义与日本式东方精神的结合。他把创作置于现代主义与日本东方精神结合的背景下，更加深刻透彻地运用了现代建筑的材料和语言与几何构成规则，把时代精神和普遍性，如风、光、水等自然要素巧妙地引入建筑中，让建筑植根于人文、气候、风土的独特场所，借以表现出建筑的固有地缘和文脉，把建筑标准化冷漠的部分用人情化、人格化包裹起来，简洁形态加上普遍性的组合成了他独特的创作语言。

注释：

① 路易斯·康的设计，于 1972 年完成。

参考文献：

1. Stanley Abercrombie. Tadao Ando. Japan Architect, May 1982.
2. Michael Auping. Seven Interviews with Tadao Ando. Fort Worth: Modern Art Museum of Fort Worth, 2002.
3. William J. R. Curtis. A Conversation with Tadao Ando. El Croquis, 2000,04.

图片来源：

1. Stanley Abercrombie. Tadao Ando. Japan Architect, May 1982:26-28.
2. Michael Auping. Seven Interviews with Tadao Ando. Fort Worth: Modern Art Museum of Fort Worth, 2002:31-32.

诺曼·福斯特 Norman Foster：在假设与质疑中整合的圣贤

诺曼·福斯特

诺曼·福斯特人物介绍

诺曼·福斯特，1935 年出生于英国曼彻斯特，1961 年毕业于曼彻斯特大学，学习建筑与城市规划专业，1962 年毕业于美国耶鲁大学，获建筑学硕士学位。

诺曼·福斯特代表建筑作品有：威费杜保险公司总部（英国伊普斯威治，1975 年）；圣斯伯里视觉艺术中心（英国诺威治，1978 年）；香港上海汇丰银行总部大厦（香港，1986 年）；香港国际机场（香港，1998 年）；德国新国会大厦（德国柏林，1999 年）；圣玛莉夫街 30 号瑞士再保险总部（英国伦敦，2004 年）；赫斯特媒体集团总部大楼（美国纽约，2006 年）等。1999 年获得普利兹克建筑奖。

诺曼·福斯特用建筑赋予自然以人性之光，他的建筑灵魂就是用一系列屋顶花园、美丽舒适的泳池、空间艺术品不断提升人们的生活质量。他凭借科技，先进技术，避免了科技本身成为建筑的错误。他的建筑在假设与质疑中以整合性、责任性创造了少耗能、低污染的建筑典范。诺曼·福斯特担当起对未来的城市公共空间发展的责任者的角色，他的建筑着手当下，却着眼于未来，在塑造城市永续发展的生态与文化场所精神方面表现出了建筑大师的高度责任感和非凡的才能。

他主张建筑不应当是奢侈品，而是必需品，建筑是一种社会艺术，和生活质量与创造福祉密切相关。他把建筑的焦点放在社会层面，建筑师必须承认建筑是因人的需求而生，包括精神与物质双重层面的需求。建筑带给人们乐观、喜悦和安心，使其在混乱的世界中得到秩序感，庇护众人在纷繁拥挤的世界里得到安静的空间，给平凡的日子带来喜悦和光芒。

诺曼·福斯特作品分析

圣斯伯里视觉艺术中心（英国诺威治，1978年）

圣斯伯里视觉艺术中心被称为棚屋，艺术中心建筑设计的突出特点是将多元活动空间安置在单一空间之下，而不是分散在不同的空间。福斯特认为把公共或私人的教学与观演等多元活动，全部集结在同一空间，有利于社会资源整合。举例来说，在艺术赏析的教学课程中使用艺廊中展出的杰作来取代投影片和书籍可以效果更好，那么早上艺廊可以用作教学活动，下午还可以将艺廊作为公共空间用作其他活动，这种建筑空间概念具有很大的创新性。

圣斯伯里视觉艺术中心

建筑采用双层墙与单一屋的顶大空间形式，空间采用可整合构造，建筑空间与建筑保温、采光等功能要素有机结合互为依存。单一屋顶的大空间形式形成大的整体，大的整体与各个层次的构成要素环环相扣。

福斯特认为这个项目没有按传统的设计思考，因此没有什么先入为主的看法，大家一起讨论分享参考其他艺廊与博物馆的设计经验，和业主一同参观了丹麦的路易安纳博物馆，密斯·凡·德罗设计的柏林国家美术馆，及阿尔瓦·阿尔托在日德兰半岛设计的博物馆，也留意学习了一些酒店建筑，例如丹麦建筑师阿尼·雅克布森在哥本哈根设计的一家饭店。他说："我也感觉到，我们对策略设计与应变细节的思考，以及对社会与技术的考量惹恼了某些评论家，让习惯清晰分类与抱持各种主义观点的他们感到困惑。"

香港上海汇丰银行总部（香港，1986年）

福斯特虽然认为香港是垂直建筑群密集之处，但是却在香港上海汇丰银行总部设计中尝试重新探索传统主题。他具体的做法是着力打造建筑空间次序，把底部的公共广场与楼上办公空间的双层挑高区，设计成垂直与对角的动线组合。整栋建筑的垂直交通体系由高速电梯与电扶梯组合完成，福斯特的目的是打造让人在整栋建筑物中更舒适的交通方式。建筑的外观很好地吻合都市尺度，它很好地描绘了城市天际线轮廓，建筑的结构依不同楼层高度产生变化的连接方式，不仅创造出秩序性，也可以避免对附近街道的采光造成限制和应对台风侵袭时风载与防震问题，在香港上海汇丰银行总部设计中，他很好地把限制转变成为机会，通过赋予建筑造型，为

香港上海汇丰银行总部

香港创造出城市标志。

福斯特说:"强调、关心建筑如何组合,是造就大体量建筑不可或缺的部分。我曾经在巴黎的一场演讲中讨论这个案子,当时以埃菲尔铁塔作为类比,这里的体验是动态的,而非被动的;银行视觉上的美感,例如外部包覆的细部,若没有他人的共同努力、热诚与奉献,绝不可能完成。从美国密苏里州的工厂,到基地上的中国工作人员,还有高度机动的设计团队,我们的伙伴无论是在工作现场,或者在绘图桌前,都尽力发挥才干。"

香港国际机场(香港,1998 年)

年轻时福斯特就学会了开飞机,之后迷上了飞行,他将飞行的热情转化到机场设计的方面。他设计了众多的机场建筑,除了 1998 年的香港国际机场,福斯特还设计了 2008 年完工的北京机场,1991 年的伦敦斯坦斯德机场,以及计划于 2012 年完工的约旦阿莉亚皇后机场。

香港国际机场

福斯特说:"我热爱飞行,或许正因如此,我反对多数机场越来越像购物中心,这实在很令人沮丧。你很少看见飞机,而当你好不容易看到飞机时,已经在飞机里了,飞行体验也被吃喝与看电影充斥,旅客在这里错过了体验的机会。"机场是城市象征性的出入口,过去航空时代来临前,城市的出入口位于城墙大门、码头或火车站,而城市强调这些抵达与离开的地点,是自古不变的做法。今天,机场建筑对创造城市壮观景象具有重要的象征意义。

在香港选择机场基地时,业主发现根本无地可用,因此必须填海造地,基地是专为机场兴建,香港国际机场填海造地,成为庞大的机场建设施工项目。这座超级建筑包括细部设计在内,出图达 125000 张,图纸超过了10 万平方米,在施工的高峰期间,工地上有 21000 名工作人员。但这并不阻碍开发,反而使机场的壮观景象与周围景观形成城市亮点,福斯特的设计把香港机场放在美丽优雅的自然背景中,南边是大屿山,北边对岸是新界,远处亦有群山,无论乘客在机场内部何处,都能享受一望无际的视野。福斯特的设计让旅客能看见飞机起飞和降落,这个基本手法和许多机场不同,建筑因取消隧道,营造出喜悦与戏剧感,让游客回归飞行体验的本身。

德国新国会大厦

德国新国会大厦(德国柏林,1999 年)

福斯特在设计德国新国会大厦时,首先面对的是对德国过往的历史与当代的综合思考,这其实是面对社会与历史的哲学议题。福斯特的设计充分体现出尊重历史的重要性,在德国新国会大厦建筑元素中,福斯特让历

德国新国会大厦

史性扮演了重要的角色。德国新国会大厦成为德国政治的象征，每当遇到政治大选，媒体都会把这里作为节目背景。建筑的符号性圆顶成为设计切入的关键部分，大厦新的圆顶最终方案设计为灯塔的灯室，福斯特认为这样有利于加大该建筑作为柏林地标的意义。建筑里头两座螺旋形斜坡可引领民众前往议事厅上方的观看平台，形成把大众置于政治代表的头上的象征性空间。福斯特说："我们研究的最重要的概念是民主角色与语汇，尤其是统一之后的德国，整体语汇该是什么？我们提出了许多方案，其中一项是国会议事厅应该是公共空间，对民众开放，让民众往下能看到民主进行的过程。我们也对此处的历史提出看法，大家不能逃离历史，这栋建筑应该是记忆的博物馆。历史很重要，而且扮演主动的角色，不该只是一场历史秀。我们建议若要采取这个态度，就不应该掩盖，而是要揭露。我们必须了解，国会大厦内伤痕累累，画着涂鸦的结构，是建筑坎坷过往的记录，揭露这些伤痕，并保存下来，让建筑物成为活的德国历史博物馆。在整个重建过程中，我们遵守这样的目标，将新的室内结构与残存的历史结构接合起来，把建筑完全融入德国地方的历史、政治与文化。"

瑞士再保险总部（英国伦敦，2004 年）

在圣玛莉夫街 30 号瑞士再保险总部设计中，福斯特对建筑的生态性、建筑形式创新问题进行了充分思考，让生态性和建筑形式创新在这栋建筑中扮演了关键角色。这栋高楼的轮廓像雪茄或子弹，是一个从地面往上越来越宽，后来又逐渐往顶点收拢的圆柱，建筑让空气力学形式促成风在立面周围流动，而不是往下转向地面层；采用计算机模型测试检验建筑物周

瑞士再保险总部

遭的气流以及气流通过建筑物的情形，内部空间的空中花园，对建筑物的自然通风起到了重要作用。

大楼的楼板，每层会稍稍偏转，在边缘形成螺旋形的挑空空间，建筑内部种满植物，以净化大楼的空气，并提供氧气，建筑轮廓底部较窄可以减少反射，表皮的透明度使地面层的采光得以提高。福斯特说："再保险总部设计再度应用我们 1997 年在法兰克福商业银行总部的实验成果。在瑞士再保险大楼案中，我们用电脑模型进行虚拟风洞测试，检验建筑物周围的空气流动，以及气流通过建筑物的情形。这是很重要的测试，原因有二：第一，评估风压对这么高的大楼有何影响；第二，测试建筑物自然通风策略的效率。这些研究显示出这栋建筑物的空气力学形式，有助于改善当地的风环境状况。"

赫斯特媒体集团总部大楼（美国纽约，2006 年）

赫斯特媒体集团总部大楼建筑充分体现了福斯特的"在假设与质疑中整合"的建筑理论，成为福斯特用建筑实践验证理论的典范。对纽约城市来讲，赫斯特媒体集团总部大楼也是独具特色的建筑。这栋大楼是将出版商威廉·兰道夫赫斯特大楼原建筑改造翻新，共计 42 层，改造翻新后的大楼从纽约市中心的装饰艺术风格建筑群环境里自然地凸显出来。福斯特说："这栋建筑唯一真正看不见的元素是建筑的通风，大楼终年有 75% 的时间是采取自然通风，空气在中央设备经过过滤与净化处理，再送到整栋大楼。因为大幅降低人工加热与降温的需求，明显提升了节能表现。建筑使用的材料，例如地毯有很大一部分也是再生材料。经过改造的大楼，较原建筑不仅降低了能耗，也让赫斯特员工享有采光良好的健康工作环境。更大的意义是大家在设计新建筑时，提升了环保意识。"

赫斯特媒体集团总部大楼

福斯特还与流体设计顾问合作设计水景以及打造动态的玻璃雕塑，成为大楼入口的一部分。玻璃雕塑创造了宁静的声音背景，瀑布水景的水来自屋顶收集到的雨水，雨水经过过滤、净化，储存在雕塑下方的水槽。夏季，积累的雨水可以降低建筑大厅的温度，冬天时，水蒸气可以改善建筑内部空气的湿度。

诺曼·福斯特的理念、言论及成就

福斯特认为未来的理想建筑需要依靠当下的建筑成果积累实现，因此在 20 世纪 70 年代，福斯特就提出了生态建筑的概念，即少耗能、低污染的建筑目标，这为后来提出永续建筑设计目标打下了基础，对达成建筑技术性与社会性一致产生作用。福斯特还认为好的建筑设计讲究整合性，无论是创造地标或者顺应历史环境皆是如此，把构成建筑的每个元素全部整合起来，包括建筑与街景或天际线的关系，还有支撑建筑的结构，让建筑得以运作的服务，建筑的生态、使用的材料、空间的特色、美学层面和光影之美、形式的象征意义，以及建筑物如何在城市或乡间表现自己的存在等。他认为建筑面对未来的城市发展，应着重在公共空间方面，以及生态责任，为了负起这样的社会环境责任，建筑应该从满足内部应用需求和与基地周边环境有机结合着手。虽然这些层面无法量化，但建筑形式及基地的关系必须具备专属性，建筑必须在塑造场所文化方面有所表现，或者说造就场所的空间精神，这意味着必须尊敬自然环境，与自然环境对话，从建筑的外在既能感受功能也可包含自然的变动与光的能量。虽然科技有助于控制建筑环境，但是对待地区传统和生态问题必须一直保持谨慎的态度。建筑的生态是可测的，例如运用百叶顶棚或悬挑的屋顶来转移阳光的热度，可带来可观的节能效益；而建筑的诗意层面，例如影子闪现的效果，则无法量化，传统和生态问题两者之间却常有关联。他说：“我一向注重赋予自然以人性之光，用建筑帮助人们追求生活质量的不断提升，这是建筑物的灵魂，代表这些的可能是屋顶花园、泳池，或者办公空间的艺术品。”通常的观点认为，福斯特以高技派建筑手法闻名，高技派的标签有许多误导，他信仰科技的进步，采用先进技术，然而诺曼·福斯特向来认为科技本身并不是建筑的目的，他的做法是要在每个项目的设计中找到正确的施工方式，根据材料的性质与特性决定应用方式，从建筑成品展现个性的效果体现乐趣，不断给人创造变化的感受，例如玻璃立面的反射快速波动、平滑表面与表面图案的对比、新旧对比及光影的交互作用等。因此，科技本身并不是目的，而是一种手段，如此才能达成更广的目标。福斯特说：“建筑师可以和手工打造一栋砖造或木造房屋一样，打造所谓高技派建筑，这同样可怀抱关爱之情，虽然我们会运用科技，但运用科技本身不是目的。”他说：“我担心学生可能认为，今天先进的设计辅助工具，让平凡的铅笔相形失色，甚至遭到淘汰，于是铅笔沦为二流。但我从不讳言一些不言自明的道理，因此我会主张，其实铅笔与计算机两者一样笨，而何者较为优秀，则有赖于背后人的认知部分。”

诺曼·福斯特的联合建筑师事务所人数超过1000人，可谓是全球最大型的建筑师事务所之一，他的联合建筑师事务所了不起的成就是作品水平一贯优质，这有赖于有效的团队合作，也正是建立在福斯特重视认真沟通与深入研究的工作价值观上。耶鲁建筑学院模式启发了福斯特，他的事务所与耶鲁建筑学院模式类似，每天 24 小时工作，每周七天不放假、不打烊，不停不断地沟通是工作室之间往来基本方式。在诺曼·福斯特的联合建筑师事务所，理想让大家分享共同的价值观、质量观和心态，团队成员有足够的互敬互重与自信去迎接挑战，这给建筑师事务所和员工都带来很大的帮助。团队焦点放在关注业主，满足业主是团队工作的重要目标，福斯特说："在我们的事务所，你确实可以看见个人通过沟通形成团队，而我们和许多外部专家、顾问的合作，也靠着沟通消弭隔阂，耗费心力研究突破业主之间的障碍，这些过程能带来很大的启示。我们的作品相当注重社会层面，我们探索的观念是民主的工作空间，以目前与未来的社会现状为着眼点，而不是沉湎于过去。如果你做对了，就能赢得委托者的深深尊重，因为他们没有预料到你会这么做；另一方面，这也是很困难的任务，因为如果你做错了，那么你就是在对业主说教"。

　　建筑领域有时，传统与科技之间会形成落差，但是在福斯特这里没有，他的建筑是建造的艺术，讲究空间的质量，即以空间形体塑造光的诗意，通过重新创造建筑类型，关注设计过程如何假设与质疑，通过假设和质疑解决建筑的冲突矛盾，使设计成为一个有机整合的过程。他认为做设计的直觉眼光，和任何数学公式一样重要，他说："在巨石阵之后，建筑师向来走在科技尖端，不能把科技跟建筑的人性和精神内涵分离开来。我认为有些误解是矛盾的，比如现在有些材料固然两百年前不存在，但是骨架结构的基本原则一样，你只要做，就对了。"他的建筑也强调连续性，用不断重复的手法表现历史与现代之间的演进过程，借以弥补传统与科技之间的落差，使得两者之间产生沟通。

参考文献：

1. Werner Blaser. Norman Foster Sketches. Basel. Switzerland: Birkhauser, 1992.

2. Norman Foster Interview by Soren Larson. Architecture Record, May 1999.

3. Norman Foster & David Jenkins.On Foster. Munich: Prestel, 2000.

4. Malcolm Quantrill. The Norman Foster Studio: Consistency Diversity. London: E &FN, May 1999.

5. Norman Foster Interview by Robert lvy. Architectural Record, July 1999.

6. Ruth Rosenthal, Maggie Toy, eds. Norman Foster: Building Sights. London: Academy Editions, 1995.

7. Norman Foster. Design in a Digital Age, 2000.

图片来源：

1. Norman Foster Interview by Soren Larson. Architecture Record, May 1999:8/19/20.

雷姆·库哈斯 Rem Koolhaas：从作家到建筑大师的奇人

雷姆·库哈斯

雷姆·库哈斯人物介绍

雷姆·库哈斯，1944 年出生于荷兰鹿特丹，1972 年毕业于伦敦建筑联盟学院，代表建筑作品有：荷兰舞蹈剧院（荷兰海牙，1987 年）；波尔多住宅（法国，1998 年）；普拉达苏活门市（美国纽约，2001 年）；伊利诺伊理工大学学生活动中心，（美国芝加哥，2003 年）；中国中央电视台 CCTV 大楼（中国北京，2003 年）；西雅图中央图书馆（美国华盛顿州西雅图，2004 年）等。2000 年获得普利兹克建筑奖。

库哈斯 25 岁时开始学习建筑，之前做过记者，他在成为有经验的建筑师之前先写了很多关于建筑的书，因此需要建筑实践来验证自己书中提出的观点，否则他会面临空谈的指责，他说："我的经验使我遇到许多偏见，即便在目前的文化，这些偏见依然存在，其中一种奇怪的偏见是，你不可能同时思考写作又做建筑……。"他认为写作与建筑两者之间关系非常密切，但他并未真打算兼顾建筑理论家与建筑师的双重角色，他明确自己的角色定位是建筑师。库哈斯如此诠释自己的行为："一个关注理论与文学的建筑师，需要分析建筑专业确切的条件与潜能，1978 年我写了《癫狂的纽约》，为自己定义出什么是有趣的，以及什么是可以去做的，我承认，这种转换很痛苦，这一行还真残忍，在我心中，我既是建筑师，也是作家。"写作与建筑对库哈斯来说是共生的，他既从事写作也研究建筑，并通过建筑实践验证他在书中提出的理论。

雷姆·库哈斯作品分析

波尔多住宅（法国波尔多，1998年）

波尔多住宅基地在一座可以俯瞰全城的小山上，由三个相互叠加的房子组成，底层为家庭私密空间；上层为主人夫妻和女佣空间；两层之间的起居室放在玻璃的架空层，电梯在三层房子之间穿梭，设置在一面紧邻贯穿建筑的墙体边上。

波尔多住宅

波尔多住宅建造之初，是住在波尔多的一对夫妻，买下一栋山头上老房子，业主希望可以在老房子里俯瞰城市景观，因此要求增建一间新房子。业主邀请了不同的建筑师讨论设计方案，借助一栋老房子的环境建起简约的新房子。然而期间，男主人遭遇车祸，从此需要使用轮椅。之后业主再次讨论这栋房子设计，男主人不再想要简约的房子，而是希望房子复杂些，因为这房子会界定他的世界，男主人希望通过新房子让他获得视线的自由。

库哈斯设计的波尔多住宅是彼此穿插的三栋房子，底层就像山坡的洞穴，全家可在此享受亲密时光。最高的一层则分成夫妻房与孩子房。主体空间几乎看不见，是夹在两层中间的玻璃房，一半在内部，一半在外部，供起居使用。但是波尔多住宅空间最具特点的是可使用轮椅。

男主人拥有自己的房间，房间配有一部小尺度的电梯，能在三栋房子间自由移动，电梯锁在其中一层楼时可改变平面功能。电梯旁的墙体与每层楼相交，男主人的空间包含了他的全部需要，书籍、艺术品、酒窖等。这座建筑采用了可以升降变化的楼板，随着楼板升降，形成在地下层、架空层、二层之间游走的效果。波尔多住宅建筑具有超现实主义性质，体现了库哈斯下意识的建筑尝试。

普拉达苏活门市（美国纽约，2001年）

普拉达苏活门市是库哈斯为零售业利用门市设计打造企业品牌的作品，普拉达门市原为古根海姆美术馆的苏活区分馆，它的零售空间体验性设计取得优秀业绩，使同行业竞争者难望其项背。库哈斯认为就品牌或任何识别来说，更有意思的做法在于通过避免雷同使门市的意义具有多变性，他说："如果我没有误解，那么现在大行其道的是美式的品牌意识形态，这是建筑进一步发展的丧钟，最终将导致保守稳定状态。然而，欧洲认为品牌是活的，可以拥有许多特性，促成进一步的发展。当普拉达提出设计要求时，其关键在于设计能表达出无法预测与多变性。"在普拉达苏活门市的设计中，库哈斯没有使用传统商业空间模式，他一改建立永久识别系统的做法，把品

普拉达苏活门市　　　　　　　　　　　　　　　普拉达苏活门市内部空间

牌打造视为多样化与创新结合的模式，业主要求库哈斯可以提出如何让他们在扩大营业的同时保有新奇与前卫性，在规模增大的情况下依然保有空间趣味性的方案。

　　库哈斯认为扩大可以从量与质两个层面来衡量，设计的关键是如何解决重复的问题，因为重复导致熟悉感的产生，会因为每个新增店面减少吸引力而使建筑空间沦于平凡。商业空间在扩大规模时最可能产生的危机在于过分自大地累积平凡之物，消减商品原本附着于品牌的惊喜与神祕元素，并将商品限定在有限识别范围。

伊利诺伊理工大学学生活动中心（美国芝加哥，2003 年）

　　密斯·凡·德·罗是库哈斯敬佩的大师，伊利诺伊理工大学校园由密斯设计，校园充分展现了密斯设计理念蕴含的智慧，而库哈斯设计的学院学生活动中心坐落于该校园内。库哈斯的设计与密斯结合，这使得库哈斯与大师密斯在伊利诺伊理工大学学生活动中心历史性相遇，因此库哈斯的这栋一层楼建筑意义深远。

　　伊利诺伊理工大学学生活动中心建筑是这座校园的核心，库哈斯的设计不是把这里的各种活动堆积起来，而是将每个需求元素定位，形成紧密的拼贴，让建筑包含了都市环境。为了让流动人潮汇聚于此，安排连接东西两边校园的路网穿过校园中心，再依据各种不同活动，连接到街道、广场，整体建筑并未零碎切割，每个部分依据特定需求与定位相连，形成全天候社区、商业、娱乐、学术、公园与其他小型的都市元素的集合体。学生活动中心建筑立面用金属与玻璃打造，而屋顶是主要的联结元素，结构采用连续的混凝土板，从空间形式上将下方的各种活动整合起来，并巧妙地运用屏蔽结构使建筑避开高架轨道交通噪声干扰。库哈斯的调研分析结论是，20 世

伊利诺伊理工大学学生活动中心

纪 40 年代伊利诺伊理工大学在启用之时，学院师生更乐于匿身于抽象的空间，密斯设计的克朗馆就是一个典型代表，而当代的人如果走进那样的空间，会因为缺少信息而感到很困惑。由于伊利诺伊理工大学的学生来自世界各地，因此，学生活动中心环境需要能发挥基本信息语汇功效，库哈斯把设计目标定位在让空间环境中的信息显而易见，建立起清楚的规划空间环境。

中国中央电视台 CCTV 大楼（中国北京，2003 年）

库哈斯在中央电视台 CCTV 大楼的创作中，首先提出反对："大多数只是按照预先的方式进行布置，在其中进行的只是惯常的平庸模式。"他通过指出了北京地区大部分公共建筑摩天大楼的三段式雷同性："裙楼——中部主体——顶部"的定式对城市环境造成雷同问题，提出中央电视台 CCTV 大楼的创新逻辑的必要性。他提出中央电视台 CCTV 大楼虽然作为大型地标性建筑，但要避免"无谓参与极限高度竞争"，着手建造"具有象征意味的建筑组群"的基于对建筑形式和建筑高度两方面的营造方式。中央电视台 CCTV 大楼采用了形体上下贯穿，在竖直方向呈 6 度斜角的几何环状的形体模式，通过借助水平方向的体量塑造，从形式上化解传统的三段式雷同性。因此 CCTV 大楼具有库哈斯鲜明的手法特色：倾斜的玻璃幕墙，大体块感及适度高宽比例。CCTV 大楼的贡献在于两个方面；一个是通过避免公共建筑摩天大楼的三段式雷同性，创造极具个性的大型地标性建筑，丰富了北京城市环境类型，例如 CCTV 大楼建成后，很快成为亚洲和世界上，上镜率最高的建筑之一；另一个贡献是城市"永续"环境空间思想的体现，CCTV 大楼把使用空间置于空中，以最小化的用地换取了最大化的使用性，把北京有限的城市空间还给市民，体现了"永续建筑"空间理想的表达。

CCTV 大楼

对于 CCTV 大楼出现在北京这样一个古都中，也充满与历史建筑文脉矛盾的争议。但这也迎合了高技派建筑家们的反叛观点："从文化意义上看，建筑的大敌不是错误，而是平庸。"

西雅图中央图书馆（美国华盛顿州西雅图，2004 年）

西雅图中央图书馆藏书超过 100 万册，库哈斯为该图书馆设计了螺旋状书库并配备其他先进设备，使其具有博物馆意义，因此而成为西雅图城市提升社区福祉的代表性项目。库哈斯确定的西雅图中央图书馆必须具备的时空条件是：满足网络信息空间对传统收藏模式产生影响而导致的变化需求，建筑空间可满足两种空间特质的无限制交流要求。该图书馆灵活布置的弹性要求使建筑打破了传统的单一大空间模式，形成图书馆具有多功

西雅图中央图书馆

能、多内涵的社会中心性质，实现了建筑空间兼顾信息获取方式的平等性。

为了应对基地对图书馆的竖直空间性质的限定，库哈斯在西雅图博物馆空间采用了"5个平台空间构造模式"，5个平台分别为：办公、书籍及相关资料、交互交流区、商业区、公园地带。每个平台各自服务于自己专门的组群，并形成一个综合体。平台之间的空间还形成特殊交流区，不同的平台交互界面被组织起来，这些空间或用于工作，或用于交流，或用于阅读。

库哈斯认为一个图书馆之所以受欢迎，并非因为其内容，反而是因为缺乏内容，这刚好是悖论，人们参观博物馆时不必作决定，没有压力的离开。所以库哈斯追求的目标是吸引客人注意力，先得到客人注意力，再把博物馆交给他们。西雅图中央图书馆的设计便是这样理念的例子。库哈斯说："建筑案件向来以直觉开始，我们做一些显而易见的事物，准备一系列的原型，把空洞的概念转变成建筑当中丰富的想法，在图书馆空间，一切都不断变动。"

库哈斯的设计没有特别的专属领域，在西雅图中央图书馆空间里重要的是全局，他的设计通过提问、开发、执行，再度界定创造一种永远处于转换的情境。库哈斯还说："我喜欢做的东西，乍看之下有一定程度的单纯，但再看一眼或在使用过程中，就会展现其复杂性。我们知道，没有任何价值是固定、完全不变的。我不信任立足于理论的明确宣言，我们的案子不是从先前已知的思考中诞生的，我向来在推翻东西与打造东西之间犹豫，目前对打造的兴趣十倍于推翻，也因为推翻只能延续片刻，而打造需要的时间则漫长许多。"

雷姆·库哈斯的理念、言论及成就

库哈斯在鹿特丹一间普通的办公室里工作，他的建筑事务所叫大都会建筑事务所，他喜欢那里偏远不必分心的环境，可以独立思考，使自己置身建筑圈之外，避免跟随流行。他说："我认为，建筑师职业生涯的一种致命情况，就是他开始过分认真看待自己，使自己的想法符合了别人对他的看法，于是他没有了秘密。我向来试着找出方法与策略，避免这种情形发生。当然，第一个办法就是创造，创造为大都会建筑事务所需要的东西，我的身份就能躲进一个团体，而我们也一向团体行动。但不知为什么，世界就是坚持注重个人。有些大都会建筑事务所早期的重要人物也会回来，但不一定永久停留。这些来自外部的更新，能够产生一种知性的论述，若非如此，大都会建筑事务所有可能因为这一行业面临无法承担的重担而消失。因此，我们不但承受孤独，忍受自己的矛盾，更需要外来力量的注入来推进自己的思考拓展。"

合作是库哈斯建筑业务很重要的一部分。例如结构工程师赛希尔是库哈斯最重要的合作伙伴之一。在库哈斯的成功作品中，赛希尔都在工作过程中扮演重要角色，包括法国波尔多住宅、西雅图中央图书馆，以及葡萄牙波尔图音乐厅等。工作中赛希尔曾改变了库哈斯对结构的观点，也让他重新思考建筑，促进库哈斯从多方面来看待建筑，并通过实验减少建筑方案的风险，库哈斯身为知名建筑师，深知方案的失败或做错事会带给社会的不良应影响是不可估量的。

库哈斯与大部分建筑师不同，他喜欢用天真的眼光来看待建筑创作，他认为自己是想法的生产者，他的兴趣在产生想法并给予回应的过程。库哈斯提出大胆的想法让他实现了超越。在进入建筑师这一行之前他做过一些建筑之外的工作，而当记者的经历又对他影响最大，因此库哈斯经历了从记者到建筑师的特殊职业人生过程。在获得普利兹克建筑大奖感言中他说："得奖很令人兴奋，能获得很大一笔钱，而且在我印象中，似乎是首度把奖项颁给另一种建筑师，从而承认其他领域，例如写作也很重要，他们对 21 世纪的建筑定义，抱持开放态度，也修正了建筑师的身份，这对其他人是好的。关于建筑，大家几乎未能真正了解到的是，建筑是权力与无力的组合，内在的转变是从对自己作品批判的开始，并由批判其他人的作品而增强，这些促使我在 20 世纪 80 年代初期，从作家转变为盖房子的建筑师。"

库哈斯的著作像他的建筑作品一样充满了激烈新奇的思想。《癫狂的纽约》是库哈斯第一部集论文、方案、作品于一体的美学文本，也是库哈斯建筑理论的重要文献。《癫狂的纽约》探求重塑曼哈顿从 20 世纪 50 年代起的历史，并以建筑创造想象当作实验体，文本看似并不连续，只是对曼哈顿片断赋予某种程度的连贯表述，库哈斯把这当作一种诠释，目的是借助对曼哈顿建筑营造想象来建立非系统理论模式。他把曼哈顿规划描述成一个完全由人杜撰的世界，把建筑与城市规模建立在人的内在的幻想中。这部作品的关键元素运用了蒙太奇手法，文字架构很有建筑的味道，书写架构和内容所描述的都市主义协调一致，书的版式与书中描述形式也颇具建筑特色。《癫狂的纽约》和库哈斯的建筑一样，也具有相同的逻辑。库哈斯撰写《癫狂的纽约》的目标是，借助作者身份建构出一个领域，为本人能扮演建筑师角色进行铺垫。库哈斯借助《癫狂的纽约》淡化了建筑师的艺术层面，把建筑描述得更加注重专业知识化，通过探讨绘图之外的其他手段对建筑的介入途径，强调了建筑方案的设计未必从绘图开始，但却需要文字定义文本的独特理念。他把概念、目标或主题化为文字，提出唯有诉诸文字发生的一刻，建筑师才开始在建筑思考中不断前进，因此肯定了文字推动了设计的本质特点。库哈斯为自己先以文字定义，之后提出建筑规划的原创设计过程进行了学术铺垫。

库哈斯的《S, M, L, XL（*小、中、大、超大*）》于 1995 年出版，该书并非一般意义作品集，书中收集了建筑项目、照片、草图、日记摘录与建筑家个人见闻和对当代建筑与社会的批判性散文。《S, M, L, XL（*小、中、大、超大*）》综合描述了库哈斯的大都会建筑事务所前 20 年的发展状况。在这本书中库哈斯表述："建筑是全能与无能的综合体，建筑表面显露的形式现象塑造了世界，而建筑师的思想需要能动性，还得仰赖他人的认同；无论是业主、个人或机构，建筑师设计手法的连贯性和随机性，都是建筑师生涯的重要支撑。建筑师面对武断的需求时，条件并非他们能设定，有时建筑师面临在预定时间和不熟悉环境里处理解决他们没什么认知基础的棘手问题，通常即便脑袋比建筑师更优秀的人，也难以应对这些问题，所以建筑的定义，就是一场'混沌的冒险'。"

2001 年哈库斯又出版《哈佛设计学院购物指南》《大跃进》两本书。该书为库哈斯在哈佛设计学院担任教授进行城市计划研究的成果呈现。库哈斯在该书中描述了全球变动的都市环境趋势，个案研究包括了中国珠江三角洲、北京、罗马与莫斯科等。书中，库哈斯阐述了"购物已成为产生都会实体的方式"的观点，库哈斯以曼哈顿为例，他认为十年前，曼哈顿作为艺术家与美术馆聚集之处或许是最精彩的地方，整块区域曾经是文化或工业区，而现在几乎每栋建筑物的一楼都是商业空间，他由此认为购物可以说是公共活动留下的最后形式。在书中，库哈斯也阐述了市场对建筑的影响，建筑透过市场经济仰赖奇观与新奇而蓬勃发展的现象，而受其影响的建筑越来越具有戏剧性的独特视角。

参考文献：

1. RemKoolhaas. Davidson. ANY, May-June 1993.
2. Rem Koolhaas Interview by Jennifer Sigler. Interview, 2000.
3. RemKoolhaas. Perspect, 2005,37.
4. Chuihua Judy Chung，Jeffrey Inaba，Rem Koolhaas. Harvard Design School Guide to Shopping. New York: Taschen, 2002.
5. Henri Ciriani. Bigness &Velocity : Rem Koolhaas. A+U: Architecture and Urbanism Special lssue, May 2001.

图片来源：

1. Rem Koolhaas. Davidson. ANY, May-June 1993:50/51/53.
2. Henri Ciriani. Bigness & Velocity : Rem Koolhaas. A+U: Architecture and Urbanism Special lssue, May 2001:16.

赫尔佐格与德梅隆 Herzog & de Meuron：新时代心智建筑表达的双雄

赫尔佐格与德梅隆

赫尔佐格与德梅隆人物介绍

赫尔佐格与德梅隆（Herzog & de Meuron），合作完成了众多建筑项目，他们的建筑探求了运用面的处理对话环境的特殊方式，把现有事物加以转化的方法，用创新精神构成了他们建筑的特性与风格。其代表建筑作品有：格兹美术馆（德国慕尼黑，1992 年）；泰德，现代美术馆（英国伦敦，2001 年）；迪扬美术馆（美国旧金山，2004 年）；北京国家体育场—鸟巢（中国北京，2008 年）等。2001 年他们共同获得普利兹克建筑奖。是普利兹克建筑奖获得者当中唯一全数作品都是合作完成的工作伙伴。

贾克·赫尔佐格，1950 年出生于瑞士巴塞尔，1975 年毕业于苏黎世瑞士联邦理工学院。皮耶·德梅隆，1950 年出生于瑞士巴塞尔，1975 年毕业于苏黎世瑞士联邦理工学院。赫尔佐格是事务所的发起人，但这两名建筑师的能力与天赋彼此互补，他们的作品确实是双方长期合作的成果。赫尔佐格说："德梅隆和我的合作确实已经延续了 30 年以上，我们合作亲密无间，就像孩子一同游戏一样共同设计。当然，在每个项目里，其中一人可能会做得比较多，另一人可能做得比较少。我们的特质与天赋相当不同，两人也不会单独决定自己的项目，最重要的是，我们的作品都是由我们一同创造的。我们希望上了年纪之后，依然能够参与项目，但前提是，事务所在没有我们的情况之下，依然能够完善运作。这表示来自全球的年轻人，能在全世界为我们工作，这种合作也可能成为社会的典范。"

赫尔佐格与德梅隆作品分析

格兹美术馆（德国慕尼黑，1992年）

格兹美术馆位于慕尼黑的住宅区，其造型轻盈剔透，半透明玻璃构造看起来就像冰，由于所采用的玻璃构造不完全透明，因此看起来又有一定的重量感。赫尔佐格与德梅隆巧妙地把握了种轻盈与沉重的双面性，把格兹美术馆建筑从沉重感中释放出来，实现了建筑的轻盈不轻飘，厚重不沉重的境界。格兹美术馆恰当地融入了绿意盎然的慕尼黑城市环境中，展览空间光环境的营造也别具一格。

格兹美术馆

赫尔佐格与德梅隆对艺术和艺术家的喜爱，也帮助了他们美术馆项目的设计，赫尔佐格与德梅隆说："艺术较为前卫，艺术家对世界的态度比较开放，我们并非认为艺术优于建筑，只不过两者不同，我们和艺术家的合作，双方都非常有兴趣，以平等的态度合作对项目的贡献很重要，这可以为建筑增添新的元素，这令我们高兴。"

泰德现代美术馆（英国伦敦，2001年）

2001年赫尔佐格与德梅隆接受委托，将泰晤士河畔的旧电厂改造成泰德现代美术馆。他们的创作经过反复推敲和不断矫正偏离原有环境的想法，提出带点英国味细腻又前卫的建筑策略，这既符合他们设计建筑的方式也符合了环境和建筑功能的要求。泰德现代美术馆与伦敦都市环境关系是其重要的元素，建筑墙体使用了拆除原建筑的旧砖与新砖结合，新增建筑部分还采用了光滑的黑砖，增建部分的结构材料与周边街区形成巧妙的契合关系。他们说："我们在人行道贴上铺面，延伸到地铁站并深入社区，就像神话里阿里阿德涅给武修斯的线，带领他走出迷宫。这个砖道铺面的点子令人想起古伦敦的细节，这既是传统做法也是当代的策略。"

这个项目的特色之一，就是将电厂的涡轮车间改造成展厅，展厅顶棚高115尺，内部空间长度几乎与建筑外部相等，透过524片玻璃窗实现内部的采光。

参观者看到泰德现代美术馆时很难了解里面原本是满满的机械。经过他们精心设计完成的建筑，清晰地表现出一个现代美术馆的构思，精巧地完成了泰德现代美术馆作为美术馆建筑应具备的特点与功能，同时也巧妙地保留了改造前的某些有价值的部分。

新建筑通过对原有大型涡轮车间的改造形成城市的廊道空间，让参观

泰德现代美术馆

者和游人可以共同穿行其间。廊道空间建筑与周边社区形成有机的组成部分，该设计通过拆除周边一些小建筑物，提高建筑环境交通的便利性，也使游人可以在泰德现代美术馆空间范围眺望圣保罗大教堂与泰晤士河。

建筑上方的大型灯箱看起来像灯塔的灯室，灯箱装在建筑钢构侧面，形成散发着光芒的优美细节，灯箱与内部的玻璃箱弱化了老建筑体量中生硬的部分，将幽暗的砖造建筑改造得焕然一新，灯箱外打光与内透光结合的方式照亮了建筑，建筑光的运用精心考究，给游客创造出在家的感受，并形成独特的光环境语汇，灯箱的造型元素嵌入并穿过钢结构，切断竖向涡轮厅过于生硬的延伸感，平衡老建筑构造中烟囱垂直感过于强硬的视觉感受。他们说："因为大家多半是斜斜地看到这些箱子，如果不是从正面看，就不会看到任何新的东西，这和大家穿过建筑的感知与方向有关。"

泰德现代美术馆的设计经验对赫尔佐格与德梅隆博物馆设计整体风格的形成产生了影响，他们说："其实现在我们才真正了解到博物馆是什么，这会使未来的设计变得更加自由。这不表示我们只会做出已经在此实现的博物馆类型，日后的项目，例如旧金山迪扬美术馆就自由得多，它的规划也是，因为那里的馆藏相当不同。这是很重要的发现，即感知是依据实际情况而来，对泰德现代美术馆来说，唯有极度方正拘谨的盒子才是正确做法。"

迪扬美术馆（美国旧金山，2004 年）

对赫尔佐格与德梅隆来说，迪扬美术馆设计项目是尝试打造建筑与规划特殊关系的机会，迪扬美术馆项目引起赫尔佐格与德梅隆的浓厚兴趣，他们在建筑中测试截然不同的手法。手法的多元性，让建筑师逃脱常规的方法或工具。旧金山这座城市有各种文化，受到多元影响，因此应该拥有新的美术馆，以开放的态度，用实验性与无等级化的方式来呈现馆藏。在迪扬美术馆设计中赫尔佐格与德梅隆尝试着无等级化的艺术陈设模式，他们认为博物馆的等级制是产生精英的障碍，多半是博物馆表现业主文化优于他者的状态，而在迪扬美术馆所表达的文化里，避免了这些做法，迪扬美术馆的设计体现了对不同形式与其背后的思想均保持开放态度的优秀范例。

迪扬美术馆的设计体现了赫尔佐格与德梅隆把握材料与氛围的技巧与天赋，赫尔佐格与德梅隆说："雾给了我们灵感，我们希望这栋建筑物能够应对雾的环境，我们刻意将雾作为一项设计元素。做法有两种，首先，利

迪扬美术馆

用雾穿过立面模糊、冲孔的饰板，让建筑的边缘看不清楚，起雾的时候，模糊的效果会更明显；第二，我们以铜为材料，因为铜会随时间而变化。我们知道铜随着时间流逝，几年后会有多种表现与转变。铜就好像科学仪器，能够测量与表达气候的影响，雾气、湿度、烈日的作用，会对经过浮雕与冲孔处理的铜板产生影响，如果运用其他材料来做立面，效果不会这么好。"

赫尔佐格与德梅隆在许多作品中使用模糊概念，目的是为了传达在特定条件下，对建筑的定义和态度。例如在迪扬美术馆的例子中，使用雾气穿过立面铜板的孔洞，表现模糊的效果，运用雾气层层累积提高建筑趣味。雾天，迪扬美术馆形成建筑较低的部分隐藏在云雾之中，高塔则盘旋而出的效果。迪扬美术馆模糊概念体现的另外形式是建筑内部日式庭园和顶棚结构。日式庭园构成了美术馆展览空间的一部分，形成庭园、公园、艺术作品与参观者的混合空间场所，使游人在观看过程中，互为关联，彼此结合，参观者感受到艺术作品的同时也感受到自我存在。他们认为美术馆空间就是要达成这样一个目标，在迪扬美术馆设计中，他们成功地解决了在多元展示性建筑空间中创造如此的感知状态。

北京国家体育场——鸟巢（中国北京，2008 年）

赫尔佐格与德梅隆做过不少体育场的设计，这占有他们设计生涯的很大比例。除了北京国家体育场，他们还完成过其他数座体育场，例如德国慕尼黑的安联足球场（德国慕尼黑，2005 年），瑞士巴塞尔的圣约伯体育场（瑞士巴塞尔，2001 年）和英国朴兹茅斯体育场（英国朴兹茅斯，2000年）等。他们创造的体育场馆不只是建筑，而是把场馆建筑设计成具有感官性的，体现出观众智慧的空间媒介，因而摆脱平庸无聊，形成生动的公共性城市空间场所。通常由专业公司或工程师设计的体育场建筑，多半对建筑设备的重视高于吸引大众，巴塞尔体育场和德国慕尼黑的奥林匹克运动场便是如此。在当代，一般建筑事务所或专注于方案设计，或专注细部与施工图，极少具有两者兼顾的能力，而赫尔佐格与德梅隆是少数能完善兼顾的体育场馆设计者。

北京国家体育场——鸟巢是外观形体有着原始感的直白纯粹结构，空间效果激进且独特，立面与结构天然合一。北京国家体育场室内空间规模庞大，建筑使用了大量钢材，包覆空间和应用空间规模巨大。赫尔佐格与德梅隆平素设计并不刻意追求建筑象征性，但北京国家体育场却成为例外。北京国家体育场成为中国重要的文化标志，赫尔佐格与德梅隆也为建筑被

北京国家体育场

称作鸟巢，得到中国人认同感到高兴，他们认为与被大家广泛认同相比较，这座建筑是谁设计的已不重要。他们说："对我们来说，这座体育场不只是一栋建筑，它是城市的一部分。理念向来是个崇高的字眼，而我们的理念就是创造出一个公共空间，一个属于大众的空间，能鼓励社交生活，可以促使某些事情发生。这些事情刻意被披上前卫色彩，或者至少不易掌握、不易追踪。"

　　他们还说："我知道目前有许多建筑师表示，他们绝不考虑到中国做建筑。这种态度既天真又傲慢，反映出不了解，也不尊重这个国家在过去五千年来，不断创造出非凡的文化成就，而且至今依然如此。我们在接受一件委托项目之前，会问自己能否创造出超越商业层面的成就，我们擅长发展，允许矛盾存在的建筑物，拒绝参与只有单一用途、单一诠释，甚至是意识形态诠释的建筑，北京没有任何人要求我们做出有意识形态的建筑。我们现在深信，在中国做建筑是正确的选择。"

赫尔佐格与德梅隆的理念、言论及成就

赫尔佐格与德梅隆的建筑创作善于从多种经验和事件的影响中寻找创作灵感，他们以试着接受一切，广泛吸收诸多因素的态度来设计建筑赫尔佐格与德梅隆说："每个人都会受到建筑的影响，也影响建筑，建筑与时尚、艺术的关系也是如此，我们仰赖这样的发展过程，而不是依照传统做法，从书中照本宣科，寻找先例。我们用处理面对现有事物的特殊方式，把现有事物加以转化，用做出新的东西来构成我们作品的特性与风格。"他们又说："现实其实很复杂，经常与我们习惯性的假设相左，因此设计并非容易。我们尝试在建筑中表达这种复杂性，因为建筑必须传达出一个场所复杂的感官性，同时要能产生效果，吸引人们注意，以便把它的意义诠释传达给使用者。"赫尔佐格与德梅隆也认为建筑是建筑师身体的延伸，变成一种新的、向外投射的形式，是建筑师所有感官经验的复制或表达，就象是导演拍的影片，画家的画作或音乐家的乐曲，能吸引大家，打动人们，并让人们发现自身存在的状态。

赫尔佐格与德梅隆善于把握作品的重点，以把现实融入建筑的方式追求创新，例如他们关注到有些地方安静，而有些地方活泼。赫尔佐格与德梅隆从城乡规划的观点研究这些现象，他们认为建筑的环境变迁非常重要，他们的做法是要从环境变迁的需要定义建筑，并与环境产生互动。赫尔佐格与德梅隆还通过估量人的感官能力，并以此来测试他们对建筑的理解力，赫尔佐格与德梅隆说："我们的文化倾向于减少感官效果，专注于认知特定的知识范畴，我们不是在复制已知的东西，而是把缩小的感官文化，再度扩大。"他们反对用光鲜亮丽的方式来描绘表现建筑方案，并相信把建筑方案作为类似产品设计的方式，是欺瞒、误导、诱惑的手段，而传统的原始模型才是诚实的东西。因此他们不信赖用计算机表达建筑，他们认为如果建筑从影像开始着手，就无法联系建筑的真实性和现实的可体验性，因此，采用实体模型来体现建筑现实状态会更好。建筑设计需要人性化量身打造的过程，对人类的理解，是21世纪建筑设计挑战的重要课题，如果建筑仅限于视觉体验，就失去了生命力。建筑也需要表达时代，当人们把眼光放到建筑的一刻，无论基于任何理由，对于建筑产生兴趣的瞬间，建筑就变得当代了。建筑的某个层面引人注意，让人开始思考，让人的心智开始运作时，建筑就有了其自身生命。

赫尔佐格与德梅隆对建筑创作的思考、想象、绘图过程，常常描述为类似给建筑拍摄照片与影片，这需要先界定何谓正确，或较重要，并把在

某个阶段喜欢过的建筑进行整理，之后当作有感知力量的借鉴品，再确定为此值得投入精力的部分。他们坚信缺少了这些，就不会有好的建筑，没有好的建筑，建筑师也没有存在的意义。

赫尔佐格与德梅隆设计所关注的问题是今天如何工作？在未来十年、二十年大家想要什么，能做什么？如何让年轻建筑师能独当一面？如何调整组织形式以应对这些变化？最重要的是，他们希望以类似的情境与问题，提醒自己与事务所同事保持警觉。

赫尔佐格与德梅隆认为建筑的轻重感取决于人们的感知，有时与建筑实际重量无关，比如透明的东西看起来轻盈，不透明的看起来沉重。他们就此现象提出质疑，探讨轻重感的感知问题。于是开始打造感觉很轻的不透明混凝土墙体，例如他们尝试将照片的影像印到混凝土上，在法国圣路易市的帕芬霍兹运动中心和柏林附近艾伯斯沃德的图书馆建筑他们都进行了实验。混凝土经过影像的贴图形成看起来像有孔洞的立面，因此展现出轻盈感。他们的建筑不是追求叙事性，他们的目标是尽量在最基本的层面，比如表达建筑使用的材料、基地及现实世界的存在状态。在赫尔佐格与德梅隆看来，物质性必须被突显，才能展现建筑与艺术的精神特质。他们既喜欢表现建筑的重量，也喜欢展示轻盈的结构，追求的是建筑特定的重量，而不是重量感。他们还发现了不同国家文化不同的一面，对传统产生了不同的看法，例如在英国种种矛盾并存的现象，事物存在往往不是美与丑、善与恶的明显对比，而是合而为一。他们把这一发现作为作品设计核心元素，首先接受建筑矛盾并存的事实，再把它转变成具有崇尚简约的性质特征，借此对建筑和所对应城市模样提出精确的设想和理念。这一点，赫尔佐格与德梅隆的建筑与多数现代主义建筑师不同，他们没有任何事先的所谓设想和理念，也没有所谓一定的诀窍或意识形态。他们采用现象学分析，不是单单透过某种论点，而是透过渐进式观察，来发现每一座城市都有某种倾向，某些发展轨迹、某些特殊与非特殊的场所，让建筑适合城市中的倾向性和场所的特殊性。他们通过了解自然、地形、城市本质特点和历史特点，或新城市的静态、活力区域，来提出建筑如何面对其城市环境现有特色以及应如何改进的科学方案。建筑本身有多么重要他们并不在意，而建筑需要说明人是什么，城市是什么，文化是什么才是他们关注的，他们的做法是让建筑的相关性质变得有趣，而非建筑本身。他们极力避免在其建筑中所表现的东西也可以在其他领域找到，因此他们的建筑不但以历史为着眼点，也对当代提出思考，而且他们更关注今天的建筑、城市地景如何改变。他们认为这会直接影响使用建筑的人和大家的生活。建筑能适合当代、发挥功能，而且被接受是一件不容易的事情，这也是建筑不确定性的来源，例如北京鸟巢获得成功，大家以超乎想象的喜悦接受了这座建筑。

　　赫尔佐格与德梅隆关于建筑时尚性的看法也具有其独到之处，他们体会到今天人们接触影像越来越容易也更多，并且风格的类别同时并存也经常重复，由此导致艺术时尚性年代特点的丧失。赫尔佐格与德梅隆试着运用刻意破坏分类来避免时尚风格的雷同，他们的做法是为了引发个性时尚感而避免参照任何风格，希望把建筑从被设定的概念中分离出来。他们确信个性时尚感和生活中最直接的感官经验紧密关联，例如如果有人看到一辆镀铬的大型汽车，就会想到 20 世纪 50 年代，并联想起那个时代的某个场景。

　　赫尔佐格与德梅隆的另一项研究关注了时尚符号化意义和时尚符号存在于建筑材料之中的情形。一方面符号化意义在普世文化中正在消退，另一方面建筑材料特性意义正在发展。设计需要依据符号化意义不同的特定性思考与建筑材料特性并置，他们认为："当我们依据符号化意义特性和材料特性结构并置时，就会发现这些事物之间存在的关系。例如，我们发现在一项早期项目中已经表现出值得日后认真思考的东西，或者某种想法，与我们过去一直秉持的观念不同时，这些想法就会表现出既模糊又重叠的符号化意义和材料特性并置的特质。"因此赫尔佐格与德梅隆很少使用鲜艳的色彩或装饰，他们认为建筑材料也具有非物质的精神特性，常见材料中未经改变的自然状态，即材料纯粹性才会赋予建筑绝佳效果。建筑的符号化意义正是透过材料的凝固传达到人们的感官。建筑恰好是通过其所拥有的物质与非物质特色之间具有解不开的联系来吸引人们，让人们热衷于这一特质，就像我们热衷于钟爱的其他物体一样。

参考文献：

1. Werner Blaser. Jacques Herzog and Pierre de Meuron. A+U: Architecture and Urbanism, February 2002.

2. Jacques Herzog and Pierre de Meuron Interview by Lynnette Widder. Daidalos.Special lssue, August 1995.

3. Jacques Herzog Interview by Nina Rappaport. Architecture. London: Carlton Publishing Group, 2002.

4. Jacques Herzog Interview by Telegraph Reader Meuron. London: Carlton Publishing Group, 2002.

5. Naomi Stungo. Herzog & de Meuron by Stanley Abercrombie. London: Carlton Publishing Group, 2002.

图片来源：

1. Werner Blaser. Jacques Herzog and Pierre de Meuron. A+U: Architecture and Urbanism, February 2002: 46/48.

2. Naomi Stungo. Herzog & de Meuron by Stanley Abercrombie. London: Carlton Publishing Group, 2002: 120/131.

汤姆·梅恩 Thom Mayne：以质疑精神对话建筑不可或缺性的大师

汤姆·梅恩

汤姆·梅恩人物介绍

　　汤姆·梅恩（Thom Maine），1944 年出生于美国康涅狄格州沃特伯里，1968 年毕业于南加州大学建筑学院，获得建筑学士学位，1978 年获得美国哈佛大学设计学院建筑硕士学位。代表建筑作品：第六街住宅（美国洛杉矶，1970 年）；钻石园中学（美国加利福尼亚州波莫纳市，1988 年）；加利福尼亚州交通运输局第七区总部（美国洛杉矶，1999 年）；旧金山联邦大楼（美国旧金山，2004 年）；摩尔斯纪念法院（美国俄勒冈州尤金市，2006 年）等。2005 年获得普利兹克建筑大奖。

　　他的建筑不是被动的、装饰的，而是对人们产生深远影响、冲击和改变日常生活的不可或缺的过程，他的名言是："工作不是为了获奖，而是为了解决问题，真正的成功并不需要验证。"梅恩追求的建筑是能提出质疑，也要求质疑的建筑；建筑不是被动的、装饰的，建筑是不可或缺的，会对人们产生直接而深远的影响，冲击和改变日常生活的行为与质量。当建筑纳入社会、文化、政治与道德范畴，就有可能改变人们看世界的方式以及在世界的定位。每当别人攻击梅恩的时候，他并不在意，只管继续工作，梅恩习惯了不是为了奖项而工作的状态，他工作只是为了设计本身。

汤姆·梅恩作品分析

第六街住宅（美国洛杉矶，1970 年）
梅恩这栋住宅设计的生态性基本概念源于工业废弃场所与都会废弃物

第六街住宅

的再利用，该住宅设计过程，梅恩好比扮演了都会当代的考古学者，他尝试了将现有的工业废置物放进现代空间，并把这些东西融入住宅的使用当中。他把这些科技和工业废弃碎片，以反传统的方式运用在当代空间里。梅恩通过刻意扭曲和颠覆传统的尺度概念与类型形式，达到功能和形式的创新目标。第六街住宅建筑形式似乎不合逻辑方式，但人们身居期间时，却可以感受到空间形式和内容之间连接的组织性合理而且严密，因为梅恩在建筑方案的整体连贯性方面解决了其中一系列的矛盾性问题。

钻石园中学（美国加州波莫纳市，1999 年）

钻石园中学

梅恩曾教书 30 年，他对教育场所环境有其独到的认知，他说："我认为在教学时，你得从头开始。能再度回归原点，重新思考最简单的问题，对教学非常有帮助。"钻石园高级中学外形设计采用乡土化的设计手法，两排紧密排列的建筑穿过山坡表面，形成类似地质断层效果，屋面的折叠造型宛如地质板块平移组合而成。建筑立面采用有秩序的悬臂斜梁结构形式，使建筑产生很强的视觉冲击，造成理想的戏剧性空间效果。两侧与建筑实体相交部分构成中间峡谷式空间，形成街道结构。梅恩采用校内街道概念来造就不同元素互动的体验空间，让校内街道可以模糊公共与私人领域界限，来实现街头文化活力。梅恩说："我们试着探索建筑与基地的混杂领域，企图创造出能超越传统图底分析，即基地是被动，建筑是主动的这种对立形式。"他还把入口阶梯顶端的空间收窄，使墙体分开视觉，让边上穿越的行人有出人意料的感受。

钻石园高级中学的基地是一块陡峭的斜坡地，原本并不是很适合兴建建筑的基地，梅恩的设计把建筑与基地完全结合在一起加以思考。他并没有大幅整改基地来放置建筑，而是把建筑设计透过象征的、形象的语言形式，实现了建筑与地缘和使用需求互动。梅恩以钻石园中学建筑的价值证明了建筑设计对建造的意义，他说："如果你可以追求一些想法，那么你的确能把事情带往非常不同的方向。我对这件案子的兴趣，得追溯到对于建筑到底是什么的想法，重点不是一所学校的建筑形式，而是使建筑概念拥有价值，对教育有所帮助。"

钻石园高级中学把隐含的都会环境与学校位于郊区的背景并置在一起，彰显了校园场所的社群感受，也重新诠释了校园文化与景观。

加利福尼亚州交通运输局第七区总部（美国洛杉矶，2004 年）

加利福尼亚州交通运输局第七区总部大楼位于美国洛杉矶，建筑位于

加利福尼亚州交通运输局第七区总部

主要道路的交叉口，在洛杉矶市政府对面。洛杉矶通常会被视为 20 世纪现代城市的典型，加州交通运输局第七区总部大楼的建造会对周边的城市建筑环境产生影响，从此意义上讲，该建筑也成为洛杉矶城市特色的代表元素。这一点，燃起了梅恩建筑创作的热情，梅恩说："一想到高速公路的基础建设环境，让这栋大楼与其环境结合，真是找到了最能引起我们兴趣的好方案，现在我们还以光作为媒介，让它的表面显得轻盈通透。"他把加州交通运输局第七区总部建筑看作永久有待完成，一条连续序列性的线，由此来呈现出建筑的不间断延续性，用来吻合周边的高速公路的环境条件。

加州交通运输局第七区总部大楼采用的施工材料也都采取与高速公路和周边建筑材料相同的策略，例如混凝土及其他材料，都是尊重周边环境条件。该建筑的另外重要特色就是把光作为建筑序列线性形式的表现媒介，从建筑表面看不出有很多窗户，但实际上，却有着超过了一千扇的窗子。建筑的东西侧还设有光与温度感应器来控制窗户的开闭和遮阳系统，因此窗户和遮阳系统早上、下午会自动调节运作开闭装置。

旧金山联邦大楼（美国旧金山，2004 年）

梅恩在旧金山联邦大楼方案设计过程中并未从做平面图入手，而是直接采用 3D 模型，设计完成过程从初始概念设计表达到施工图文件形成都具有很好的连贯性，直接采用 3D 模型可以让梅恩持续在微观与宏观之间反复琢磨推敲。梅恩的观点是："建筑反映变迁的速度，比一般消费性商品要慢，因此大家对于建筑的态度较为保守，无论人们喜欢或讨厌一栋建筑

旧金山联邦大楼

与否，必须要了解和接受它的生态环境关系与社会文化脉络，大家需要克服某些反现代的偏见，因为这些偏见会影响建筑的准则。"有人问及梅恩关于绿色建筑应具备何种外观，才能展现出肩负环境责任的身份，梅恩回答说："建筑是否看起来是绿色环保建筑，其实并不重要，绿色环保建筑应该看起来如何，没有明确标准，我个人认为，绿色环保建筑是否能从外观明显看出并不重要，重要的是每平方公尺消耗的热能，以及每人或每平方公尺的二氧化碳排放量，绿色设计的关键在于它是一种宣言，能说明背后的推动力量，我们需要看到更多不同的形式。"

在旧金山联邦大楼的设计过程中，梅恩把重点放在打造一座性能卓越的建筑，建筑采用了"可以开闭的动态外壳"这样一个特别理念，造就了"类代谢皮层"构造形式。建筑巧妙利用自然通风取代了七成的空调使用，旧金山联邦大楼是美国首座达到此番生态成就的建筑。梅恩的目标是以科学和智慧方式利用自然生态资源，实现转变周边的都会环境和城市场所性质，带给人们新的使用体验。

摩尔斯纪念法院（美国俄勒冈州尤金市，2006 年）

摩尔斯纪念法院

梅恩深感接受建造一座 21 世纪的法院建筑，机会非常难得。摩尔斯纪念法院的设计过程中，梅恩思考了大量不同概念的草案，以研究和应对摩尔斯纪念法院建筑需求的复杂性。梅恩叙述设计工作过程说："本案中，我们在两个月的时间内，做了三十多个模型，大幅提升我们研究大量选项的能力。在这个项目上我们希望用连续转化的流动感，体现象征法院形象的建筑表面，并通过虚实并用的方式测试与制作模型来验证材料媒介一致性。我们采用快速模型制作，而不是仰赖手绘，我们可以在每天都制作出一些模型，让工作速度与我们的思想速度落差缩小。不仅细部和大问题都能兼顾，也让我们更接近期望中的运作速度，毕竟我们的思想速度，比工作中靠着机械完成的部分要快得多。"

对待摩尔斯纪念法院的设计，他采取开放和探索态度，对建筑的成果先不抱持预设想法。对于摩尔斯纪念法院建筑空间模式的处理，他依旧延续以往惯例，但在外立面的主材料方面，却大胆采用了钢带包覆玻璃的新材料概念。

汤姆·梅恩的理念、言论及成就

梅恩认为人首先要理解的就是成长的辛苦之处，懂得该如何维持个人的本真，自己到底是谁。但由于本真的人稀少，于是人必须建立起自己的经历，活在自己的思考当中，想象自己是谁，并学会如何把自己和世界搭配，这很不容易。梅恩深信建筑师发展成熟的过程，是从概念比较开始的，然后再朝着有关政治、文化、社会与经济层面的现实努力，建筑建立在永远不变的既定组成元素上：基地地点、历史环境、城乡特色，以及克服引力条件上，然而我们经常会缺乏强化这些既定价值。建筑也需要寻求重组与并置看似矛盾的事物，要让无法呈现的东西也得以传达。梅恩年轻时醉心于自主性，在他职业生涯的前 20 年，竟然根本找不到愿意和他谈委托意向的业主。他为人内向，不善交际，想说什么就说什么。有人问梅恩要怎么成名，他回答说："别担心那么多，做你的工作吧。"梅恩认为怎么成名的问题的荒谬之处，就是表现出个人意识，然而这是独立存在的领域，和你的工作或建筑无关。所以，一个优秀的建筑师必须设法抗拒名利金钱的诱惑。作为一个社会人，他更接近艺术家，他说："有时我喜欢把话说得夸张些，把事情简化，让重点简洁明了。我有兴趣的是建造东西，关心的是将其付诸实现，建筑是艺术与社会的交汇点。作为建筑师必须强悍，得应付业主和建筑承包商，如果不能坚强面对，就会被他们击垮，自然也就没有了建筑。如果不是这样，那就是你入错了行。"

汤姆·梅恩，认为一方面建筑师必须致力实用领域，建筑如果不能掌握人们的需求和心智层面就会落入虚拟领域。另一方面建筑无法激发公民的创意、想象、乐观等与生俱来的权利，这一建筑一定是平庸的。建筑设计必须出自对多元社会的深层认知，对建筑具有社会功能的要求需要建筑师的独立深度思考。建筑是一门广大的学问，其实无法掌握自如，但是，正因为建筑无法操控，所以永无止境，他说："刚出道的时候，我在政治方面非常天真，完全凭兴趣做事，而我的兴趣又和现实世界脱节，一直到 30 多岁，我还是注重绘图与小型方案设计。然而建筑开始从较为地方性，由区域文化主导变得全球化时，我开始对柯辛斯基的《无为而治》很有兴趣，这是谈论存在的短篇小说，我明白，身为建筑师，我们并不存在于所谓的真实世界，我们也发现自己活在这种条件中。直到年近 40 岁，我才借由中型委托项目接触到所谓的真实世界。过去有点像是童年的延伸，活在自己的世界，相当自在。今天的年轻人正好相反，他们求学期间就很清楚现实政治，似乎很早就想着要功成名就。问题是，成功是由外界定义的，也就是以资本主义的方式界定，我回顾过往，发现我们不知怎的竟能逃过这种情形。我们受到了两方面的保护，其一是时代，当时是美国历史上奇特的年代，左派的声音非常强大；其二是以同样方式工作的建筑师人数够多，我们可说是一群体制内的放逐者，这也是我们的渴望。我并未尝试与众不同，绝对没兴趣这么做，要做一个真实的人，真正的人，并或多或少能融入大家的世界，这也是为人最难做到的一部分。"

梅恩理解建筑行业的特色就是矛盾、冲突、变动与机动性。因此，梅恩有兴趣做的作品是要能够促成对话，并为现代生活乐章增添新的旋律。他说："虽然某些人感觉这新的旋律像刺耳杂音，但在我们的耳朵里，它是现实之音。我认为我的建筑，有点类似小说家卡内提笔下如犬一般的作家，执迷于将湿漉漉的鼻子凑向一切，不厌其烦翻遍泥土，最后回来再挖一遍。对于业主来说我是个解决问题的人，我必须提出一种观点，而不是当个应声虫就好，我绝对坚持固执，否则没办法完成工作。"例如什么是建筑，建筑起点与终点的意义如何，梅恩会在此过程反复思考推敲，他觉得这么做可以让一个建筑师维持年轻。他说："建筑本身也是人们值得学习和研究的主题，我觉得建筑可以透过营造激发自由思想，尽管我身边尽是25到35岁的人，也会让我一直有二十八九岁的心态。建筑可以激发创意与好奇心，如果以此方式融入深度教育，来启发研究问题的能力，是我们教育培养年轻人的责任心的良方，而在刺激大家提问，引发好奇心方面，建筑具有独特的潜能。"梅恩也并不在乎某一件作品看起来如何，他认为对建筑师来说，作品完成就已经独立存在了，建筑就是它自己。从某种角度看，当一件作品完成之后，建筑师也是一个观看者，和别人一样在观看这件作品。建筑师工作的吸引力在于做实在东西，做一件能引起更多人关注的事情，并且可以发现新世界，获得一些成就感。梅恩说："身为建筑师，无论我们如何努力制造差异，但总有重复轨迹。因此我关注的是试图借助每个特殊项目独特之处挑战这些相似性，并予以拓展、演变。我们通常不够重视连续性、随机性，其实每种研究都会产生一系列的个别张力与思考。或许我们作品中唯一的常数，就是持续改变。"梅恩不断地在试着多承担问题的研究，以便去重新解决看似早已解决过的问题。他在不断重复的过程中反复追溯质疑大家最初的假设和回应。他重新解决了无论就建筑形式或功能，大家都依然在中间地带调整的部分，他给自己设定的任务是探索能够容纳混杂和矛盾现实的建筑，而这矛盾的现实正是建筑作品的基础。

梅恩的建筑关注解决似是而非的问题，并以此提出对社会的质疑。他把建筑的焦点放在了建筑不可或缺性，通过在不断重复的追溯过程中，用质疑来寻找建筑本质，把矛盾的现实作为建筑作品的意识基础，把焦点锁定在地点、历史、特色等既定组成元素当中，把看似矛盾的事物重组与并置。通过探索"能够容纳混杂和矛盾现实的建筑"，让看似无法呈现的东西可以体现出来，让建筑脱离"中间地带"的平庸，他的目标是："促成对话，并为现代生活乐章增添新的旋律。"

参考文献：

1. Thom Mayne. Pritzker Prize Acceptance Speech, 2005.

2. Thom Mayne Interview by Jeffrey Inaba. Volume No.13, 2007.

3. Thom Mayne Interview by Ted Smalley Bowen. Architectural Record, November 2007.

4 Thom Mayne Interview by Yoshio Futagawa. GA Interview, April 2005.

图片来源：

1. Thom Mayne Interview by Ted Smalley Bowen. Architectura Record, November 2007:26/27/29/31.

2. Thom Mayne Interview by Yoshio Futagawa. GA Interview, April 2005.

保罗·门德斯·达·罗查 Paulo Mendes da Rocha：庇护人类尊严的营造家

保罗·门德斯·达·罗查

保罗·门德斯·达·罗查人物介绍

保罗·门德斯·达·罗查，1928 出生于巴西圣灵州维多利亚，1954年于巴西圣保罗麦肯齐大学建筑系毕业。代表建筑作品有：圣保罗州立体育场（巴西圣保罗，1958 年）；大阪世博会巴西馆（日本大阪，1970 年）；圣保罗家具展示中心（巴西圣保罗，1987 年）；巴西雕塑美术馆（巴西圣保罗，1988 年）；圣保罗州立博物馆（巴西圣保罗，1993 年）等。2006 年获得普利兹克建筑奖。

达·罗查出生和成长在一个贫困的难民家庭，他的成长过程正值 1929年的经济危机和巴西经济大萧条，还经历了 1932 年圣保罗的革命战争时代及政变。他成长经历了 20 世纪巴西众多大事件的影响。

达·罗查的建筑是一个寻求借助感觉元素，再用理性摆脱感觉的平衡过程。他创造了一系列明确能够帮助人类生活，庇护人的尊严的建筑营造，这些建筑营造通过对记忆描述，事物创新来丰富城市历史意义，建立有延续性的场所。他把建筑比作海边停泊的船，其功能和自然、潮汐、气候密切关联。他的建筑集结了哲学、科技的丰富整体知识系统，创造了不断变化求新的建筑营造范例，以便在更广义脉络下满足和庇护人类使用需求。他认为建筑是持续寻求问题并平衡解决的过程，而庇护人的尊严才是问题的根本。所以建筑必须对人类未来有所关注，建筑师不可以为自己设计，因为建筑不是依照设计者自己的需求。建筑设计要运用感觉，但又不任凭感觉摆布，随时机而变化，使设计成为有效的工具。

保罗·门德斯·达·罗查作品分析

圣保罗州立体育场（巴西圣保罗，1958年）

巴西圣保罗州立体育场是达·罗查年轻时期的代表作之一，他在设计圣保罗州立体育场时才30岁。圣保罗州立体育场采用钢筋混凝土的结构，建筑结构特色明晰，金属屋顶用钢索拉起，建筑的整体形式轻盈而透彻，很好地彰显了技术与艺术的巧妙结合。运动场位于中央，周围是休息场所，可以容纳周边民众休闲活动。运动场周边设计了花园空间，方便举行其他活动，空间具有很强的公众性。

大阪世博会巴西馆（日本大阪，1970年）

达·罗查在大阪世博会巴西馆的设计由混凝土与玻璃平台构成建筑主体，支撑结构借助基地的地形条件，采用三个支点，使得建构体量在轻轻接触地面过程中立在地上，结构方式打破一般传统，建筑支撑结构给人以只是两个面之间的一个点的感觉。结构模式看起来简洁明了，实际上却非常复杂，因为建筑必须适应日本地震频发的自然条件，建筑在垂直荷载和水平荷载方面都非常出色。而建筑中出现相交的两座拱，成为展览馆中唯一的垂直元素，表达了建筑的乡村都市化的特色，形成具有公众吸引力的场所空间。大阪世博会的巴西馆可以说是自然条件制约下建造模式研究探索的典范。

圣保罗州立体育场　　　　　大阪世博会巴西馆　　　　　圣保罗家具展示中心

圣保罗家具展示中心（巴西圣保罗，1987年）

圣保罗家具展示中心建筑基地面向车流量很高的道路，因此达·罗查在圣保罗家具展示中心设计中充分思考了建筑对于展示和商业的应变策略，建筑广告意义成为建筑的特色。圣保罗家具展示中心建筑如同带状广告牌一样，使产品展示达到最大可见度。在通往中心的入口处，设有可伸缩的楼梯，把中心内部的干扰降到最低。建筑像是一座明亮安静的博物馆，它的材料结构朴实宁静、清楚简洁，但达·罗查的设计理念与思想却是前卫激进的，两座相对的混凝土扶壁有如城堡一般，保护必要设备并支持内部商业功能，建筑中部运用金属梁支撑门市最大的展示间，并且运用挑空结构释出了900平方米的停车场。

巴西雕塑美术馆（巴西圣保罗，1988年）

巴西雕塑美术馆

巴西雕塑美术馆坐落在圣保罗市中心的欧洲大道与皮涅罗斯河边，因皮涅罗斯河形成的圣保罗河谷地形影响着美术馆建造形式，建筑形式借助了河谷斜坡地势，因此美术馆看起来巧妙地坐落在四公尺的斜坡上，周边生态良好，植物丰富，与圣保罗市中心花园区联排别墅建筑相邻，形成相得益彰的空间格局。

达·罗查把巴西雕塑美术馆的设计目标定位在建造一个空间生态与雕塑高度融合的美术馆空间，并形成与邻近的其他博物馆交流对话的空间，设计需要特别强化雕塑美术馆的文化活动性质。美术馆建筑从欧洲大道看过来像是花园，而从另外街区看过来，则建筑感很强。美术馆像个封闭的盒子从基地上显现，下沉空间部分被混凝土结构遮盖，形成水平的下沉式广场，中部横轴空间与欧洲大道垂直部分形成通往展区的阶梯。展出活动还可以在建筑遮阴空间下进行，自由流畅的天际线有效地提升了美术馆建筑的造型艺术性，连续流动的空间舒适自然。

达·罗查的设计坚持新博物馆必须展现景观特色魅力，景观建筑师罗伯托·伯尔·马克斯运用水景，大型树林，凤梨科植物与原生花卉的巧妙组合，有效打造出了一个富有巴西特色，别具一格的花园，花园还规划出能容纳大型文化活动的，修复与重新安置雕塑作品，与美术馆形成复合展览的空间。

达·罗查首先将雕塑美术馆看成是一座花园，里面设有大型的遮阴区，及下凹式的露天剧院，主建筑从外面看过去是隐藏起来的，必须先穿过入口才能看到。入口是花园的过渡空间，一组序列的阶梯提供了访客逐步接近雕塑的过程，基地周围的高度落差，使美术馆形成面向内部下沉的变化。达·罗查说："一座专门展示雕塑品的美术馆是充满象征主义的，而为了保存记忆，我认为这座美术馆最好令人想起洞穴之类的东西，但并未特别参照什么或提出某种理论。建筑没有直接建在地上并不是因为风格问题，只是土地对我们而言有其特别的意义。我设计的每座博物馆都各有特色，因为每个馆都来自相当不同的情况。想到巴西雕塑美术馆，会让我想起由周围墙体包围的内部小世界，还有大型水池与多个楼层，由大型的钢筋混凝土悬臂覆盖。这个结构兴建好之后，就变成大型的混凝土雕塑，美术馆的概念也延伸得更广，超越空间的实体界限。依我之见，城市本身就是博物馆，因为城市有各种矛盾，但也有时间形成的层次。"

圣保罗州立博物馆（巴西圣保罗，1993 年）

圣保罗州立博物馆的设计是翻新 19 世纪风格的建筑，博物馆具有可调节气候的环境、收藏馆藏的特区、修复展间等。博物馆符合了对待文物修复的正确做法是不要改变它的历史学观点，因此博物馆设有纯功能的净空间，博物馆与藏品相得益彰，散发各自的光彩。在改造过程中将设备与技术装置都挪至新的附属建筑，最后的规划正是一个增建概念，在这个项目中，为了让一楼更理想，达·罗查把博物馆中庭历年来凑合着用的设施全部拆除，让参观者想象在这座宫殿中央，展现出漂亮的塔楼，一座让游客感觉永远无法确知地点的塔楼，其形式变换多样。他的设计借鉴了阿道·罗西的世界剧场，在罗西的例子中，剧场就像圣马可大教堂的尖塔在运河之间漫步，而在达·罗查的设计中，博物馆四周由许多高塔包围。因此在此出现垂直的钢结构盒子，让博物馆空间形成复合空间，达·罗查对其方案可行性非常肯定，他说："它最好是平凡不抢眼的塔楼，没有建筑结构特色，只有塔楼纪念性的外观。当然不免要装设机械式电梯，以便协助布展，并连接展场与馆藏收藏室。"

圣保罗州立博物馆

保罗·门德斯·达·罗查的理念、言论及成就

达·罗查提出如何思考人类住所、建筑与城市是很值得深思的问题，这不仅仅对西方如此，除西方基督教文化国家，对美洲大陆与亚非国家也一样重要。在我们身处的年代，提出这个问题显然具有政治与社会问题色彩。达·罗查的出身和经历，形成他的坚决反对殖民主义的信念，他说："这是可怕、暴力的世纪，但仍是苏维埃革命的世纪，也是彻底说明劳力转变的世纪。我们现在依然经历着这一切，今天巴西或圣保罗所面临的难题和马德里、巴黎、伦敦、里斯本的问题一样，黑人、印度人、阿尔及利亚人、摩洛哥人、苏门答腊人、婆罗洲人都共同生活，今天若要为自己建立新愿景，就要修正殖民的过去，修正殖民的帝国主义。许多人或许认为，这些议题超出建筑范围之外。但绝非如此，这些议题比建筑还早，也成为建筑的基础，任何你见到的建筑，或多或少能打动你

的建筑，都以某种形式包含上述议题，但未必彰显于外，而是让人们可以具体辨认。"

达·罗查认为建筑的过程会想象人们可能想要什么，大胆想象各种可能性，但建筑师不可以为自己设计，因为建筑不是依照设计者自己的需求，虽然大家面临相同的问题，但答案必须随时间而变化。建筑师会担心会被感觉牵着走，然而这就像刀口下的挣扎，因为压抑情感可能是蠢行，设计应该借助感觉，使之成为有效的工具。设计如果没有了感觉会行不通，但设计又不能任凭感觉摆布，否则会被枝节问题分心。对于建筑师来说建筑更是持续寻求平衡的过程，建筑师必须对于未来保持希望，来不断建构出人类人性一面的建造，庇护人的需求是问题的基础，建筑师必须参与关注人类的未来。

建筑师尝试从事批判性思考，不仅非常有趣，也极为迫切。比如让土地维持自然生态，在今天意义重大，光是海岸边的动植物，就已丰富得难以想象，然而人们却拿声名狼藉的防波堤与垃圾掩埋场去破坏。建筑不能说永远会采取某种解决方案，因此，建筑永远不会有一成不变的范例，因为建筑之美在于能集结建筑的整体知识，无论知识是来自哲学观点，或技术与科技，只要是好的就要做。达·罗查说："建筑是建构出来的，像是把柱桩送到一个地点，在海边排出直线，让船只可以系住停泊，风、水、潮汐、物理、数学、科学都有关联，建筑包含比建筑本身还大的东西，建筑概念应当在更广的脉络下实现。建筑和营造以及建造基础有密切关联，其关键是可以进一步发展人类使用的状态。建筑的重要问题是，一个项目必须先从整体出发再往多元发展，之后建筑师才可能运用技术，将固态、液态与气态的每个元素建构出来。"

建筑师需要把眼光放在自然基础上来建立城市的概念，对水、平原与山脉提出新的思考，构想大的空间性质，再为营造形式的兴建提出巧妙构思，进而开创新的境界。依照达·罗查的观点，建筑保有延续性很重要，建筑行为是不会完结的，建筑需要透过事物的记忆来创造新的东西，再给未来带来惊喜，这其中有很重要的相互关系。建筑还必须以绝对明确的方式，回应迫切的议题，这些议题皆与维持人类生活的基本情境相关。建筑师的理想，是精准建造出可以支持人类去面对生命的无常的营造过程，建筑的目标在于维持人的尊严，为众人延续和提升生存质量，同时建筑也是维持生命的工具，因为人类的住所是基本需求，因此建筑迫切需要新的有价值的意识。

参考文献:

1. Annette Spiro. Paulo Mendes da Rocha Works and Projects. Sulgen. Switzerland Niggli, 2002:35.

2. William J. R. Curtis. Paulo Mendes da Rocha Interview by Design Boom, 2-July-2007.

3. Bonnie Churchill. Arthritis Paulo Mendes da Rocha. Christian Science Monitor, 13-April-2006.

图片来源:

1. William J. R. Curtis. Paulo Mendes da Rocha Interview by Design Boom, 2-Joly-2007:26.

2. Bonnie Churchill. Arthritis Paulo Mendes da Rocha. Christian Science Monitor, 13-April-2006.

3. Annette Spiro. Paulo Mendes da Rocha Works and Projects. Sulgen. Switzerland Niggli, 2002:35.

约翰·伍重 John Utzon：揭晓融入自然集体意识的建造大师

约翰·伍重

约翰·伍重人物介绍

约翰·伍重，1918 年出生于丹麦哥本哈根，1942 年丹麦哥本哈根皇家美术学院建筑系毕业，2008 年逝世。代表建筑作品有：悉尼歌剧院（澳大利亚悉尼，1973 年）；科威特国会大厦（科威特，1982 年）；斐利兹小屋（西班牙马约卡，1994 年）等。2003 年获得普利兹克建筑大奖。

伍重的学生时代，工匠技术学习是很强的社会风尚，通常孩子们在学校第一年得先做四个月的工匠，那时要当建筑师，得先成为工匠。后来伍重进入丹麦皇家美术学院，先学习了基础的施工图与素描，之后又开始做一段时间的木匠、砌砖工人等工匠工作。在丹麦皇家美术学院期间，还经历了把他们的建筑设计绘图，由砌砖技术工人指导进行建筑施工的实践，伍重回忆道："我一开始曾在艾辛诺尔当了四个月的木匠，但我厌倦天天早起的生活，我祖母在海边有一块地，同意让我在那里盖房子，于是我问木匠师傅如果我在这里自己盖一栋木屋，能不能请你签个名，证明我已在此工作四个月，师傅答应可以，所以我自己盖出第一栋房子，现在想起来，这的确是个很好的点子。"

伍重的建筑道路跟随了阿尔瓦·阿尔托及其他前辈建筑家的足迹，1949 年伍重也曾来到西塔利森跟随赖特学习建筑，在那里度过一段为期不长的时光。他向赖特学习在建筑中排除自我意识与自然融合的精神，理解了赖特建造结构与环境的有机秩序重归于好的建筑道路。

对伍重产生重要影响的还有造船业，他曾居住在造船厂附近，经常去观看造船的过程，造船给了他启发："我曾居住在造船厂边上，在造船厂观看大船建造过程非常美好，小小的人们每六个月就会造出一艘大大的蒸气轮船，整个过程你都看得见，一群人站在桁架上协同铆接船体，铆钉工人站在下水滑道旁，把几厘米厚的铆钉烧得烫红，用钳子夹住它们交给装配工，之后装配工人在半空接住，把它们铆进船身的孔洞，船里头还有人用锤子把铆钉和船体敲在一起。如果你亲眼看过这幅情景，绝对会被工匠技艺深深吸引。"

　　摩洛哥乡村和沙漠居民也对伍重的建筑产生过影响，早年伍重在摩洛哥徒步旅行，游历于亚特拉斯山脉南边附近乡村和沙漠城市之间，他观摩了当地居民盖房子的情形，当地居民边唱歌边建造，以黏土草料为材料建造出多层泥屋，他也从摩洛哥的沙漠城市建筑群中得到启发，他体会出摩洛哥的沙漠建筑注重与地域环境、日照的关系，这些建筑具有古老城市特色，犹如希腊神殿般神圣和具有神秘感，伍重由此体会到了建筑地域性及地域材料技术传统的社会和文化意义。

约翰·伍重作品分析

悉尼歌剧院（澳大利亚悉尼，1973 年）

　　伍重的悉尼歌剧院建筑方案在 1957 年的国际竞赛中获胜，悉尼歌剧院基地环境优越，对建筑师而言，这是具有实现建筑师理想机会的项目，可谓是众所渴望。悉尼歌剧院成为伍重建筑代表作品，其建造方法清晰地表达了伍重的建造思想。

悉尼歌剧院

由于建筑的基地在悉尼港港湾口，为过往悉尼航行必经之地，因此伍重觉得建筑必须具有公共雕塑的意义。于是，他没有把剧院造型做成一个盒子型，而是分成两个体块的组合，建筑的体量在下方设置大型平台，与港湾搭配起来，形成悉尼港湾头部形态建筑景观效果。悉尼歌剧院的设计采用了壳形屋顶与基座结合的形式，形成悉尼城市鲜明象征性的公共元素，建筑与周边既联系又具有显著的区别。伍重把悉尼歌剧院底部设计成百米宽的大阶梯，这一灵感来自墨西哥古建筑的大阶梯构造，墨西哥古建筑的大阶梯构造曾给他带来仿佛身处另一个世界的感觉，叫他难以忘怀。另外，伍重还确信在人们内心有看见前面山坡就会想爬上去的心理特质，于是在建筑前面设置了宽敞的山坡式阶梯，对准备进入大厅的人群起到引领作用。阶梯上面的平台可作为城市露天广场，让游客穿过阶梯和上面的平台，坐在剧场大厅里时，会有从日常生活中解脱出来的感觉。

悉尼歌剧院在伍重的建筑方案赢得国际竞赛之后的 16 年（1973 年）建成，落成后的悉尼歌剧院建筑形式完全尊重了竞赛设计方案的要求。施工过程中，壳形屋顶结构曾在建筑学概念和结构力学计算方面出现了一系列棘手的问题，加大了建造技术难度。对于伍重来说，在最初的设计方案中，壳体屋顶是一个理想形式，而非对于建造工程的深思熟虑，因此之后的时间里，伍重一直在寻找解决壳体屋顶几何结构的最有效建造方法，一个偶然的机会，他发现了用预制混凝土模块来制造曲率不同的拱肋片段，然后组合拼接，这一方法解决了悉尼歌剧院的钢筋混凝土壳形屋面施工问题，屋顶几何结构的最终解决办法是从球体表面切割出三边形拼接而实现的，伍重说从悉尼歌剧院的概念与建造结构的过程中可以体会到："在结构手段与建筑结果之间，永远不可避免地存在着差异。"

伍重在做悉尼歌剧院设计之前，并未到过悉尼港，普遍认为他的悉尼歌剧院设计灵感是来自于港口航行的游艇或贝壳，他只是通过照片与航海图熟悉了悉尼港。伍重本人的说法是：他的建筑形象灵感来自一颗柳橙，建筑的造型源于剥开的柳橙，切成一片片，最初模型就是如此形成的。他也并未把歌剧院想象成港口边的帆船，只不过建筑恰巧和白色船帆类似。若说船帆对伍重有什么影响，倒是他父亲是个造船工程师，因此对大型船舶构造很熟悉。他说："很幸运有机会与许多人合作，专注于悉尼歌剧院这样一件了不起的项目设计，身为建筑师，我的职责是协助歌剧院的演员，以更好的方式呈现歌剧。"伍重坦言接手悉尼歌剧院设计项目并不是为了获得利润，而是觉得歌剧院项目能激励他的事业精神，所以在设计项目过程中他非常认真地履行职责，他为能给歌剧观众带来鼓舞而高兴，他说：

悉尼歌剧院　　　　　　　　　　　　　　　悉尼歌剧院夜景

"如果能用建筑把人们带离日常的烦琐沉闷，那么建筑就有了独立的生命。"设计过程中，伍重连最小的细节也不放过，他以突破传统的设计方式，大量应用模型，确保一切都经过详细研究，他确信为每个问题提出了正确的解决方案。他说："完成这栋建筑，我想营造出整体的流动感，处理方式是把空间视为音乐，这一点在当时的建筑业界还是全新创举。"

在悉尼歌剧院音乐厅部分，空间宛如一架小提琴，这是经过漫长地推敲演变，在设计过程中渐趋完美，才得出这种空间造型。伍重的考虑是要改变音响效果，与其吸收某些不理想的声音或频率，不如调整音乐厅的实体造型，以确保获得完美的音质。

1966年悉尼歌剧院接近完成的时候，伍重被新南威尔士公共工程部长选出的建筑委员会取而代之，新南威尔士政府建筑师泰德·法莫完成了玻璃帷幕与室内设计。1969年，伍重重新接受悉尼歌剧院委托，负责研究未来改建或增建工程施工方案，以保证体现他最初的设计理念，使建筑未来的所有变动皆能按照原设计意图。

《建构文化研究》一书中提道："伍重不仅将一个特殊场地的潜力发挥得淋漓尽致，而且为一个国家创造了一个独一无二的形象。正如埃菲尔铁塔成为法兰西的象征一样，悉尼歌剧院已经成为整个澳洲大陆的标志。导致这一结果的原因很多，其中我们必须强调的仍然是建筑。换言之，悉尼歌剧院是一颗镶嵌在繁忙喧闹的海港岛屿上的明珠，其形象的感染力源自它与周围景色之间不断变幻和充满活力的互动关系。就此而言，它完全可以与赫尔辛基的科隆博格城堡，或者更恰当地说，与威尼斯的安康圣母教堂相媲美。悉尼歌剧院的壳拱屋面坚固地扎植在建筑的基座之中，其双重寓意不言而喻：一方面，它像一组引吭高歌的风帆；另一方面，它又是一座屹立在流光溢彩的悉尼海港中璀璨夺目的城市之冠，一个由场地的历史沉积、岛屿、灯塔、海港、悉尼大桥和来往船只共同组成的交响曲中优美动人的乐章。"[①]

科威特国会大厦（科威特，1982 年）

科威特国会设计完成于 1982 年，坐落在科威特市，建筑空间吸收了伊斯兰集市传统建筑元素。国会部门如办公室、会议室、接待室、图书馆、议会厅等，皆沿着中央大道排列，这些部门由各种大小的单元模块构成，四周各自围绕着小型的天井或庭院，并借助小型通道连接中央动线。这些空间模式很好地体现了伊斯兰的建筑传统。

科威特国会大厦

建筑中每个部门可随时通过增加模块来扩大和缩小，因此建筑内部可从向与中央空间相反的方向延伸，外部边界也会形成有趣的空间变化和具有自由和弹性的边界系统。模块元素赋予这栋建筑强烈的节奏感，使办公区形成一座座庭院围合空间，主次建筑空间形成鱼骨构造，中央的主线和附属建筑之间形成延伸与聚合的关系。

当时伍重坚持设计了领导人可以与公民会面的空间，通过在正面放上大型遮阳屋顶增加一个开放式前厅，但当时的科威特是一个非常注重领导人父权形象的社会，集权意识很强，排斥民主，尽管遮阳和开放式前厅是很重要的元素，而且在科威特光线非常强烈，没有遮阴几乎无法生活，但业主还是取消了这一建筑结构的重要部分。

伍重曾描述他说服业主的过程："我经过艰苦努力寻找机会见到业主负责人，向他解释在民主社会中，大家可以与所钦佩的人在开放式前厅中直接接触，他什么都没说，我抓起他的手和他握手说：'你不该这么做，绝对不行……'而他的手仿佛毫无生气，我一放开，他的手臂就直挺挺垂到身侧。两周后，我们得知屋顶还是将不会兴建……"

斐利兹小屋（西班牙马约卡，1994 年）

斐利兹小屋是伍重为自己设计的住宅，坐落于马约卡岛，伍重倾注大量精力于斐利兹小屋，他把这作为"真正想追求的事"。经过对斐利兹小屋的基地反复推敲后他说："我对空间有一种奇特、先天的感知，我梦想一座房子，之后就会记在心里。其实要把这栋房子安置在这块基地很不容易，毕竟不是把建筑放在美丽地点的最显眼之处。我常常在想，到底该怎么在此盖房子，如果把房子盖在基地最高处，会显得过于粗鲁，但是盖在路旁又不正确，我一再在山中的不同地点坐下，有一天总算找到了正确的点，从这个地方看到的景观似乎最有力量，妙的是，把房子盖在这里，也是最美丽和谐的办法，能让住宅与山边融合，然后，我开始想这就像小溪如何缓缓流过地景，就像诗一样，现在，我不是诗人，如果你问我为何在这个年龄要盖这栋住宅，我会回答：我非这么做不可。"

斐利兹小屋

这栋住宅清楚展现了伍重对于建筑与自然关系的看法，斐利兹小屋首先体现了伍重对平台的热爱，这栋房子的一连串亭阁是用墙联系起来的，由于建筑以当地的石灰岩为主要建材，因此建筑立面看起来犹如小型雅典卫城，单纯壮丽。在斐利兹小屋可以观赏大自然山体，可以远眺大海，还可以观赏后山摩尔人城堡的人文景观，伍重喜欢纯粹的自然，而不是刻意打造的景观，他寻求的是壮丽的单纯、自然空旷和庙宇一样的环境。

伍重也曾谈到，由于当地的工匠对自己的想法理解有限，所以有些设计在建造过程中没能得以完全体现。

约翰·伍重的理念、言论及成就

伍重早年在摩洛哥的旅行中，认识到了一种类似分子结构生成的"单元复加建筑"模式，这一模式的方法是通过在设计中贯彻系统生成规则实现建筑的单元复加空间形式，伍重许多建筑是运用这种形式尝试在满足重复生产的标准化要求的同时，又不牺牲对于解决建筑功能的不确定性的追求，对这一领域的深入研究使他解决了建筑中至关重要的灵活性问题。

他认为作为建筑师能自己动手建造十分重要，现在只会用计算机画图的建筑师太可惜了，工匠精神的价值在于它是建筑与人性元素密切相关的连接点，而今天的许多建筑师却放弃了。他说："别人说我不会画图，或许这是因为我经常使用模型，模型是最美丽的设计工具，但我能画出你想象得到的最美的图，我也为斐利兹小屋画了许多图，以求达到一种轻盈感。今天在使用计算机时，你可能就把自己限制在直接转换为数字的过程里，我有时觉得这很令人担忧，我一向知道并表示空间是要靠建造来实现的，而不是光画图就好，同样的，能看着当初画的图完整盖出来，也是最美好的经验，但我还是靠把整栋建筑记在脑袋里，一间接着一间房间记着，这是很辛苦的过程，尤其房子没盖起来的时候，要盖房子的一砖一瓦，全都取自我的脑海。"

在伍重的设计过程里，他会把基地视为伙伴；他举例，如果在海上，人得掌握和一个伙伴的关系，就是大海本身，在海上大大小小的船只都必须创造出最好的条件，必须讲究纯粹的功能主义，尽快驱动船体抵抗存在的阻力。因此，最广义的伙伴也就是地点，而在陆地上是基地与周边环境，可能是森林或平原，还有风的条件，以及那个地方的日照、光线等，建筑必须建立与基地合作的关系，因此建筑师必须先学会迷恋和尊重自然和环境。因此，他认为建筑场所和现场工地才是对建筑师非常有启发的地方。他上年纪后，劝说正在学习建筑学的两个儿子扬恩和基姆去斯通斯塔小岛，他的基地那里，找些木材，自己动手建造房子。他说："我宁可到罗马圣彼得大教堂的建筑基地待上一小时，也不愿意只阅读关于那座教堂的书籍，建筑是活的实体，建筑永远不会完成，当你看到天空下的建筑，会看到它与太阳、光线、云朵的交互作用是多么重要，真正的建筑应该是活的东西。"

伍重所关注的是建筑已经建好的部分以及它与房屋使用者之间的关系，建筑设计的根本是为人类带来幸福和福祉，这才是建筑师一辈子研究的事，建筑师的赚钱之道是让日后使用者获得益处。身为工程师、技术人员或工匠，相关的养成教育并不足以涵盖作为建筑师的要求，因此在施工过程中建筑师需要了解如何将建筑中人的需求因素集结起来，让建造与景观保持和谐，创造出最好的居住环境，除此之外还要讲究光线与声音，还有楼梯、室内外的墙体，注重每一个小部分，以及如何把这些部分容纳在一起。

伍重对单元复加建筑的方法情有独钟，除了著名的悉尼歌剧院建筑，他在丹麦法鲁姆市政中心设计中也采用了混凝土模数的系列预制构件组合，这种单元复加空间造就了伍重建筑独特的结构样式。他用单元复加空间有机结合的建筑模式，造就了建筑影响下的街市独有特质，形成了他的建筑语言体系。伍重的建筑在飞舞翱翔的屋顶与紧紧拥抱大地的基座之间形成一种张力，他的建筑基座边缘和屋顶底部标志着建筑向景观过渡的手法，都来自他与自然景观的和睦相处，和集体意识的无名氏表达的艺术思想。在伍重的建筑概念中，垂直结构似乎被省略了，它唤起的是一种超凡的升华感和宇宙意识。用建筑实现与社会、人、环境的和谐关系是伍重一贯的思想，也是他进行建筑创作一再使用的方法，他坚信建筑师的工作不是去改变环境，而是与自然环境保持和谐。"约翰·伍重的建筑是一面旗帜，它标志着第三代现代主义建筑师用有机环境秩序取代第一代现代主义建筑师自命不凡的理性主义的一种转向。对于环境的创造，第一代现代主义建筑师日趋僵化的理性主义和不切实际的外在教条迫使伍重这一代建筑师改弦更张，另辟蹊径，探索更为自由和内在的秩序体系。毫无疑问，对于建构文化的发展而言，约翰·伍重最为杰出的贡献在于他对结构和建造表现性的不懈追求。"②

伍重的建筑开创性地采用了类似分子结构的"单元复加建筑"模式，它满足标准化重复生产还可以实现弹性建筑功能的需求，这种模式发展为现代主义技术方法体系作出了突出贡献。伍重建筑的另一个贡献是抛弃个人随意表现的建筑道路，寻找与自然景观的和睦相处和集体意识的无名氏表达的艺术境界。

大家会把伍重看作第三代现代主义建筑师，他们的共同特征是寻求遵循地缘及人文社会环境的有机形式，反对将建筑师个人意愿强加给建筑基地的环境。从这一点看伍重与赖特的建筑一样，即以有机思想为核心与地缘及人文社会环境高度融合。

注释: ①、② （英）弗兰姆普敦.建构文化研究：论 19 世纪和 20 世纪建筑中的建造诗学 [M]. 王骏阳译.北京：中国建筑工业出版社，2007.

参考文献:

1. John Utzon. Architect of the Sydney Opera House.Milan:Electa, 2000.

2. John Utzon.Descriptive Narrative Sydney Opera House, January 1965.

3. John Utzon, Richard Johnson. Private Records of Discussion, 1999.

4. Michael Juul Holmed. John Utzon: The Architect's Universe. Louisiana Museum of Modern Art, 2004.

5. Send Rodman. John Utzon and Henrick Sten. Living Architecture, 1995, 14.

图片来源:

1. Send Rodman. John Utzon and Henrick Sten. Living Architecture, 1995, 14:37-40.

2. Michael Juul Holmed. John Utzon: The Architect's Universe. Louisiana Museum of Modern Art, 2004: 35.

让·努韦尔 Jean Nouvel: 用光与几何的力量向世界致敬的人

让·努韦尔

让·努韦尔人物介绍

让·努韦尔，1945 年出生于法国西南部，1972 年毕业于巴黎国立高等美术学院，获得法国国家建筑师文凭。他的代表建筑作品有：阿拉伯世界研究中心（法国巴黎，1987 年）；卡地亚基金会（法国巴黎，1994 年）；阿格巴大楼（西班牙巴塞罗那，2005 年）；布朗利堤岸博物馆（法国巴黎，2006 年）；格斯里剧院（美国明尼苏达州明尼亚波利市，2006 年）等。2008 年获得普利兹克建筑大奖。

让·努韦尔格言是："以特殊的建筑，来反抗一致性的设计，这将是我留下的资产。"他的建筑方法是依据情境求得结果的合理，建筑要妥善整合个体需求，又不因排除文化共识而落入黯淡平凡的风格先行的俗套境地。让·努韦尔反对建筑为了建筑师而存在的概念先行的建筑逻辑，他的建筑成就体现在把光作为材料，建造了属于光的瞬间的建筑，让建筑在几何构筑的光瞬间变幻中向世界致敬。

让·努韦尔作品分析

阿拉伯世界研究中心（法国巴黎，1987 年）

在阿拉伯世界研究中心设计过程中，让·努韦尔希望能够延续和发挥阿拉伯建筑传统，在研究阿拉伯建筑时，他发现阿拉伯建筑特点是凭借几何形式产生光的精华，形成光就是光，影就是影的特殊美学效果，然而在法国则不同，这里并非随时阳光普照，有时多云，有时下雨。后来他决定

阿拉伯世界研究中心内部　　　　　阿拉伯世界研究中心立面

也强调几何造型，而对于光的表达，他采取了在几何建筑上开洞的形式，再引入现代光控制技术，窗户类似相机快门。他说："之后我就有很漂亮的立面，就像是阿拉伯的雕花窗户，只不过是以铝打造的，这栋建筑宗旨在于传述阿拉伯文化，采用阿拉伯建筑的两大元素表达一种致敬，即几何与光。"

让·努韦尔把阿拉伯世界研究中心建筑光线主题作为中心切入点和突破点，把光的主题体现在建筑的南立面上，建筑立面就像是一整面的相机快门，为了调节进入建筑的光线，他借鉴自动镜头系统运作方式，运用电脑监测光线照度与温度的光感应自动控制系统，系统视需求自动控制窗子的开闭程度，这样在建筑内部空间光线能够带来轮廓、重叠、反射与影子等一系列神秘变化。

他还学习了阿拉伯建筑用木材或大理石制成的窗子，他的设计在设法营造与阿拉伯建筑相同的效果。阿拉伯世界研究中心体现了让·努韦尔对东西方乃一体两面的辩证看法，他认为建筑必须有文化立场，这表示得拒绝采用现有或容易的解决方案，建筑需要具备基地地方专属性，才能提出具有适应全球地域文化差异性的概念，在阿拉伯世界研究中心建筑上，他把南立面光感应窗子的光圈作为阿拉伯文化象征，担当东方文化现代表现方式，而在建筑北立面装上类似镜子的立面，把巴黎街景嵌入了外部玻璃，担当如实反映西方文化的媒介，使建筑宛如一片感光板，在不同立面条件下表达了东西方不同的文化含义，也呼应了当代东西方文化的矛盾性和统一性。

卡地亚基金会（法国巴黎，1994年）

卡地亚基金会建筑于1994年落成，这是一栋轻盈的建筑，以精密设计规划的玻璃与钢结构组合构成，建筑外立面以高耸的玻璃包覆结构取代

卡地亚基金会

了密闭式的墙体，从建筑外面向里望去，可以瞥见玻璃后方的树木轻触建筑表面。建筑因透明度产生的包容性，使建筑与公园融为一体。入口处移植了200年的古香柏木，来访客人从香柏下通过环绕展览厅空间。四周的树木景观被建筑玻璃幕墙包覆，形成建筑内部深处独特景观。夏季，大型拉门可往两旁推开，形成大厅和公园组合而成的延伸空间，建筑用纵向立面的延伸形成一条长路，恰当地消减了建筑区域环境空间的边界。远看建筑，在天空背景和玻璃幕墙的折射作用下，透明墙体和隐蔽在后面的植物、树木的影像叠印在建筑物上，使建筑看起来宛若一道光晕。显然建筑的独到之处，在其巧妙的透明概念形成消减建筑的实体边界作用，使建筑淡出了周边环境状态。建筑的外表材料在一天不同的时刻，会变换出不同色彩，使建筑充满诗意，也改变了建筑实际量体与景象的视觉与心理，给邻近街区带来时隐时现的美丽街景。

让·努韦尔把设计关键点瞄准了花园建筑的概念，方案中把邻近的树木与城市连成一片作为重点。建筑完成后，他曾在现场感受立面，他当时觉得让人一眼看尽并不是他的初衷，这座建筑等树木长大一些才能真正体现出他的最初构思。他的设计把立面当成一道滤镜，让建筑出现其后是他追求的，在室内要能透过窗户才能看到树木的倒影，他的理念是兼顾建造实体模糊与精确的统一。

卡地亚基金会建筑还在北边采用了大型彩绘玻璃，有点类似教堂的模式，让·努韦尔认为这样会增加建筑的神秘性，北面大型彩绘玻璃墙与南面的透明幕墙形成两种不同的立面，北面彩绘墙面与南面玻璃幕墙引进自然光正好构成对比的张力空间。基金会建筑外部空间体验也不同一般，游客在南面墙可凭借光的质感感受到天气，而透过北面墙可以感受到外面模糊的树木与巴黎市景混合而成的特殊景观效果，建筑空间运用两种不同的建筑语汇形成特殊的矛盾统一体。卡地亚基金会建筑弹性设计也是其一大亮点，建筑内部空间设计完全运用弹性概念，空间采用可以随时随意变换的组合构造，例如在某项展览采用帘幕结构，另一项则可完全开放，这里可以采用间隔形式，也可采用开敞模式。

阿格巴大楼（西班牙巴塞罗那，2005年）

阿格巴大楼位于巴塞罗那，加泰罗尼亚的浓郁风情包围了这座文化名城，巴塞罗那邻近的蒙特塞瑞山被加泰罗尼亚人视为民族象征。巴塞罗那有西班牙伟大建筑师安东尼·高迪的建筑，如圣家族大教堂建筑，具有强烈的加泰罗尼亚特色，让·努韦尔没有在巴塞罗那市区设计一栋

阿格巴大楼

现代国际样式的建筑，他希望能建造与这座城市特色有关系的建筑。他考虑回归到某些加泰罗尼亚的形式，让建筑与巴塞罗那气候相关，他设计了双层外墙，大楼的窗户可以打开，北面窗户比南面多，形成空气对流，让使用者觉得可以呼吸到外面的空气。他考虑了让每栋建筑都有机会创造出一片"遗失的拼图"的效果，寻求为巴塞罗那的城市空间创造出更多诗意，他说："我的思考是建筑师要研究什么才能唤起情感中最完美、最自然的东西。"

阿格巴大楼内部

也有人评论阿格巴大楼的外表给人以水的联想，建筑的造型像是流动的喷泉，光滑而延续，建筑巧妙地运用了光的不确定性，阿格巴大楼的塔式造型丰富了巴塞罗那的天际线，因此成为巴塞罗那城市的新标志。

格斯里剧院（美国明尼苏达州明尼亚波利市，2006 年）

格斯里剧院的设计着眼于借景密西西比河的圣安东尼瀑布，从大厅走到朝向圣安东尼瀑布敞开的露台设计成为格斯里剧院的一大亮点，它的贡献在于打造出一座舞台和公共生活的理想场所，让市民可以在其中自娱表演和休闲，穿行格斯里剧院建筑大厅到朝向圣安东尼瀑布敞开的露台散步的过程可谓美轮美奂。大厅抵达露台的地面沉降给穿行的人极富变换的体验。打开格斯里剧院的窗户，还可以观看密西西比河河滨区的悬臂桥，能听到远处瀑布的低吼，聆听到达柯塔印第安人称之为"会笑的水"，并可以观看与感受都市的历史。在格斯里剧院建筑的狭缝与开孔构造中可以让人窥视地理景观，当出现底层建筑被温暖的空气雾化时，远处景致变得模糊而柔美，像是海市蜃楼。建筑的蓝色玻璃窗也强化了风景的超现实感。

格斯里剧院

格斯里剧院内部

布朗利堤岸博物馆

布朗利堤岸博物馆（法国巴黎，2006年）

在布朗利堤岸博物馆的设计中，让·努韦尔特别强调为馆藏营造气氛，这座博物馆的特殊性在于设计博物馆的同时馆藏就在旁边，一般来说博物馆在设计时并不知道里头会展出什么，但布朗利堤岸博物馆的藏品和展品都很清楚，因此，能够建立建筑空间与馆内艺术品之间的具体联系，变成设计的首要因素。布朗利堤岸博物馆的意义在于建立了一个特殊的空间，让博物馆内部的艺术品与手工艺品形成明确关系。让·努韦尔认为，必须用一个受到保护的、有神秘感的特殊区域来迎接访客，这和当代美术馆的做法正好相反，因为当代的美术馆总是把展览品挂在白墙上，像邮票一样，今天的博物馆讲究灵活运用的弹性空间，他的做法是一切都经过预先思考，每一个空间单元都拥有很强的专属性。他说："我为了这里大约4000件艺术品提出概念，为不同部分的馆藏，设计出适合的系统，虽然空间分区的语汇不同，但都是思考东西该怎么挂、如何吊起，没有任何疏漏。比方说，我们仔细构思该如何展示面具，长方形的白墙似乎不适合，我想要打造出富于灵性的空间，因为这些物品，都能连接到我们不熟知的宗教、祖先的记忆以及其他人类，对我而言，维持神秘感很重要，因为我们对这些文明并非了解透彻，因此要创造对话，把所有的主题联系在一起。"

也许让·努韦尔不是在简单地打造建筑，而是组建一个由色彩与造型完成的神秘世界，能连接对非洲、大洋洲与美洲文化的诠释。依照让·努韦尔的思考，在这里把艺术品挂在白色墙面展示，并不是正确的态度，欧洲人并不习惯使用白墙并大量采用照明光线，但是这里的每件艺术品，都采用最适当的光线，而且必须透过这种光线来观看，这使布朗利堤岸博物馆的设计出乎常人所料。

让·努韦尔的理念、言论及成就

让·努韦尔的观点是建筑设计需要更广泛的体验，不能只是通过提出小小概念来解决问题，而是需要更宏大的公共参与，建筑的定义是在不断改变的。因此，根据既定情境而产生的合理结果才是建筑方法的关键。他解决问题的方式是采取合乎逻辑的做法，而不是优先考虑风格。建筑需要多方对话，需要纳入多维元素。对于建筑业主和使用者而言，无论基于政治或社会理由，都有权对建筑提出要求，建筑师需要尊重他们依据经验提供的资讯，因为就建筑用途来讲，必须妥善整合每一个个体要求，但这并不意味着建筑师去寻求不可能存在的文化共识，使建筑落入黯淡平凡的境地。他说:"时代最能证明一个人的态度,我和许多一贯运用相同类型、材料与技法的建筑师非常不一样,我的做法正好相反。当你在世界四处旅行,到处都看到复制品,所有建筑物都一样,都没有根,我以特殊的建筑,来反抗一致性的设计,这将是我留下的资产。"让·努韦尔对建筑这一行的兴趣在于营造过程,有实际贡献时,才会感到有趣,他的兴趣是看见自己设计的方案变成现实,如果做了一个项目,最后只剩一张美丽的效果图,那是不必去为之努力的。他说:"设计让建筑师永远不得平静,脑袋永远转不停,比如出门看见一座砖墙上有烟囱,于是你会说:'哎呀,这提醒了我什么事情,但我说不上来。'之后你又注意到小细节,例如两块墓石间的格子,你随时随地都在记录那些能化作真实情感的悸动,无论你在哪里,总是持续观看、倾听这个世界。"让·努韦尔很强调工作阶段性,他把设计工作划分为不同阶段,例如,概念灵感发现阶段、统计分析整理阶段、形式把握寻找阶段等。每个阶段解决不同的事情,设计经过不断整合,才能为进一步制作的东西提出前提,而一系列工作之后的关键在于知道如何掌握恰当的形式。他说:"我通常独自进行,在家里静静地做。试着避免因工作压力,得在一天之内同时监督五六个,甚至十个项目,每件案子花个半小时,我把这种情形称为猛力摇晃,这非常要命。通常在六月到九月,我会试着离开,到法国南部的普罗德旺斯,在这里,我们为每件案子抽出半天或一天的时间,我的助手会来找我,我则留在原地不能出差,我渐渐上了年纪,会尽量多采用这种工作方式,必须转换状态,改变自己想坚持的主题,没有比时间更重要的事情。"

让·努韦尔的建筑把光作为一种材料看待,他认为大多传统建筑以处理虚与实为基础,这种方式往往忽略了光的重要性,传统的手法忽略了光的潜力与变化问题,人们正是靠着光才能看见建筑的,他说:"对我来说光很重要,光就是一种材料,一种基本材料,一旦理解了光如何变化,如何改变我们的感知,你的建筑思考和语言便会拓展到传统建筑未涉及的领域,于是,建筑可以是瞬间的,这并不表示建筑只会短时间存在,而是指建筑不断被光改变、变幻与变化,不单随日光改变,也随着建筑室内照明变化而变化。"他的建筑以有效利用光作为出发点,他的设计从开始就考虑了多种的光作用条件,他对运用光线的建筑感受强烈,也是光的因素最先深深打动他,许多欧洲宗教建筑利用彩绘玻璃窗穿透进来的光诠释建筑神性的做法给了他重要启发。他说:"在我看来,沙尔特大教堂圣礼拜堂以及某些罗马式建筑都精彩至极,我也在日本看过同样的光线运用方式,例如在桂离宫的茶屋,在 19 世纪的建筑中也看得到,还有菲利普·约翰逊的玻璃之家也是如此，我还见过以全然抽象的方式来运用光，例如密斯·凡·德·罗和柯布西耶的一些建筑，他们对光的运用方式简直和雕塑一样精准。"让·努韦尔的每个设计总是从深入研究和建筑相关的因素开始着手，这比一般意义上搬用传统方式要深入很多，他的做法是在用铅笔把图画在纸上之前，为自己选择的做法找出最好的理由，他把这称之为构成的法则。他把建筑造型艺术视作是赋予建筑生命题材的过程，与建筑的基本层面相关，因此他也常和巴黎双年展的装置艺术家合作，他的作品也受到艺术家与导演的影响，把艺术家当作是启发了他得以看到某个特定形式是否有用的人。

　　让·努韦尔也常将建筑和电影相提并论，他认为做建筑和拍电影很接近，意象与时间的联结之所以会产生，得归功于电影。建筑师与制片人都是在创造或发明能连接意象与时间的东西，只不过电影完全靠着操作幻想而来，除了一系列的画面之外，没有实体的现实。对建筑来说，建筑成品就像依照某种场景所建构的空间，是建筑师发明出来的小世界，电影导演和建筑师都是在发明和创造一个小世界。构思一旦形成，由各方人马组成团队，每个成员扮演不同角色，而团队会从头到尾处理这个项目；在电影中，演员不会中途更换角色，每个人会尽量在整个过程当中做好自己的分内工作；在展开一项设计时，从来不会坚持要运用某种特定技术，构想随过程逐渐提出来，之后一起思考该怎么做，一旦起点概念形成，之后就得仰赖更多人合作来整合实现。

参考文献：

1. Conway Lloyd Morgan. Jean Nouvel: The Elements of Architecture. New York: Universe Publishing, 1998.

2. Jean Nouvel 1987-2006 by Stanley Abercrombie. A + U: Architecture and Urbanism Special lssue, April 2006.

3. Jean Nouvel. GA Document Extra 07,1996.

4. Conway Lloyd Morgan.Jean Nouvel Lecture in London 1995. New York:Universe Publishing, 1999.

5. Jean Nouvel Interview by Yoshio Futagawa. GA Document Special lssue, September 2006.

图片来源：

1. Jean Nouvel 1987-2006 by Stanley Abercrombie. A + U: Architecture and Urbanism Special lssue, April 2006:40-48.

2. Conway Lloyd Morgan. Jean Nouvel: The Elements of Architecture. New York: Universe Publishing, 1998: 36.

妹岛和世与西泽立卫 Kazuyo Sejima/Ryue Nishizawa：联袂开启新文化语境建筑的大师

妹岛和世与西泽立卫

妹岛和世与西泽立卫人物介绍

妹岛和世（Kazuyo Sejima），1956 年出生于日本茨城县，1981 年毕业于日本女子大学，获硕士学位，之后进入伊东丰雄的建筑事务所，1987 年创立了自己的事务所。西泽立卫（Ryue Nishizawa），1966 年出生于东京都。1990 年横滨国立大学研究生院硕士毕业，2010 年与妹岛和世一起获得普利兹克建筑奖。现任横滨国立大学教授。

妹岛和世与西泽立卫的建筑借助了西方现代建筑和东方人与物共存自然性的观念，让建筑产生具有"更多可以停滞，可聚可散的地方"的特质，形成"可近可远"的理想空间模式，他们给现代建筑空间添加了更加开放的生活形态，使建筑增加了人与自然共生的新东方精神。妹岛和世和西泽立卫的建筑创造了冷静、暖昧、简约、精致的全新境界。他们卓越地创造了把复杂变换的内心置于平静朴实的表象之下的现代建筑新文化境界。1988 年妹岛和世完成了千叶县周末住宅"栈桥"的设计而引起了社会的关注，此后妹岛和世积极参加各种设计竞赛：例如 1988 年鹿岛奖住宅杯竞赛入选，1989 年获东京都建筑住宅建筑特别奖、吉冈建筑新人奖、国际工业设计竞赛二等奖，1990 年日法文化会馆设计竞赛获优秀奖，1992 年 GID 竞赛二等奖、商环境设计竞赛二等奖、日本建筑新人奖，1994 年获得日本文化艺术成就金奖，商业环境设计奖和日本建筑奖等。2010 年妹岛和世和西泽立卫组合获得了普利兹克建筑大奖。

妹岛和世与西泽立卫合作代表建筑作品有：21 世纪当代美术馆（日本金泽，2004 年）；托雷多美术馆玻璃馆（美国俄亥俄州，2006 年）；关税同盟管理设计学院（德国埃森，2006 年）；纽约新当代美术馆（美国纽约，2007 年）；劳力士学习中心（瑞士洛桑，2010 年）等。

妹岛和世与西泽立卫作品分析

21 世纪当代美术馆（日本金泽，2004 年）

金泽 21 世纪当代美术馆是妹岛和世与西泽立卫在 2004 年完成的项目，21 世纪美术馆的建设曾被日本社会高度关注，其建筑模型多在海外国际性展览会上展出，21 世纪美术馆在 2004 年还获得了威尼斯双年展的金狮奖最佳方案奖，妹岛和世和西泽立卫因此受到世界建筑行业的关注。

金泽 21 世纪美术馆设计之初，妹岛和世与西泽立卫在考虑采用圆形或矩形平面之间犹豫很久，经过多种比较和思考之后，他们选择了圆形平面。圆形或矩形平面的采用两者之间的差异很大，他们提出圆形的原因是考虑基地位于市中心，访客会从四面八方而来，采用圆形平面可以让每个立面都变成正面，而设计成矩形则无法做到。但圆形平面会形成多个立面看起来几乎一样的问题，这么一来就必须在不同特质的立面之间做出变化来。在日本，比较流行在大型展览空间只做两三个展场，使用可移动式墙体完成空间分割的做法。他们考虑了美术馆在金泽市中心，建筑应当兼有美术馆展示和民众交流场所双重功能，因而决定与流行做法相反，设计了 18 个较小的空间，把建筑设计成具有东、西、南、北方向 4 个进出口的格局，像个可以自由通过的公园公共空间一样，行人可以轻松接近美术馆建筑，因此这是一座真正市民化的美术馆。

在制作金泽美术馆模型的过程中，他们发现了一个概念，即做出一道能贯穿建筑两头、长的视觉连接线，如此就能创造出透明性。这个偶然发现的概念使他们作出了建筑特别的穿透性。金泽美术馆没有正面、后面和侧面的区分，圆形平面模糊了这些习惯概念，圆形平面还可以形成向心性，人们可以围绕着这个圆形的外围自由活动。这个方案也改变了建筑与道路环境的关系，各方向上的交通可达性与形式的重量感形成均衡关系，无主次之分的出入口使建筑消失了其方向性，不同的街区环境的纳入形成内部空间的多样性，圆环平面的单纯巧妙地达成了建筑丰富街区环境的目的。建筑外墙的透明设计形式，使建筑向其周边环境平缓地敞开，人们沿着建筑外围的走廊可环游建筑周边的城市风景，建筑具有了开放的品质，在与环境的交流过程中自然地与城市融合。

妹岛和世这样诠释金泽美术馆的设计理念："我不是为了使用透明而透

21 世纪当代美术馆内景

21 世纪当代美术馆鸟瞰

明，像美术馆这样的公共场合，并不只有展览作用，更多的时候，这些地方是人们接触城市的平台，所以在我眼里，如何温和地和城市融为一体，如何用亲切感吸引公众是一个重要的议题，这也是我使用透明以及圆形为元素的原因。"

评论界广泛认为 21 世纪当代美术馆在开放透明设计上采用了亚洲式的含蓄和暧昧，他们突破了传统美术馆的空间形式。建筑风格纤细而有力，确定而柔韧，把周边环境及空间结合起来，营造出体验上的饱满和丰富性，360 度的玻璃幕墙不仅创造了开放感，使室外风景自然融入室内，还巧妙地消减了建筑对周边环境的压迫，四周的植物和清新的空气与室内陈列的艺术品形成浑然一体的关系。他们还采用了秩序的解构形式，用建筑的采光和透明设计，使室内空间被柔和的自然光所包围，为了保证巨大的圆形空间中部的采光，专门设计了 4 个采光中庭。用他们自己的描述讲："就像一件朦胧的半透明晚礼服，半透明的间隔使场馆空间既不丧失私密性，又获取了阳光和空气……"

托雷多美术馆玻璃馆（美国俄亥俄州托雷多市，2006 年）

在托雷多美术馆玻璃馆的设计中，墙与空间关系的构想启发了妹岛和世与西泽立卫，他们思考，通常一座墙有两个面，一旦界定墙的形式，就会影响到两个相邻空间，大家很少研讨墙与两个相邻空间的关系，一向接受通常形式。而托雷多美术馆玻璃馆所采用的空间模式，并非体现他们想要寻找的建筑透明性，建筑用两片薄膜来造一座墙，两者不一定相连。他们在两个空间之间创造出双层墙，同时界定出各自空间的独立性，两者之间相当紧密，能从其中一边看到另一边，但依然各自独立。

妹岛和世与西泽立卫说："对我们来说，重要的是每个具有功能的空间，在平面图上皆可用一条线勾勒出轮廓，正因如此，这里有许多层玻璃，有

托雷多美术馆玻璃馆

时看起来透明，有时则因玻璃曲面重叠，望过去会变得半透明。如此可以营造出多变的气氛效果，虽然建筑的氛围并不是主要追求目标，在此使用玻璃的最主要原因，是要清楚呈现出我们对这家美术馆建筑的通透感概念。"

关税同盟管理设计学院（德国埃森，2006年）

关税同盟管理设计学院基地位于煤矿工业区，规模庞大，因此他们把这建筑的量体设计得也很庞大，这不仅可以和基地吻合，也与矿区的历史建筑产生对话，他们的做法是建造与周边其他大型建筑一气呵成的单一量体，并保留广阔的开放空间，构成一栋新概念建筑。建筑楼层平面采用开放式，建筑外立面以三种不同大小的窗户或开口，赋予混凝土墙体良好的开放感，从室内看窗户引进阳光与户外形成特殊视觉与心理联系。他们说："要在这块基地营造出连续性，庞大量体与光线都是重要特质，增加窗户的开口，是达成这项目标的重要元素，我们不断和业主及使用者审视不同的立面，因为这些窗户不仅会影响外观的表现，也必然对室内造成影响，因此我们打算让混凝土变得透明，听起来或许难以理解，但我们的做法是大量增加开口，不过这种透明性和采用玻璃的效果截然不同，我们认为若要达到透明感，那么混凝土墙的厚或薄，就和窗户的穿透性一样重要。"

关税同盟管理设计学院

纽约新当代美术馆（美国纽约，2007年）

在着手纽约新当代美术馆设计之前，妹岛和世和西泽立卫首先意识到纽约是一个特殊的城市，虽然纽约城市环境中也有很多兴建于19世纪的老建筑，它的特别在于纽约是一个不断创新的城市，他们注意到纽约的一切总在不断地变化，因此决定把纽约新当代美术馆打造成一栋真正具有新精神、属于21世纪的建筑，让它成为一座适合不断变化的纽约的美术馆。

纽约新当代美术馆用地规模非常紧张，因此决定了展场空间只能竖向发展，建造多层建筑形式成为必然。他们提出最具成本效益的解决方案是把新当代美术馆设计成典型楼层平面叠加模式，叠加模式的问题是避免建筑会像普通办公大楼，因楼层之间雷同而不像美术馆。他们把每一层楼都设计得有一些变化，首先是建筑每层尺度的差异，用尺度差异形成中间楼层露台空间，这些露台又形成了丰富的建筑内外空间变化关系。

设计充分考虑了建筑高度与周边建筑的整体比例关系，建筑的外层包覆铝网外皮，让建筑体量显得整体而简约，赋予纽约新当代美术馆建筑自

纽约新当代美术馆

明性。纽约新当代美术馆设计还充分考虑到艺术品需要保护、展示墙体空间问题，窗户的开设历来是美术馆建筑难题，在纽约新当代美术馆采用了天窗与露台空间结合的办法来解决开窗问题。他们曾经很担心这栋建筑会显得粗糙、不够明亮，像是堆起来的盒子，但是因为双层包覆铝网，外皮立面让纽约新当代美术馆建筑表面有了体量感和深度透明性。

劳力士学习中心（瑞士洛桑，2010 年）

劳力士学习中心的设计，妹岛和世与西泽立卫把它想象成类似公园，一个大家可以交流沟通的空间。建筑包含了多项空间需求，包括餐厅、图书馆、展览空间、办公室等。最初方案是以多层建筑来容纳不同功能需求，但他们很快意识到这样的设计会变成平凡无奇的楼层建筑的堆砌，因此在反复推敲的概念里找出了把所有不同的功能放进同一个空间，形成一个由大小互异的天井区构成的连续空间，再通过稍微扭曲空间，创造出不同高度的竖向平面，建筑内的人可以位于不同高度的区域，但又不与地面脱离。如果前往楼面更高的区域，还可眺望远处的湖光山色。建筑的变形形式是劳力士学习中心建筑的独到之处，建筑通过变形为各个功能空间营造出一定距离，在一栋建筑里建造出山与谷的可分隔空间，又不会完全分割，使建筑空间关系形成隔离中又有连续的特色。

劳力士学习中心

身居其中，就会感受到劳力士学习中心的室内空间有起伏变化，不受拘束的流动与弹性，弯曲的玻璃与混凝土量体在广阔舒展的空间里延伸，就像周边的阿尔卑斯山。他们说："我们想象这种开放式空间，或许能带来更多新的见面机会，或鼓励新的活动。传统的学习空间，明确分隔走道和教室，相较之下，我们希望新的空间能有许多不同的运用方式，能带动更多积极的互动，继而促成新活动。在我看来，这个案子反映出我们渴望超越平面结构的框架，建筑本身是奇特的单一量体空间，有许多天井，似乎带动了每个空间与每个角落相互联系，同时彼此又保持某种距离。"

妹岛和世与西泽立卫的理念、言论及成就

妹岛和世与西泽立卫在日本的社会与文化氛围下成长，无疑会受到日本社会文化影响，但是他们的建筑道路没有简单延续现代西方建筑原则或吸收日本传统建筑，也不是把日本的元素直接转化为建筑语汇，他们采取接收日本建筑传统的同时把现代西方注重建构科学的精神进行整合，应对当代需求，建筑涵构的关键因素形成他们的建筑多元文化融合的特质。妹

岛与世与西泽立卫的建筑体现了当代日本建筑氛围，由半透明、轻盈的理念组成，犹如在空间挂着很轻的帘，人们穿过帘进到店里的感受。他们的建筑创造了实体和空间两方面并非泾渭分明的事物，实体和虚空在同一空间的两边通过维持某种关系达成建筑的多元概念，这也是他们诸多项目中使用透明或半透明元素的原因。妹岛和世和西泽立卫尝试设计透明建筑的用意在于不隐藏结构表面背后发生的事情，他们也深感兴趣于打造内外之间关系的多元性，并旗帜鲜明地反对建筑师不考虑城市与建筑的关系，只管在法规容许的范围内建造出最大的建筑容积的做法。他们对东京城市建筑越来越封闭的问题一直高度关注，例如他们对许多写字楼建筑设计完全封闭的独立空间和职员一切都在建筑内进行的做法持反对态度，他们积极呼吁抵制街道上出现许多大型不透明体量建筑的趋势，导致街道阴影重重并让恶劣环境蔓延，他们说："由于街道环境恶化，大家就更想封闭在房子里，这种恶性循环正在许多城市发生。"

妹岛和世和西泽立卫的建筑力求让人同在屋檐下，除了各自的房间，还有许多可以共同停滞的地方。"可聚可散，可近可远"是妹岛和世与西泽立卫努力打造的理想空间，他们尝试着创造一些拥有很多小房间的平面布局、只有长桌和床的房间，还有娱乐室等今天的城市新概念空间。据说一次妹岛和世在给业主看房子模型时，业主家的小学生女儿说："如果这里安个窗子的话，我和弟弟就可以从窗口对话了，那该多好啊！"孩子的话给妹岛和世很大启发，她开始尝试在薄墙上开四角窗以强调墙体的轻质化设计，她设计了从有玻璃或无玻璃的窗洞看一个房间到另一个房间的多层空间递进关系，让视线感受在轻质空间中展开延伸。

他们不断尝试运用透明的材料构成交错的轻质空间，改变人们对建筑空间的惯有体验。她经常使用铝板、打孔的不锈钢板和玻璃，她的纯净、丰富的建筑外墙手法就像女性的肌肤，富有弹性又性感。对透明的、磨砂的，尤其是贴膜玻璃的运用他们有其独到之处。他们的建筑冷静节制却不乏感性，对建筑空间的关注甚于建筑形体，所以使建筑显示出纯粹、朴实的本质。也有评论把他们的建筑与日本电影特点进行比较，与日本电影中节制性激发感情的藏而不露模式相提并论，把复杂变换的内心置于平静朴实的表象之下，这正是他们的建筑给人的印象。他们还用建筑带给人们幻觉般的空间感受，即评论界所讲的暧昧美学性，充满了日式的精致与淡淡的惆怅。妹岛和世的暧昧美学理论也成为当代建筑关注的理论。

据说妹岛和世每年只做一个项目，她的求稳、求精的设计态度，使她在激烈竞争的建筑市场中站稳脚跟并得以发展。妹岛和世出道前因设计了一家日本制药厂的女子宿舍获得日本新人奖而成名，妹岛和世被评论界称为媒体时代建筑师，有着与前人不同的空间意识，她也深受其老师伊东丰雄的影响，承袭了伊东丰雄的轻快和飘逸的风格，但更强调建筑的浮游感、细腻、精致而富于女性气息，她的建筑没有固定的形式，而是因物而异、因时而异。

　　妹岛和世与西泽立卫基于东、西方文化差异，把西方比较人造化与东方讲求自然与人造物共存理念相结合，运用庭园与建筑形成的更开放的空间生活形态创造了建筑的暧昧性，使得建筑可以发挥与自然共生的东西方传统融合性。他们的极简风格和女性化的意境丰富了日本和世界现代建筑文化，他们的设计呈现出了新的建筑思想与风格。

参考文献：

1. Ryue Nishizawa Interview by Henri Ciriani. GA Architect, November 2005.

2. The Zollverein School of Management and Design. Essen Germany. Munich: Prestel, 2006.

3. Ryue Nishizawa Interview with Edan Corkill. Japan Times, January 2008.

4. Joseph Grima, Karen Wong, eds. Shift: SANAA and The New Museum. Baden. Switzerland: Lars Muller Publishers, 2008.

5. Perez Rubio. Houses: Kazuyo Sejima & Ryue Nishizawa. SANAA. Barcelona: Actar, 2007.

图片来源：

1. Ryue Nishizawa by Henri Ciriani. GA Architect , November 2005:13-15.

2. Ryue Nishizawa Interview with Edan Corkill. Japan Times, January 2008:6.

第三篇　后现代建筑的觉醒——建筑复杂性多元探索与人性的回归

　　现代建筑经过充分发展之后，形成多样性和多流派，后现代为多样性和多流派的统称。对建筑反均质化和异质性的探索标志了后现代建筑思潮的开始。"在脑海里时刻思考着如何唤起风土、传统、历史等在城市中失去的记忆。虽然我认为建筑是从抽象理念中诞生出来的，但是建筑在'建造'时，已经存在一个多样性的价值积累的'场'，因此必须有对话交流，建筑如果没有与他者的关系是不能够存在的。"[①]到20世纪70年代后期，现代主义建筑迅速全面地走向覆盖世界的趋势，世界各地的建筑出现了现代模式下的雷同问题，即现代主义国际化问题。现代主义建筑国际化覆盖了地域原有建筑文化而成为一种概念化的形态意识，现代建筑形式与建筑形态之间出现了矛盾，而建筑文化危机问题导致了社会发展的问题。"现代主义如果贯穿其理念的话，就要将所有的要素变换成均质化、抽象化的形式，在现实中就要否定风土、气候、历史等固有的要素。但是，人们开始逐渐对现代建筑形式持怀疑态度，提出了'它真的可以丰富人们的生活吗？'的疑问。而一种新的方法开始受到瞩目，那就是建筑要与地域的传统、历史和生活习惯相融合，回归充满人本主义的地域主义"。[②]20世纪70年代之后出现了现代主义之后的一系列探索风格，统称为后现代主义建筑，后现代的核心是阻止现代主义建筑出现所谓文化均质化问题的发展和进一步恶化，后现代主义建筑逐渐形成了自身的力量和面貌。

　　后现代主义建筑反对局限于物质现象的功能主义和量化建筑，强调建筑的非量化因素，比如气氛或舒适度这样的问题，后现代建筑在于将生命与秩序带回我们生活的城市和乡镇。建筑不在于用消耗更多的空间，而是透过功能、结构、材料等为现有的城乡秩序进行修补。

　　1972年罗伯特·文丘里出版了《向拉斯维加斯学习》，在《向拉斯维加斯学习》一书中，文丘里分析了建筑景观把标志用得淋漓尽致的特性，而在分析时，也研究欧美等西方建筑的历史，揭示象征性，让图像与图示在建筑中扮演了很重要的角色。文丘里说："只有在把建筑物视为空间的象征，而不是空间的形式时，景观才会获得特性与意义，建筑其实是传统悠久的艺术的延伸。"《向拉斯维加斯学习》一书也被誉为后现代主义宣言。

后现代主义建筑还通过对建筑可辨性及材料累积经验的发挥，得出可解读性，以价值共享的空间模式来关注建筑的可广泛使用性，提出建筑需要更加尊重全球生态环境、需要永续性。需要用更有社会凝聚力、经济效益与环境更健全的方式，借助建筑手段来生产并分配现有资源。后现代主义建筑强调通过抛弃旧视点进入一个新世界，用真正张开的眼睛、耳朵或心灵来感知存在。

后现代各种思潮到来的同时，也引来了各种争议，正如弗兰姆普敦所言："文丘里决心把拉斯维加斯描述成是大众喜好的真实暴露，但马尔多纳多认为他这是一种虚伪的传播介质的终结，它是半个多世纪以来的一种城市环境，它在假面具后靠受人操纵的暴力而存在，表面上自由，充满嬉笑，实际上却剥夺了人的创新意。"③ 后现代主义的建筑把我们带进了有时看似怀旧，却是更新的时代，而后现代主义的建筑还在探索前行的路上。

注释：

①、② （日）安藤忠雄.安藤忠雄论建筑.白林译.北京：中国建筑工业出版社，2003.
③ （英）弗兰姆普敦.现代建筑：一部批判的历史.张钦楠译.北京：三联书店，2004.

汉斯·霍莱因 Hans Hollein：在跨界流动中实现丰富异质性的大师

汉斯·霍莱因

汉斯·霍莱因人物介绍

　　汉斯·霍莱因，曾就读于维也纳艺术学院、芝加哥伊利诺伊理工大学、加利福尼亚大学伯克利分校。之后，在美国、瑞典、德国等地不同的建筑事务所工作。并且也在奥地利、法国、意大利、日本及美国等不同国家的企业担任设计顾问，1967年任教并主持德国杜塞朵夫美术大学设计学院，同时担任维也纳"*Bau*"杂志主编，并担任建筑硕士导师，1979年任教于维也纳应用美术学院，同时担任美国耶鲁大学的客座教授。

　　霍莱因在学生时期就表现出绘画艺术天分。他一生以建筑作为职业，但他的艺术设计也为世界广为珍视，他除了做职业建筑师之外还兼作艺术家、教师、作家，以及家具与银器设计师。20世纪60年代，维也纳的建筑环境逐渐成熟起来，一些反对传统艺术，反对战后实用功能主义建筑的建筑师们聚集起来，就新的建筑艺术风格进行交流讨论。1963年，霍莱因和皮克勒举办了一次建筑设计展，在当时的维也纳建筑设计及文化界引起轰动，霍莱因的此次建筑设计展的贡献在于启发了大家开始思考什么是真正的建筑。霍莱因的早期建筑深受美国影响，1958年霍莱因从维也纳来到美国芝加哥伊利诺伊理工大学深造，他曾驾车游历美国东西海岸，美国广袤无垠的大地令他兴奋不已，这是在欧洲体会不到的。他从美国土著部落建筑中得到的灵感成为霍莱因之后建筑发展道路上的转折点，这在他后期的作品中得到了反复体现。例如他对物质生活空间与精神生活空间的紧密联系性的强调，产生了他后来将建筑转变成与景观融合的构想。他也对于运用建筑媒介之外的元素来创造空间很感兴趣，比如他认为声音能创造空间，他在造访埃及的法老王地下墓穴时有一个有趣的体会，通过阴暗的长廊来感受回音，一种全然不同的音效使人感觉到这个地方是多么广大。

霍莱因代表建筑作品有：维也纳瑞堤蜡烛商店（奥地利维也纳，1966年）；修道院山博物馆（德国蒙肯格拉巴克，1982年）；法兰克福现代美术馆（德国法兰克福，1991年）；奥地利维也纳杰纳瑞里媒体大楼（奥地利维也纳，2000年）；德国柏林奥地利大使馆（德国柏林，2001年）；奥维涅火山博物馆（法国奥维涅，2002年）等。1985年获得普利兹克建筑奖。

汉斯·霍莱因作品分析

维也纳瑞堤蜡烛商店（奥地利维也纳，1966年）

瑞堤蜡烛商店

瑞堤蜡烛商店是霍莱因早期接受的第一件设计委托项目，在他大学毕业后8年才接到委托项目，瑞堤蜡烛商店是他在业界崭露头角的起点，之后其他一些比较小型的项目委托开始逐渐多了起来，例如他之后的纽约费根艺术画廊项目。瑞堤蜡烛商店面积很小，只有14平方米。霍莱因在完成商店设计委托的同时把接受商店设计作为对社会发表他的设计理念和宣言的机会，因此，霍莱因投入所有的精力，在这片小小天地间全力发挥，通过这间小店阐述多年来思考研究却无处得以实现的设计理念。霍莱因对瑞堤蜡烛商店的考虑超越特定小店的范围，对整体街区建筑与背景环境进行了全面综合研究。瑞堤蜡烛商店设计满足了功能性很强的项目要求，霍莱因通过对材料功能的考究，提升了瑞堤蜡烛商店的时尚性和功能要求的平衡。霍莱因的设计还通过镜子的运用来诠释出商店特别的抽象气氛和满足舒适度需求。虽然体验者无法穿过镜中空间，却清晰可见蜡烛店内经过安排的另一个空间幻象的存在。一进蜡烛店内，体验者就会看到嵌在镜子前面的半个圆柱，然而圆柱一半真实，一半是镜子后面的幻影，而观者感觉到的却是一个圆柱的整体。

新材料的使用是瑞堤蜡烛商店的重要设计原则，霍莱因把新材料的使用似乎当作其设计理念的某种宣言，他的设计刻意不采用传统的例如砖、石来建造，而是用全新金属材料，比如铝合金材料。当时金属材料刚出现在建筑材料市场，还是全新的事物，因此霍莱因用瑞堤蜡烛商店的新精神体现了他的设计精神内涵。

修道院山博物馆（德国蒙肯格拉巴克，1982年）

霍莱因自己评价修道院山博物馆设计，将设计过程自诩为"丰富异质

修道院山博物馆

性的追求"，他表示对建筑的复杂内涵需要有清晰的个人看法。例如20世纪80年代的建筑潮流正在现代功能主义的鼎盛时期，修道院山博物馆设计开始关注建筑实体之外精神意义的延伸，建筑以特定背景作为区分层次的依据。霍莱因认为一项建筑出现在某种"涵构"条件下的复杂的环境中，一栋建筑局部组成部分与临近环境的建筑具有相互限定的关系，特别是与具有公共价值的建筑或功能性场所具有"涵构"关联，这栋建筑影响到该区域更广泛的区域场所精神的产生，霍莱因认为设计的关键之一，就是其建造概念必须高度符合邻近区域"涵构"关联环境的特殊要求。

修道院山博物馆建造过程中，大多数建筑师对这项目没有什么兴趣，认为这是过时的业务，没有创新机会和参与价值。但是霍莱因在修道院山博物馆的设计开启了符合邻近区域"涵构"关联特殊要求的博物馆新观念。他的突破点首先体现在主材料方面，例如霍莱因最先将钛锌板应用在建筑立面上。此后，在他的影响下，出现了许多金属包覆博物馆建筑，例如盖里在毕尔巴鄂博物馆的开幕记者会上说："如果没有霍莱因的博物馆，那么毕尔巴鄂博物馆的设计就不会发生。"在蒙肯格拉巴克修道院山博物馆之后，博物馆立面薄金属板的采用开始流行并被社会逐渐接受。霍莱因很早就以金属当作立面建筑材料，在蒙肯格拉巴克修道院山博物馆的展览厅立面也采用钛锌板包覆结构。

在空间格局上他试着避免从一条直线通到底，而是采用不规则变化的直线连接，还在其中做出不同形式的通道，形成现代风格的矩阵建筑空间形式，让参观者在穿行博物馆中入犹如穿过一个变化丰富的矩阵景观概念空间。

霍莱因自认为，这个项目的完美之处在于展现了他对"涵构"环境关系思考和应对，将新建筑和谐地整合进原有的环境空间中，将新的场所意义合理地融入新旧建筑"涵构"环境关系中，形成保留原有建筑同时兼容新建筑形态的格局，并不是简单地以历史文脉主义手法处理复杂的"涵构"环境关系，而是在一个特定基地情境下找出"涵构"环境关系的连续性。

法兰克福现代美术馆（德国法兰克福，1991年）

法兰克福现代美术馆基地是一块狭小的三角形，在该案例中受到基地的限定，使得建筑必须呈现三角形造型，霍莱因把美术馆打造成一座精巧，大致对称的建筑方案。美术馆三角形建筑的顶点像是一颗简约的宝石，美术馆的一大特色，是拉高入口大厅的主活动区，改变了跟外面街道的直接关系。建筑通过设计了小小的凹形退缩作为出入口，巧妙地将一座特殊三角形的建筑置入拥挤的法兰克福城市交通环境中，避免了因为建筑空间对环境的分割达不成交通环境要求。在这项方案中，他的设计经过精心构思，把复杂基地条件进行单纯化的设计整合，使美术馆空间在简约中体现出丰富来。为了呼应法兰克福公共建筑的环境风格特色，美术馆墙体主要建材采用了红色砂岩与灰色混凝土的结合，屋顶则采用铜和铝材料结构，建筑阶梯状的尖端造型形成高度吻合周边建筑尺度的雕塑感，这不仅可以满足都市文化保护的规划要求，还具备很好的安全功能。霍莱因的设计把重点放在如何顺应城市周边建筑条件上。

法兰克福现代美术馆还要解决既要与周边环境建筑整合得宜，还要具有识别度的问题。霍莱因很好地利用了材料环境关系与建筑造型的结合实现周边环境建筑的整合，让环境得宜与识别度统一。法兰克福现代美术馆的手法体现了霍莱因应对特殊基地的处理方式，是应变性案例的典范。设计体现了霍莱因之前经验的积累和成熟，成为霍莱因设计思维进一步发展过程中的代表作品，也充分表现出霍莱因身为建筑师与艺术创造者，两方面高度结合的优势。

法兰克福现代美术馆

奥地利维也纳杰纳瑞里媒体大楼（奥地利维也纳，2000年）

杰纳瑞里媒体大楼作为高层建筑，从周边的19世纪历史风貌建筑群环境中拔地而起。高层建筑环境类别样式正是建筑师关注的焦点，特别是摩天大楼或高层建筑的顶部样式，会对城市形象产生重要影响。由于杰纳瑞里媒体大楼的构造复杂，大楼建筑与城市周边环境体量形式的和谐成为设计的难点。霍莱因的做法是采用一个内缩的金属"盒"建筑构造来呼应大楼建筑与城市周边环境体量形式的公共空间关系。斜向上方的玻璃结构朝向周边，使得大楼建筑不只是一栋个别建筑体量，而是融入都市环境纹理的有机体，让大楼建筑与不断变化的城市形成对话关系，以此诠释城市正在发展，势必改变的事实。霍莱因的设计作出对城市转变正确地顺应、恰当地介入。杰纳瑞里媒体大楼的设计吻合了维也纳历史文脉特点，流畅地融入维也纳天际线。霍莱因由此找到了新建筑协调城市环境的途径。

杰纳瑞里媒体大楼

德国奥地利大使馆（德国柏林，2001年）

德国奥地利大使馆在使用功能上针对三个主要方面：领事活动公共区域空间、大使馆办公室和办公人员住所。使用功能针对的三个主要方面与邻近街区关系的矛盾统一成为设计的关键。领事活动公共区域空间位于一楼，部门办公室与接待区位于二楼。霍莱因在建筑设计中采用表现主义风格，把建筑打造成由具有雕塑特色的集合空间组合，建筑把几何形方块与圆弧

德国奥地利大使馆　　　　　　　　　　　　　德国奥地利大使馆内部草图

形体量巧妙结合起来，建筑立方块体块以混凝土与石材打造，圆弧体量则以铜材包覆，和谐地融合了周边的环境，与城市街区关系达到高度平衡。

奥维涅火山博物馆（法国奥维涅，2002 年）

奥维涅火山博物馆

奥维涅火山博物馆在法国奥维涅多姆山脚下，霍莱因设计的博物馆入口大厅是一个总高度近 22 米的锥体，博物馆建筑整体深深嵌入地下，形成博物馆的核心，就像一艘沉入大海的船舶。入口大厅锥体空间主材料采用当地黑色的火山岩，室内墙体镶嵌金箔，地下展厅空间设计成放射状布局，形成的博物馆枢纽空间。进入博物馆，人们沿着下沉的楼梯会产生向地心走去的感受。据说霍莱因的这个建筑构想来自于但丁的著作《神曲·炼狱篇》和法国科幻小说家凡尔纳的《地心游记》。奥维涅火山博物馆空间从形式到内外主材料的运用，再到色彩的转换都给人以身处炽热火山口的强烈感觉。奥维涅火山博物馆突出地反映了自然力量的强大和人与自然的关系，霍莱因期望人们从中得到启示，进一步了解火山自然规律。霍莱因说："火山博物馆应视为一座从法国奥维涅火山熔岩挖出来的雕塑公园。希望人们想象一个地下世界，把视线放在地平线下，而不是地平线上方。"霍莱因谈到在设计奥维涅火山博物馆的地下空间的思路时说："前往地下的想法向来吸引我，我们知道，但丁到过地下的炼狱，而在呈现火山博物馆时，我刻意运用古斯塔夫·多尔为《地心冒险》绘制的插画拼贴。然而对这座建筑而言，重要的是概念上的差异。一方面是思考构造的修建过程，各个部分如何结合；另一方面则是进行减法的过程，要考虑该拿掉什么。"奥维涅火山博物馆其实是从流动后冷却的玄武熔岩中挖出来的公园，与周围环境融为一体。霍莱因把奥维涅火山博物馆往地下建造发展，也出于经济性的考虑，比如以今天的机械技术来看，建造如此的立体空间在地上或地下成本是相同的，但是把博物馆放在地下，就会节省外立面维护的费用；把空间放置地下还可以自由发展延伸，不必受制邻近环境和用地制约，不会有不必要的空间中断。从室内设计的角度思考，可以减免承重顶棚的烦琐构造。无论怎样，把博物馆放在地下，移动与空间的可能都更自由，还会使人们对生态环境和心理环境重新思考。霍莱因说："当我设计地下建筑时，可以创造不同的空间，如果我开凿了某一特定形式的空间，另一个空间可以形成互补，方便采取全然不同的造型。这些空间不一定要方方正正，分层建筑结构所组成的传统建筑完全不同。"霍莱因还在火山博物馆设计了一道很深的连接屋面的切口，使游客走进山里地下的过程中突然又从本以为是地下的地方冒出来，发现自己身处露天空间，产生在地面上或地面下交替出现的感受。

汉斯·霍莱因的理念、言论及成就

普利兹克奖的颁奖词这样赞扬霍莱因的职业贡献："具有运用折中的智能精神，娴熟地描绘传统于新世界中，犹如把传统描绘于过去时代一样的娴熟。"他从接受的第一个委托，一间只有14平方米的蜡烛制造厂的陈列室开始了一个建筑师的职业生涯，这间蜡烛制造厂陈列室因为位于维也纳街头上显著的位置，这个小小的委托设计的完成为他在设计界带来了影响并引起国际设计界的关注，并因此获得瑞诺兹纪念奖。之后，其他委托设计随之而来，项目逐渐包罗了不同地区和领域，他的设计签约开始从独栋住宅到公寓住宅，再到办公室和博物馆等领域。在他所设计的博物馆、学校、购物中心和公共住宅中，霍莱因善于使用精巧、精致的细部混合、大胆的造型与色彩，他说："建筑是一种由实体营造来实现的精神上的秩序过程，建筑活动体现人类的基本需求，这种需求首先并不是体现在建立保护性的建造，而是体现在创造神圣建筑和预示人活动的焦点。"在霍莱因的作品中，生活空间向来是重要主题，建筑概念可作为实验媒介，也可以是室内设计。霍莱因也被很多媒体评论为是全球最了不起的室内设计师之一，霍莱因认为室内与室外建筑没有差异，建筑的内部和外部一样重要，在设计一栋建筑时，必须给予外部和内部同样充分的思考，室内是世上大部分地区人居住与花最多时间的地方，室内的打造与气氛创造的重要性不言而喻。

建筑向来不是孤立的，而是城市生活中不可或缺的组成部分。霍莱因很早意识到：人类总认为自己是最为强大的，是不可战胜的。然而，人类却有一个无法克服的缺陷，那就是死亡。他早年曾举办过一次名为"死亡"的展览，那是一个建在古代废墟上的墓地，游客们在这里可以自己动手挖掘一些东西，然后对它们进行鉴定。他经常问这样的问题："为什么现在的人们不能有尊严地死去？"有这样一个简单的描述：一幅屏风，后面是一张病床，死亡的床。他认为在20世纪的文明和文化中，为什么我们这样排斥死亡，尤其是死亡的过程，只在一些特殊的场所才去面对它，而在其他文化和文明中，或者说在过去数百年和数千年的文化和文明中，死亡就是人生命的一部分，对死亡的反思深刻地影响和贯穿了他的设计。

建筑师必须是全方位人才，要具备把多层面的知识和技能集结起来的勇气，将社会、科技、文化等层面整合成实际形体的能力。一栋优秀的建筑可清楚看出是出自哪个建筑师之手，恰当的建筑形式可以成为整个城市的时代象征。

霍莱因认为建筑实体之外虚的空间也是真实的构成要素，建筑空间创造的关键不完全在建筑实体本身。因此建筑历史的学习对建筑设计具有重要意义，对于一个建筑师而言，对建筑历史的了解是保证原创性实现的必要条件，这对建筑设计很重要。霍莱因一直相信建筑师影响力的社会作用，他说："建立明确的先例之后，才会有大量的建筑跟进。如果没有福斯特或贝聿铭在香港设计的精彩的大楼建筑，那么东南亚就不会有众多摩天大楼的跟进。必须由优秀的建筑师建立独特的先例，才能引导投资人和房地产开发商的跟进，社会一向如此，这也是建筑师引起社会影响的原因。建筑师具有去感受新的社会文化与经济的责任，从而担负起开启建筑先河的任务，因此建筑不仅仅是盖房子而已，建筑师有引导社会的意义。"例如在设计一间房子时，大家可以看到建筑师不只思考空间结构，还要思考家具与其他环境的议题，因此大家以许多不同方式使用"建筑师"这个词。建筑从来不光是盖房子而已，建筑设计不易之处在于它是包罗万象的实体，却没有严格的界线。

参考文献：

1. Hans Hollein Interview by Sangleem Lee. Space, November 2007.

2. Hans Hollein Interview by Justin McGuirk. ICON, December 2004, 18.

3. Hans Hollein Interview by Vera Grimmer, Sasa Bradic and Andrija Rusan. Oris, 2005, 31.

4. Hans Hollein Interview by Matsunaga Yasumitsu. Japan Architect, October 1984 .

图片来源：

1. Hans Hollein Interview by Sangleem Lee. Space, November 2007: 79-82.

2. Hans Hollein Interview by Matsunaga Yasumitsu. Japan Architect, October 1984: 35-37.

戈特弗里德·伯姆 Gottfried Bohm：延续城市特质的建造家

戈特弗里德·伯姆

戈特弗里德·伯姆人物介绍

　　戈特弗里德·伯姆，1920 年出生于德国莱茵河畔的奥芬巴赫，1947年毕业于德国柏林艺术学院，1949 年获得德国慕尼黑技术大学建筑硕士学位，1986 年获得普利兹克建筑奖。代表作品有：玛丽亚朝圣教堂（德国维尔伯特—奈维格斯，1968 年）；梅拉特区耶稣复活教堂与青年中心（德国科隆，1970 年）；格拉巴赫市政中心（德国贝尔吉什，1980 年）；旭普林公司总部大厦（德国斯图加特，1985 年）；P&C 百货公司大楼（德国柏林，1995 年）；乌尔姆公共图书馆（德国乌尔姆，2003 年）等。

　　伯姆出身建筑师世家。1947 年开始执业，早年在父亲多米尼克斯·戈特弗里德·伯姆工作室，他父亲设计的罗马天主教会建筑获得社会广泛推崇。伯姆的父亲对他建筑生涯影响很大，伯姆求学时期就对父亲的建筑充满热忱，那时伯姆曾为父亲用网状结构营造出丰富建筑空间而着迷，对伯姆而言，建筑事业是一项需要且满心喜爱传承下来的家业，伯姆本人和他的四个儿子中的三个后来也都从事了建筑师职业。

戈特弗里德·伯姆作品分析

玛丽亚朝圣教堂（德国维尔伯特—奈维格斯，1968 年）

　　玛丽亚朝圣教堂基地位于维尔伯特—奈维格斯城区的斜坡之上，侧边是一条通往教堂的露天前院的朝圣行进道路。玛丽亚朝圣教堂与周边建筑结合构成一组朝圣氛围独特的景观，沿着行进道路继续前行延伸进内部，

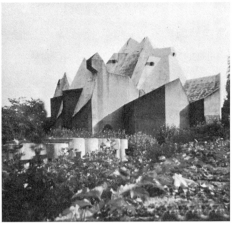

玛丽亚朝圣教堂

是祭坛建筑空间，祭坛成为道路的完美终点。教堂前方的前院通道与朝圣步道的边上是神职人员的宿舍围合成的户外活动的空间，该空间顶部设计了帐篷式样的屋顶，屋顶覆盖面可以延伸到部分庭院区域，整个教堂空间看起来非常轻盈灵秀。伯姆把这个空间打造成为钢筋混凝土的生活与纪念性场所，空间服务设施充分考虑可以满足朝圣者祭拜和社会慈善救济与住宿等多元需求，为玛丽亚朝圣教堂提供了许多新功能概念。从祭坛往上看，伯姆设计的玛丽亚朝圣教堂通过教堂露天前院、祭坛建筑空间、朝圣步道构成多维度空间序列组合，创造了教堂的神性空间，以此表达出人类渴望上帝降临，让神成为人间部分的主题。伯姆深知在城市中建造教堂无论对信徒或一般市民都是一件影响深远的事情，伯姆把玛丽亚朝圣教堂打造成造型优雅而忽略雕饰、墙体和梁柱造型，尺度轻盈，与周边建筑形成和谐对比。教堂的室内部分，墙体与顶棚结构、整体空间高度一致，圣殿空间盈满光线，神职人员生活建筑部分与教堂连接形成波浪形态造型，实用、典雅、优美，显示了伯姆精湛的艺术，也体现了他对父亲的敬意和继承。

梅拉特区耶稣复活教堂与青年中心

梅拉特区耶稣复活教堂与青年中心（德国科隆，1970年）

梅拉特区耶稣复活教堂与青年中心是系列建筑与单体量组成的一个整体，伯姆把建筑的整体风格打造成用一组折叠构造形成的视觉感受，折叠构造的运用使建筑内部的顶棚与墙体整合得更有一致性，形成单一却不失丰富性的个性空间。在梅拉特区耶稣复活教堂与青年中心的设计中，伯姆也成功尝试了用新的建筑形式创造教堂节庆空间格局。梅拉特区耶稣复活教堂与青年中心生动的造型很好地展示了伯姆运用混凝土创造建筑雕塑感的特色，伯姆认为好的建筑是造型的理性逻辑与艺术灵感的高度结合的产物。他还列举希腊建筑的例子："柱子也代表一种支撑元素，它同时试着扮演连接的角色，建立一种脉络，凭借底座强烈凸显与地面的连接，同样的道理也适用于柱头，它与柱顶楣构的关系也被特别凸显出来。"考虑梅拉特区耶稣复活教堂与青年中心周边的城市环境特色，伯姆在选择材料时，注重邻近区域建筑主材料的协调关系，同时也尽力避免与附近建筑的雷同。他期望随着建筑建成后时间的推移，材料色彩与质地会越来越迷人，产生出更和谐的美感。他说："一栋建筑不完全依赖某一刻灵感来设计，对我来说似乎是件好事。"梅拉特区耶稣复活教堂与青年中心项目，对奠定伯姆在业界的地位起到了很好的作用。

旭普林公司总部大厦（德国斯图加特，1985 年）

旭普林公司的总部大厦位于斯图加特郊区，斯图加特市郊区由多种小型区域组成，旭普林公司的总部大厦项目基地也是在莫林根与法伊英根两个小型区域汇合点上，两处各有不同特色。旭普林公司总部建筑担负着通过建筑营造促进这些区域的融合，促进莫林根与法伊英根区域环境的开放，使郊区的都会结构能够在这一点汇合，把两个有差异的区域联系在一起的责任。因此伯姆设计的旭普林公司总部大厦遵循了"城市需要的不只是新建筑，而是需要能促成联系的建筑场所"的理念。伯姆的旭普林公司总部大厦基本构造是由两栋笔直的办公建筑组成，中间以玻璃大厅把两栋建筑连接起来，玻璃大厅体现了伯姆"联系的建筑场所"理念，他说："一方面，这座玻璃厅概念有着与旧城吻合的特色。公司总部位于葡萄园旁边，玻璃厅两旁的两座高楼，之后会爬满大量植物。为了保存这个地点的记忆，我们在此种植一排排的葡萄树，从办公室一端穿越到另一端时，会经过葡萄藤棚架。在此，人们可以进入其中，获得片刻平静，或者作为两人会面之处。这也是大公司生活的一部分。"

旭普林公司总部大厦

他通过对建筑空间与使用者习俗需求的对接，关注到斯图加特教区不同区域的人热衷庆典的共同习俗，因此在大厦显著位置设计了聚会与娱乐的多功能式玻璃中庭大厅。多功能式中庭大厅除了满足庆典聚会与娱乐需求，还可以作为其他不同活动的场地，例如举办展览会或小型音乐会，甚至可以进行歌剧表演等。多功能式中庭大厅还可自由通往建筑其他空间。伯姆说："我可以想象它会是一场美妙的盛会，把这个空间视为一个整体，可以带来丰富的可能性。"

伯姆设计的这座大型透明的玻璃大厅空间关键是将莫林根与法伊英根两边的景观连接在一起，把两处不同类型区域联结起来，形成基地南北两边的绿地区通过玻璃厅纵向连接起来的效果。他还设计了把附近荒地改造为葡萄园样式的景观环境，把莫林根与法伊英根两种不同类型区域以特殊的方式联系起来。伯姆说："此基地的一项特色是只有东西两边有开发，南北两边则是原始状态的乡村，设计的关键是如何不会使景观特色消失，能表现出哪里是起点和终点与如何连接。"

在旭普林公司总部大厦建筑项目中，伯姆刻意选择莫林根与法伊英根附近地区混合的砖作、混凝土、灰泥等综合材料，避免发生某区域特色材料居于主要地位的情况，影响其通过建筑来消减莫林根与法伊英根两个不同区域边界的初衷。伯姆谈到施工过程时说："对我们来说，依据施工限制来决定材料，似乎是很合理的做法。"

乌尔姆公共图书馆（德国乌尔姆，2003 年）

乌尔姆公共图书馆

在乌尔姆公共图书馆建筑的设计中，伯姆分析研究了乌尔姆城市历史的特点，采取借用乌尔姆周边建筑特色文脉进行融合。例如乌尔姆公共图书馆建筑尖尖的金字塔，吸收了晚期哥特式建筑风格，突出的山墙样式则吸收了该地区文艺复兴时代的建筑样式。图书馆内部设计了一部红色螺旋梯放置于建筑中心，形成图书馆内部别具一格的风格特色。他说："城市需要的不只是新建筑，而是需要能促成相互联系的建筑场所，我们热爱优秀城市的理由，是因为每一部分都能联结起来。我相信建筑与都市规划，能促成人与人之间的社群感，甚至影响彼此的关系。"图书馆建筑以建筑区域特色文脉融合和整体、开放、明亮的姿态，传达出了伯姆的建筑公共表达精神，也体现对乌尔姆民众阅读场所需求和建筑审美的良好判断力。

伯姆著名的观点是："无力犯错的人，未必能出色地成为好的建筑师，反而可能成为无聊的人。"他认为建筑的未来不在于继续填满土地，而在于将生命与秩序带回我们的城镇。

戈特弗里德·伯姆的理念、言论及成就

伯姆的建筑活动起步于第二次世界大战刚结束时，他深深感触"二战"后，世界各地城市肌理因战争创伤形成的伤口。他非常反对战后，交通要道贯穿城市，现代主义盛行，一栋栋机能、形式、规模、材料、颜色皆与当前都会环境无关的建筑被建造出来。现代有机性概念并不限于建筑，在绘画、音乐，以及最重要的都市规划中皆找得到，并带来正反两面的影响。例如，广为采纳的人车彻底分隔的交通措施，在大部分情况下都造成严重

的后果，不仅使车道局限于供应运输用的街道，行人徒步区受限的情形更严重。在都市规划领域，将各种元素干净分割，对都市环境弊多于利。

他提出了当下建筑的要务，就是治疗这些"伤口"，保留积极的一面，并重新建立都会环境必要的社会历史连贯性，让大家能更常体验到自然，恢复大家漫游古老城市的赞赏心境与情怀。他说："我们这一代已经尽力进行了恢复性建造，下一代也需要努力为城市疗伤。"他还以20世纪30年代集中式的科隆教堂以及里昂教堂为例，论述其新颖的空间概念和混凝土结构对建筑业界形成的影响，在当时都具有特别的建筑文化意义和价值。

伯姆早期曾对雕塑发生兴趣，也有过想当个雕塑家的愿望，那时他刚开始试验混凝土的建筑，这对他后来的建筑师生涯产生了影响和帮助作用。例如他设计的顶棚结构和混凝土的特别应用方式有关，因受到雕塑方法的启发而形成他的建筑特色。他的建筑设计因其大幅改变结构造型，实现了建筑空间形式的突破。

伯姆的建筑设计谨慎地思考了环境的整合性需要，考虑寻找临近的同类型建筑的意义，建立有机环境关系。他说："对传统城市来说环境的整合性显然非常重要，在今天尤其如此。建筑师和社会必须重视建筑对人的影响，不能忽视城市的实质，要努力消除会导致我们无法和谐生活的因素。因为建筑首先是人类的空间，是庇护人性尊严的基础，所以其外观要反映这样的内涵与机能。"伯姆也认为新建筑更不可无视当代关切之事，不可以除去建筑历史文化和地域传统脉络，要自然地融入环境，包括建筑与历史的因素，自然的连续性必须受到尊重。他还重新审视了早期现代主义的优秀建筑，并不完全背离环境融入功能。他认为建筑立面应当具有相当简洁的系统，同时需要留意功能与施工方面的细节，由此使建筑更丰富。他强调窗户、门、墙的边缘、隅石，进而颂扬其功能，或者以稍微夸张的方式，凸显屋顶与墙壁之间的功能。他说"我认为，建筑师的未来，不在于用建筑去消耗更多空旷的空间，而是透过功能、结构、材料等创造延续性，为现有的城乡秩序进行修补、复原。"

建筑需要以纯粹形式呈现城市基本元素；需要通过环境涵构细节联系回到城市基本元素主题；需要保留事物的基本意义，对于城市建筑而言它体现在创造出不需要掩饰的、有价值的联系。由此伯姆还提出分析密斯的例子，他指出密斯的墙本身就是一种元素，代表分界，地板与顶棚本身都是独立的元素，柱子也是，每一种元素都有自己的特色，无须仰赖其他元素，也不想建立彼此之间的关系，联系几乎只能说是巧合，躲藏在隐蔽接合之类的地方，尽量不让人看见，好像觉得自身不可或缺。

伯姆也研究了建筑结构形式与材料的适当性，他认为今天大家受功能主义至上建筑观的影响，所以传统营造意义的砖作技术价值已经消失，现代建筑的砖墙构造多是外层构造，内部是新材料技术造就的隔热层或空心和混凝土的结合，砖结构成为偶然的点缀。而外墙的粉刷通常用几厘米厚的塑料涂层把墙体后面的构造遮盖起来，大家会认为这样的墙体构造既安全也便宜，同时容易维护，其实人们没有意识到把建筑包装起来，是无视如何为建筑的内容与结构赋予人情味儿的表达。

伯姆提出建筑"易辨性"的理论和观点，他认为今天的建筑需要从实用性至上的偏差理解中回归正确道路，仅仅追求技术完善的营造观念是使得我们的城市贫瘠的重要原因。例如，钢筋混凝土材料本身就是相当清楚的材料，建筑设计需要通过"易辨性"使建筑的柱子就是真正的承重柱子，梁柱系统就是梁柱系统。他看到混凝土结构的"易辨性"因施工技术而丢失，伯姆提出他的建议："运用预制混凝土元素并非新的施工方式，但由于执行时通常不够审慎，致使这种材料名声不佳。因此我们必须自问，是否能有更好的方式使用预制混凝土，换言之，我们如何以更吸引人的方式来运用预制混凝土。"

伯姆还提出"环境延续性"的理论和观点，他明确提出了今天的建筑，需要作出令人愉悦的环境延续性。建筑需要成就城市环境的延续，环境延续原则适用于从建筑细节到城市环境涵构关系的营造。

伯姆还进一步提出"努力使建筑看不到细节"的观点，他说："努力使建筑看不到细节就可能创造出看似更重要的东西，但其令人折服的建筑形式，是消减非重要元素特性，因此重要的不只是打造建筑细部的丰富性。然而今天许多建筑却偏偏往这个（无意义建筑细部）方向努力，包括无意义地使用历史主题。"

参考文献：

1. Wolfgang Voigt, eds. Gottfried Bohm. Frankfurt: Jovis, 2006.

2. Gottfried Bohm: Lectures Buildings Projects. Zurich: Karl Kramer Verlag, 1988.

3. Gottfried Bohm. Pritzker Prize Acceptance Speech, 17-April-1986.

图片来源：

1. William J. R. Curtis. Gottfried Bohm. New York: Universe Publishing, 1991.

2. Gottfried Bohm: Lectures Buildings Projects Interview by Lynnette Widder. Sky line, December 2007: 15-17.

弗兰克·盖里 Frank Gehry：艺术真实时刻的建造者

弗兰克·盖里

弗兰克·盖里人物介绍

弗兰克·盖里，1929 年出生于加拿大多伦多，17 岁移民美国加利福尼亚州，1954 年获得美国洛杉矶南加州大学建筑学士学位。毕业之后曾在哈佛大学从事城市规划工作，担任纽约哥伦比亚大学和耶鲁大学建筑系教授职位。1962 年成立自己的建筑事务所；1974 年当选为美国建筑师协会会员；1987 年获得美国艺术与文学学会奥得·布鲁诺（Arnold W. Brunner）建筑纪念奖；1989 年获得普利兹克建筑奖，同年被提名为美国建筑学会理事，之后获得加利福尼亚州艺术技术学院、罗德岛设计学院、加州艺术学院等荣誉博士。1991 年成为美国艺术与科学学会委员；1992 年获得沃尔夫（Wolf）建筑艺术奖，1994 年被授予美国国家设计学院院士。

弗兰克·盖里被誉为高技派解构主义建筑师，其建筑设计以不规则曲线造型，雕塑般外观的建筑而著称。代表建筑作品：盖里之家（美国加州圣塔莫尼卡，1978 年）；鱼舞餐厅（日本神户，1987 年）；维特拉设计博物馆（德国威尔，1989 年）；毕尔巴鄂古根海姆美术馆（西班牙毕尔巴鄂，1997 年）；迪士尼音乐厅（美国洛杉矶，2003 年）；千禧公园普立兹克音乐厅（美国芝加哥，2004 年）等。

弗兰克·盖里作品分析

盖里之家（美国加利福尼亚州圣塔莫尼卡，1978 年）

盖里之家是盖里买了一栋旧房子，然后又在周围盖起一组新房子，这

盖里之家

样建造了盖里之家。盖里在这栋建筑上，对建筑的新与旧的对话进行了大胆尝试。盖里之家以现代雕塑的几何构造来打造新增建筑部分，使新建筑与旧房子在不同的特色之间融合对话，这也是盖里给自己定下的最初目标。盖里之家的建造流畅协调，新旧空间看不出从哪里开始、到哪里结束。从不同角度看盖里之家，在个性表达和造型美感上都很讨人喜欢。盖里把空间设计得更有人性，还在原有部分刻意保留旧建筑的痕迹，有评论家看到墙壁上的老旧痕迹和雨渍提出不同看法，但盖里认为这倒是挺不错的，他觉得评论家反对的倒是需要追求的。

对盖里来说，盖里之家是他设计生涯的一个转折点，因为这是他自己完全掌控一切的建造过程，自己出钱出预算，自己决定建设周期，自己决定外观风格，所以可以完全用来做研究与实验。盖里说："在做任何事情的一开始，都是无法量化，无法明确定义，我没办法说这就是我想做的，这又确实是我自己做出来的，我总是一旦开始做些什么之后就跟着自己的感觉走，永远无法确知哪些是刻意的，哪些不是，盖里之家看起来好像一直在建造过程当中，建造其实就像实验和发明，建筑过程就好比试着寻找自己想要的生活方式。"

鱼舞餐厅（日本神户，1987 年）

鱼舞餐厅

鱼舞餐厅位于日本神户，建筑最为突出的特征是入口鱼主题雕塑，因此得名。鱼舞餐厅建筑总高达 4 层楼，鱼的造型形式在盖里的设计发展过程中扮演关键角色，在神户这栋建筑里最明显地表现了出来。盖里认为，他一直寻找的流动感是在鱼的造型上找到灵感的。如何让建筑具有流动性一直是盖里的研究重点，而鱼的造型让他的感受变得具体，因此借鉴鱼的造型形式在盖里设计方法中具有重要地位，鱼舞餐厅正是这样一个典型。盖里说："我设计的鱼雕塑，虽然去掉头、尾，几乎去除了一切，但你还是看得到流动感，很有力量。如何让建筑具有流动性，鱼让我的领会变得具体。每当我看见其他建筑师开始兴建那些类似希腊神庙的建筑，就会非常生气，我认为这种设计是否认现实，会毁坏我们未来的文化，好像我们在告诉后人，除了走回头路之外，已没有什么可做的了，未来也没什么值得乐观的。所以我会反对因循守旧的做法，开始借鉴鱼的造型是考虑到鱼已存在我们身边千百万年，而且它的存活并非是人为的，鱼本身就是形状连续流畅的动物种类。也许最初想到借鉴鱼造型做建筑核心形式是出自直觉，并未刻意而为，我不断地画素描，把鱼的造型形态进一步演变，于是开始变成某种完美的象征，那正是我期望透过建筑达到的境界。"

维特拉设计博物馆（德国威尔，1989 年）

维特拉设计博物馆是业主为了展示和记录公司的发展历史、产品展示陈设和容纳公司总裁鲍姆的家具收藏而设计建造的。盖里把这个小型博物馆设计成类似一个家具生产工作场所，其突出特色在入口部分；盖里通过了解业主的想法后，了解了员工走进工厂时，如果没有一个好的入口，会缺乏归属感，于是和业主协商，决定维特拉设计博物馆与改造设计工厂入口结合起来，通过入口改造营造博物馆与入口之间环境氛围。设计也结合了维特拉公司总裁鲍姆想要展示特殊家具的需求。起初只需展出 200 张椅子，后来业主需要增加一个空间来轮流展示其他家具收藏，之后业主又要再加一个可以举办室内系统的座谈会空间，这样便需要两间展览室。维特拉设计的博物馆使这家家具公司变得生气勃勃，盖里的设计得到了业主的满意。

维特拉设计博物馆

毕尔巴鄂古根海姆美术馆（西班牙毕尔巴鄂，1997 年）

1991 年西班牙毕尔巴鄂市政府与古根海姆基金会共同委托弗兰克·盖里担任古根海姆博物馆建筑设计。毕尔巴鄂古根海姆博物馆在 1997 年正式落成启用，它是毕尔巴鄂都市更新计划中的一环。博物馆在建材方面使用玻璃、钢和石灰石，部分表面还包覆钛金属，与该市长久以来的造船业传统遥相呼应。博物馆全部面积占地 24000 平方米，建筑面积 11000 平方米，内部设有 19 个展厅，其中一间被艺术展览界认为是世界最大的展厅之一，面积为 3900 平方米。

毕尔巴鄂古根海姆美术馆建筑没有与以往任何建筑雷同，建筑造型独具特色，盖里认为创作过程中并没有刻意性，概念草图、平面图绘制的过程中他只是抱着快乐的心态，方案是凭直觉发展演变而来的，盖里的目标是通过毕尔巴鄂古根海姆美术馆的建造，让大家领悟到建筑前瞻性之美。

盖里善于处理复杂的建筑项目，他善于把复杂、具有人性尺度且又庞大的建筑关系进行整合，他的方法是通过处理尺度关系使建筑融入城市环境，在毕尔巴鄂古根海姆美术馆建筑方案中，盖里考虑了桥梁、河流与道路等尺度元素之后，从环境空间匹配和古根海姆 19 世纪城市文脉两方面入手，进行设计。 盖里最直接的想法之一是营造具有雕塑感的建筑；其次是"隐喻性城市打造"。他说："我从打造雕塑感建筑出发，一般来说雕塑家会因为城市的尺度很大，处理不了，没有人会委托雕塑家打造一座 60 层楼高的雕塑，即便真的请雕塑家建造出 60 层楼高的雕塑，也不会具备

毕尔巴鄂古根海姆美术馆

毕尔巴鄂古根海姆美术馆草图

建筑意义。因此我想，如果能把毕尔巴鄂古根海姆美术馆打造成一座城市象征性建筑，或许是可行的办法，有了建造城市象征性的理念建筑机会，毕尔巴鄂古根海姆美术馆就此产生出来。"完成后古根海姆美术馆就像一个象征性都会，社会对建成之后的美术馆评断褒贬不一，盖里希望社会能够理解建筑设计过程再作评论，他说："大家只认为这栋美术馆建筑是我变了什么魔法之类的，不过到后来我对此并不再介意，毕竟这是我的建筑作品，重要的是我建造了这栋建筑，而不是评论者，或许我真依照评论者的观点或规则来改变作品，那么毕尔巴鄂古根海姆美术馆就建不起来了。"

　　毕尔巴鄂古根海姆美术馆建筑首次采用钛金属表皮，钛金属很贵，因此不能和其他金属材料一样用得那么厚，以免造价过高。盖里说："我们喜欢钛金属，因为它更强韧，它是一种元素，纯粹的元素，不会氧化，永远都是那样子，可提供百年保证。"

　　古根海姆博物馆逐渐成为毕尔巴鄂文化名胜，带动了当地的经济发展

迪士尼音乐厅

（巴斯克省的工业产品净值因此成长了五倍之多），吸引众多游客前来参观，建成后，每年参观人数从 26 万人次增加到 100 多万人次。

迪士尼音乐厅（美国洛杉矶，2003 年）

迪士尼音乐厅在建造过程中曾经被社会广泛质疑，有趣的是毕尔巴鄂古根海姆美术馆的成功消除了迪士尼音乐厅被质疑的局面，大家看到了盖里的成功后相信了他，使迪士尼音乐厅项目得以继续完成。迪士尼音乐厅原本是采用石材建造，后来因业主看到了巴黎的美国中心石材建筑由于缺乏防护保养，变得很脏，于是担忧同样的事情会出现在迪士尼音乐厅的建筑上，他们甚至因此指责和抨击盖里，希望他将建筑外立面改用金属结构，盖里因此照办，他把音乐厅改成了金属结构。最终业主和盖里都很满意这样的结果，并且也为业主节省了一千万美元的费用。

盖里说："我在设计迪士尼音乐厅时，刚好热衷于帆船运动，对帆船及迎风的船帆很有兴趣。当驾着帆船，风会抓住船帆，船帆会因绷紧出现美丽的形状；之后转弯时，当风迎向你斜斜吹过来，你朝着风转去时，船帆的两边都会有风，这一刻船帆会迎风飞扬，船帆扬起所产生的美感，和 17 世纪荷兰画家凡·德·维尔德父子画笔捕捉到的一样；所以我把迪士尼音乐厅的一切塑造都绷得紧紧的，就像是船帆迎风的皱褶，也很像希腊雕像的衣纹，帆船运动给了我效仿的勇气。"

千禧公园普利兹克音乐厅（美国芝加哥，2004 年）

在千禧公园普利兹克音乐厅，盖里使用磨砂不锈钢制建筑立面的技术开始成熟，他还采用带状金属架构打造出舞台延长空间，并将上方棚架与

千禧公园普立兹克音乐厅

钢管格架连接起来形成特殊的音响设备支撑系统，用来延长音响效果的有效范围，形成了其在室内音乐厅音效方面，独特的设计处理方式，即便是音乐厅里最远的座位也可以感受到最佳音效。盖里说："如何让每个来到这里的人，都能最好地享受听音乐的乐趣，不仅是有座位的人，就连四百尺以外的人也是一样。答案是，用舞台镜框加大方式把他们拉过来，并搭一个棚架，里面安装音响系统来延长音效空间，给大家自身融入的体验感。"

弗兰克·盖里的理念、言论及成就

建筑往往没有真正的规则，而且是个缓慢的工作，建筑创作要花很长的时间，如果以为建筑概念往空中一抛就会实现，那真是与事实相差十万八千里。盖里认为自己和其他建筑师不同，是在于并不过于看重建筑理论，他不认为建筑有那么多理论可言，他的经验是通过对绘画与雕塑艺术的喜爱来学习建筑是更好的方法，这一点在他学生时期并没有感觉到，而是后来在他展开职业生涯过程中才有所理解。盖里并不认同评论界所评论的，他的建筑是所谓解构主义风格，他甚至讨厌解构主义说法本身，他觉得这是因为理论界不喜欢无法归类的东西，非制定一个框架，把他硬塞入其中。相对而言，让他一直以来，不断关注和感兴趣的是建筑的开放性和亲和性，并不是只注重建筑结构和设计手法。建筑是自由联想，但又必须从责任感出发，要传达价值观，人性的价值，要重视与使用者之间的关系，以及与之相关的一切，还要考虑业主的预算、财力与期望。即便在这些限制中，作为建筑师必须看到依然有很大的发挥空间等待发掘，促使建筑师去探索并尽量拓展。

盖里谈建筑与社会生活

弗兰克·盖里说："大家评论时，都喜欢凭着自己的方式，从个人观点出发，建筑师看事情也有自己的特殊方式，比如我的建筑不用软性、漂亮的东西，因为那些东西不够真实而令人反感。对于人和社会政治，我抱持社会公平与自由的态度，我常想到饥饿的孩童，以及自己成长过程中，那些不切实际的社会改革者之类的事情，但我反对把建筑拉到任何一种特定方向去，建筑应该是民主的，有许多人就会有许多不同的想法，这样才令人振奋。我相信做一名建筑师就是负担社会责任的一种行为，当我带着建筑与规划背景步出校园时，我想的并不是替有钱人盖房子，能与优秀的业主与顾问合作令我深感庆幸，对我们最重要的是做这一切的过程能被理解，因为太多的人不了解建筑过程，毕竟他们没有机会看到这一切。或许建筑设计最严重的错误是假定一切都是理所当然的，认为建筑师不必思考功能或预算，只要坐在那边，把完成的草图交给计算机，来制造一些奇景，让自己登上杂志封面就算成功了。"

盖里谈建筑与艺术家

弗兰克·盖里说："建筑当然是一种艺术，绘画与雕塑都影响了我的作品。我对艺术家做的事情，如艺术家怎样运用材料和手工艺很有兴趣，也因此学到很多。比方说，当我看到贝里尼画的《圣母与圣子》时，想到的是《圣母与圣子》的建筑策略，你会看到画中有许多大房子和小房子，前景也有小型亭阁，我想原因在于《圣母与圣子》的构图，绘画具备一种我渴望拥有的建筑的直接性。

我是个建筑师，与许多艺术家往来，并与其中许多人交情甚笃。我深受他们作品的触动，有许多想法从中衍生，这是一种建筑师交流的过程。有时候我被称为艺术家，有人会说弗兰克·盖里是个艺术家，我觉得这只是随口说说，我想说我是建筑师，目的是做建筑。我也用金属做立体的东西，我探索金属，思考金属如何和波士顿360大楼的光线互动；而在托雷多大学艺术大楼我使用了铅铜合金材料，托雷多的铅铜合金材料真是漂亮极了，在光线之下美不胜收。我第一次使用金属表面是在洛杉矶的加州航天博物馆，建筑外大型装饰就是用金属材料打造的。其实最初，我不是像现在这样用模型来做设计，但我了解到建筑是无法用平面的方式来掌握，之后便有所改变。可大家都会崇尚平面，都是这么做。我发现使用金属立面设计的基础，是要摆脱平面设计思考模式。金属的使用会使建筑造价更便宜，这份直觉让我勇往直前。当我看到金属出现在建筑上时便爱上了它，我在加州大学计算机科学大楼就开始使用金属，而在加州罗克林赫曼米勒用的是更薄的金属，到了毕尔巴鄂古根海姆美术馆，因为用的是钛金属，因此变得更薄。

我的建筑从现代雕塑造型形式开始着手，模型是研究建筑的方式，也是我觉得最自在的工作方式。我是这样做设计的，请职员先替我做模型，当他们把设计模型拿给我之后，我会这边折叠一点，那边裁掉一些，他们再去修改，然后再给我看一遍，模型让我和职员能够在设计分析中进行对话。

在通过和业主打交道并理解了业主需求之后，我便开始从解决问题当中找出方案价值。在我们事务所流程中，模型就是这些未建建筑的实际解决方案，之后把多个实验阶段的模型演变成最终方案。方案从设计内容和造型开始着手，然后才切入技术问题。我们会与每个小细节苦斗，我可能盯着模型看了几个小时，之后把一个东西挪开一点点，再仔细端详，然后才会慢慢形成方案。"

盖里谈建筑师与业主

弗兰克·盖里说："重要的是必须和能完全理解你如何工作的业主合作，这样的业主其实不多，所以有时对业主的选择也会限定建筑师的接单类型，正因如此，我没有选择承接太多大型政府机关、高层建筑、机场之类的项目。作为建筑师必须能够依照自己想要的方式工作，并因此获得对等合理的报酬。我比别人更爱和业主争辩，会质疑业主的空间需求规划、业主的目的，于是常常陷入彼此紧张的关系。我会跟业主说，我正把你们带入我的设计过程，请一同观看，参与并了解我们，我们需要个人联结，必须理解这不是嬉皮聚会，而是重要沟通。如果业主真的接纳了，他们也会乐于参与其中，这样建筑师就可以自由自在了，之后业主都会顺着你的意思进行，我的成功就是这么回事。如此才可能打造出好的建筑，一旦项目进行，而业主却觉得没有必要投入，那你就真的完了。只有在相互合作之下才会带来最后好的成果，这是因为业主更深入地参与，并且花了更多时间思考空间需求与他们想要什么。"

参考文献：

1. Charles Jencks, eds. Frank Gehry: Individual Imagination and Cultural. New York: Universe Publishing, 1997: 155-159.
2. Peter Arnell, Ted Bickford, eds. Frank Gehry: Buildings and Projects. New York: Rizzoli, 1985.
3. Frank Gehry Interview by Yoshio Futagawa. Studio Talk: Interview with Architects, Tokyo: A.D.A. Edite, 2002.
4. Interview: Frank Gehry Academy of Achievement, June-3- 1995.
5. American Center: Interview with Frank Gehry. GA Architect, 1993, 10.
6. Frank Gehry Interview by Yoshio Futagawa. GA Document, March 2002, 68.

图片来源：

1. Charles Jencks, eds. Frank Gehry: Individual Imagination and Cultural. New York: Universe Publishing, 1997: 155-159.
2. Frank Gehry Interview by Yoshio Futagawa. Studio Talk: Interview with Architects, Tokyo: A.D.A. Edite, 2002.

詹姆斯·斯特林 James Stirling：寻求文脉肌理整体实现的营造家

詹姆斯·斯特林

詹姆斯·斯特林人物介绍

詹姆斯·斯特林，1926 年出生于苏格兰格拉斯哥，毕业于英国利物浦大学建筑学专业，在英国、德国和美国，斯特林的建筑影响深远。他的建筑实践和"文脉肌理整体实现"理论促进了后现代建筑实践和理论的丰富与发展。斯特林的建筑通过推动注重历史，注重环境关系，有效促成了一个时代共识的形成。斯特林很早便提出了现代主义建筑"稍显空洞的问题"，同时也提出了高技派建筑"把所有鸡蛋放在同一个篮子里"的局限性，并针对性地提出了建筑设计必须尊重历史文脉和环境肌理的建筑背景原则，这一原则成为后现代主义建筑基础理论的重要组成部分。詹姆斯·斯特林提出了，"建筑要能够辨识出人们在其中从事不同活动的各个构成部分"的新营造观，他也因此成为 20 世纪后半叶非常有影响力的建筑师和后现代主义运动的主要人物。

早在 20 世纪 50 年代，斯特林就参与和推动了现代主义的发展，但是从 1970 年起他开始转向对建筑历史观和城市文脉肌理关系的关注，从此进入后现代建筑领域。他开始接受博物馆、美术馆、图书馆和大剧院等项目设计委托。

斯特林代表建筑作品有：莱斯特大学工程系馆（英国莱斯特，1963 年）；剑桥大学历史系馆（英国剑桥，1967 年）；圣安德鲁大学学生宿舍（苏格兰圣安德鲁，1968 年）；德国新国家美术馆（德国斯图加特，1983 年）；哈佛大学萨克勒博物馆（美国马萨诸塞州剑桥市，1985 年）；意大利双年展船屋书店（意大利阿森纳，1985 年）；波特里街 1 号（英国伦敦，1997 年）等。

斯特林因获得英国皇家建筑师学会奖而成名，从 1967 年起，一直在欧洲和耶鲁大学任教。斯特林被认为是战后国际建筑界出色的革新者。1992 年斯特林受封英国骑士，他在获得爵位的 12 天后去世，66 岁英年早逝。他曾获得多项世界建筑界奖：1977 年的阿尔瓦·阿尔托奖，1980 年的英国皇家建筑师学会金奖，1981 年普利兹克建筑奖，1990 年日本帝国奖等。

詹姆斯·斯特林作品分析

莱斯特大学工程系馆（英国莱斯特，1963 年）

莱斯特大学工程系馆

通常，设计科学用途的建筑会使建筑师在业主需求方面感到为难，建筑师会因为缺乏相关专业科学知识无法与业主进行有效沟通，以莱斯特大学工程系馆建筑来说，这要求斯特林要有很好的相关学科知识。他在莱斯特大学工程系馆建筑中，提出的解决方案是采用具有通用性方法，即容易变化，具有弹性的总体空间，其方案的要点是建筑空间工作场所的"棚屋"概念，使建筑中不同设施具有各自单元空间，这样给专家提供自助式空间模式来满足科学用途需求。斯特林依据经验判断使建筑布局十分合理，如不同类型的实验室、操作间、演讲厅、专业型通道楼梯间等，不同设施的各自单元空间具有精确实用性。

莱斯特大学工程系馆建筑造型下宽上窄，类似冰山的造型，是依据建筑形式动线安排而成。建筑可容纳 300 人，随着课程流动的大批学生限制在 1 ~ 3 层，由于建筑内部活动类型不同，所以斯特林设计了不同空间之间的视觉联系系统。莱斯特大学曾组织教职员、学生和访客，对工程系馆建筑进行讨论，在建筑色彩、造型等所谓品位方面会有些争议，但对在建筑内部功能性方面一致觉得非常适合而交口称赞，他们觉得在此工作或学习非常方便，且快乐开心，斯特林认为这是对他最大的褒奖，因为这正是他努力追求的结果——即建筑师打造的房屋居室、楼宇建筑或街道城镇，都需要责无旁贷地创造出适合使用，并成为提升性灵的场所，莱斯特大学工程系馆正是这样一栋建筑。

剑桥大学历史系馆（英国剑桥，1967 年）

从剖面看，剑桥大学历史系馆上窄下宽，可容纳 280 名学生。使用密度最高的阅览室放置在一楼，二、三楼是师生共享的空间，往上则是研究教学空间，教师办公室在最高两层。在竖向交通设计上，把学生的上下楼流动楼梯作为专项独立设施，因此电梯可以空下来供教师上楼时使用。斯特林还在剑桥大学历史系馆的设计中，采用了动线组织空间形式，他具体的方法是把楼层的通道设计为阶梯式长廊，如此沿着长廊移动便可以看着屋顶外部空间，而在长廊外边时还可以看到建筑的内部空间。这些通道就像一组组屋顶采光罩，把光线引进阅览室和建筑内部。英国的气候很少极热极冷，常出现多云日子，天空常出现很美的光线漫射。斯特林巧妙地运用玻璃建筑适应英国的气候特点，他不妥协地努力寻求空间最佳效果，把玻璃罩既可挡雨又能采光的特性发挥得淋漓尽致。他还把玻璃构造设计成可以推进推出的空间包覆形式，这些形式达到了满足用途的理想状态。

剑桥大学历史系馆

在剑桥历史系馆的阅览室部分，他还将各式各样的空间汇整起来形成统一形式，之后再用玻璃结构把这些空间盖住，成为一个完整组合，这些都很好地体现了他的一贯观点："建筑形式应该明确体现使用者日常的使用方式。"剑桥历史系馆也是一座趣味性丰富的建筑，依照斯特林"元素多元性与尺度丰富性是建筑具有趣味性的基础"的观点；他一直坚信大众会与他在这一点上看法一致，剑桥历史系馆建筑很好地验证了斯特林的观点。

圣安德鲁大学学生宿舍（苏格兰圣安德鲁，1968 年）

圣安德鲁大学学生宿舍建筑主体结构采用预铸混凝土模块。建筑面海而建，沿着基地形态形成狭长的造型，具有很好的海景景观，每栋宿舍容纳 250 名学生，每间宿舍窗子都朝向大海和美丽的苏格兰山脉，餐厅、娱乐室等公共空间位于狭长建筑接合处网状空间结构里，建筑中央还设计了一条玻璃步道，从玻璃步道穿行可以通往室内楼梯间。玻璃步道不仅形成特征鲜明的空间动线，还起到连接楼上楼下的学生宿舍的作用，构成了学生宿舍社交空间核心元素。

圣安德鲁大学学生宿舍

德国新国家美术馆

德国新国家美术馆内部

德国新国家美术馆（德国斯图加特，1983年）

德国新国家美术馆是邀请竞标的中标项目，在斯特林完成的设计委托中，德国新国家美术馆是其中最具影响力的作品之一，他在德国新国家美术馆的设计中开始采用整合多种元素的后现代手法，用设计实践提出了对现代主义的质疑。

斯图加特四面环山，德国新国家美术馆坐落在市中心边缘的一个坡地上，是当地名气最大的建筑，建筑体现了斯特林后现代主义和折中主义手法，新馆建筑与1838年修建的老馆相得益彰。新馆包括美术馆藏陈列室、图书馆、音乐厅、剧场等文化艺术空间，平面布局及建筑立面形体都具有丰富的多样性。为了解决场地两侧高差问题，斯特林巧妙地把场地斜坡融合成建筑的室外休闲步行区，用一条生动的步道贯穿新旧馆空间，步行通道还具有吸引两侧人群的作用，把人们自然地融入美术馆中。老馆馆藏为古典艺术，新馆馆藏则是现代艺术，步行通道把不同意义的新老建筑自然地连接起来。

德国新国家美术馆的巨型展厅还围绕一个圆形露天雕塑庭院的中庭，变成了新馆空间的枢纽，美术馆新馆总平面采取了布局对称的严谨风格，但斯特林又通过各种功能空间在体量和形式上进行不同处理，塑造了一个错落有致、生动的城市街区景观，使附近居民可以俯瞰露天展园通道。新馆建筑台基上还刻意保留了旧建筑遗迹，并为此专门引入坡道平台；设计巧妙地对接了新馆与斯图加特的城市环境关系，充分表达了对居民的尊重和对城市的人文关怀，也体现了斯特林对自然与社会的深刻理解。德国新国家美术馆还配以欢快的色彩、开敞的圆形空间、个性阶梯和玻璃结构入口大厅来吸引游客。

德国新国家美术馆落成之后，很快成为德国热门展馆。新馆尊重了历史环境，把抽象的建筑布局原则与形象的传统建筑的历史片段相结合，将纪念性与非纪念性、严肃与活泼、传统与高科技等一系列矛盾统一，将城市与建筑融合到一起，开辟了德国博物馆建筑史上一片新的天地。

哈佛大学萨克勒博物馆（美国马萨诸塞州剑桥市，1985年）

斯特林在哈佛大学萨克勒博物馆的设计中，采用了把展览空间大众化的手法，把居家氛围模式引入博物馆的设计中。博物馆的入口采用下沉过渡空间与纪念性石造结构结合的形式，随后是一组柱子结构组成的玻璃大厅，之后才进入门厅空间。穿过门厅的楼梯间还设计了折回门厅回廊的过渡空间，通过折回门厅还可以直接到达上方馆藏陈列室。

博物馆的入口、门厅、楼梯间、回廊巧妙组合出充满短促激进的节奏，对进入的访客起到了停与走之间动线定位的作用。通常博物馆入口门厅设计都是采用连续的空间，斯特林却把楼梯本身作为空间本质，把进入博物馆入口大厅、上楼梯到达楼上陈列室的过程，用一连串停止动作打断，以产生新的空间感受。巴洛克建筑通常穿插过渡元素，如门廊与前厅都是连贯的，但在这里却使基本元素形成意外的效果，因此，楼梯便形成独特有趣的空间元素，斯特林在此尝试了用反连续性但很实用的空间形式取代巴洛克式过渡性的门廊，这是一个全新的尝试，形成哈佛大学萨克勒博物馆的独有个性。

哈佛大学萨克勒博物馆

斯特林在古代伊斯兰与东方馆藏陈列室的陈设布局明确地引入居家氛围特色，他说："我希望馆藏陈列室能更私密，像是豪宅主人展示私人收藏品的居室空间，而不是公共机构的博物馆。"斯特林在设计中充分考虑了东方与古代、伊斯兰艺术的关联。每个来到萨克勒博物馆的访客，都可以感受到建筑空间的新颖奇特。斯特林还希望在萨克勒博物馆展现"模糊"空间的想法，设计了看似浮动的顶棚、神秘感的光线，还有古希腊风格的走廊。如果游客从楼梯进来后回过头看，门厅会产生退缩视觉，使出现在走廊的其他人好像从墙里显现出来一样，产生时隐时现的神秘效果。

意大利双年展船屋书店（意大利阿森纳，1985 年）

双年展园地位于意大利阿森纳附近的公共花园，随意分散在树林里的不同类型的建筑表现了各国风情，最大的建筑是斯特林设计的意大利风格的船屋书店。书店建筑在两条林荫大道之间的角落里，建筑风格采用了船屋和八角亭格局的园林建筑形式，他说："当我们试图修建双年展书店亭子时，发现没有足够的地方，因为不想把这个花园里任何一棵树移走，最后我们只好在两排树之间修建。船屋书店就是现在那座沿着小路，呈圆柱状的八角亭格局建筑，在这个花园的建设中，来自世界各地的著名建筑师参与其中，他们在这里设计修建了不同的建筑，这些建筑的类型都比较常见，比如英国式的园林建筑。这里并不像是一个公共花园，而更像一个充满异国情调的建筑温床。"

意大利双年展船屋书店

波特里街 1 号（英国伦敦，1997 年）

波特里街 1 号的设计在 1988 年完成，被公认为詹姆斯·斯特林最好的设计之一，遗憾的是完成施工之前，他便离世了。早年密斯曾提出该地块的设计方案，密斯与斯特林的方案完全不同，密斯提出的建筑是以钢构

波特里街 1 号

与玻璃打造的大楼，并且有广场配套空间，密斯的设计在 1985 年被否决。斯特林回忆道："这块基地非常特殊，交会处复杂多变，街道纵横交错有如蜘蛛网一般，波特里街 1 号的周围尽是建筑大师的建筑巨作，因此这里是伦敦城市的建筑精华所在。"斯特林曾支持密斯的设计方案，他曾拿着密斯设计的简洁、连续的高楼立面照片说："我支持他的设计，我乐意在城市里看到密斯的建筑，波特里街 1 号建筑应该成为现代伦敦的一部分。"

詹姆斯·斯特林的理念、言论及成就

詹姆斯·斯特林是一个兴趣广泛的人，具有折中而独立性格，他回忆道："我年轻时并未到事务所工作，或者依循英国实习生体系的社会模式，那时我在建筑学校读书，我不为哪个大师工作，尽量避免受到哪个大师的影响。"斯特林认为建筑师应当依照自己的美感，建筑师职业的价值在于提出实用、有逻辑的方案，恰当安排，以解决社会问题。大至城镇，小至街道或个人住宅，没有必要把建筑都打造成纪念碑，理想的建筑应当有戏剧性，精致细腻并且很引人注目，但同时还要保持建筑的朴实和低调。斯特林对建筑的表现性、空间识别性作了大量的研究，他的研究结论是："建筑要能够辨识出人们在其中从事不同活动的各个构成部分。"斯特林也以他独特的方式关注建筑艺术层面，他说："对我来讲，建筑的'艺术'自始至终都是优先考虑的，我喜欢在同一栋建筑中，既使用高技派幕墙，也使用住宅式的窗户，这样建筑的立面就能形成不同尺度与风格，让建筑的不同部位带给人们不同的感受。"

20 世纪 50 年代，他也开始对乡土建筑产生兴趣，从乡村住宅、小型农场、谷仓到非常大型的工业建筑、仓库、铁路建筑、展览棚屋等都是他关心和研究的对象。斯特林一直认为路易斯·康是最后的大师，他不仅为现代主义抽象与几何样式增色，还透过对历史的洞察，为建筑语汇增加丰富的一面，丰富了建筑界的整体状态。路易斯·康思想创新的深度更新了现代设计，从某种角度看斯特林的作品借鉴了路易斯·康的设计方法和理念，并从深度上更新了现代主义建筑设计的语汇内涵。所以斯特林的名言是："如果你只仰赖现代运动的语汇，那就会饿死，我希望现代运动能够尽快过去，今天，我们能回溯过往，再度将整体建筑史视为我们的背景，当然也包括现代运动，例如高技派。建筑师向来回顾过往，才能再前进，而且也应该和画家、音乐家、雕塑家一样，能够在我们的艺术中融入'再现的'抽象创新元素，在摆脱乌托邦理想与责任不断增加的今天，跟上时代不断发展，我们期待更自由的未来和更丰富的记忆空间，除了'再现与抽象'我希望每个硕大的建筑体量都能同时传达出传统性、纪念性和高科技信息。"斯特林较早提出了设计必须尊重建筑历史，尊重城市文脉和环境肌理原则。斯特林作为建筑师和理论家，他在探索建筑历史和城市文脉肌理关系的后现代建筑领域作出的成就，使他成为后现代主义建筑的重要代表人物。

斯特林工作方法的秘密是平实的直觉，他的工作模式是依循着线性路线，避免看起来很炫的点子，在这种线性过程中，用优先法理清思路，而形式、平面在脑袋里解决，他也会随手画些草图，先不去理会具体的材料结构，这一过程只求形式，直到整体概念确定，才会开始研究适当的结构与适合的材料。

斯特林的工作特点是手头工作与思考同步，他通常先自己完成构思，用他的话说就是："有时会在家里或飞机上做这件事情。"之后会在事务所和团队讨论，要大家理解他的想法和理念，并在接下来的过程中按他的方向进行后续的工作。他把这视作互动的过程，比喻这一过程是："建筑不像网球，而是和板球比赛一样；球员在打击者周围，而打击者可能把球击到任何方向。"

斯特林一贯反对墨守成规，也反对现代主义建筑过于抽象的语汇表达，在他的观念中，包豪斯模式和国际式样模式建筑语汇的表达过于重复和简单。建筑应该和音乐一样，有完整的演奏体系和曲目，现代主义建筑虽然可以用单一音符作出细腻的表现，但是斯特林觉得现代主义建筑的音乐性不够丰富，现代主义建筑的问题是稍显空洞。他认为以格罗皮乌斯为代表的包豪斯体系的现代主义建筑的问题，在于与历史的一刀两断，他说："无论现代主义建筑是好是坏，它确实出现了建筑历史割裂的问题，建筑只有在 20 世纪才这样，其实在 18 世纪，甚至在每一个世纪，你都可以发现建筑延续了罗马、埃及，或者古典、哥特建筑等的传统性，而包豪斯的出现把过去全都抛弃了。现在我们必须稍微把过去找回来。"斯特林的价值在于首先准确地指出现代主义建筑的不足，即现代建筑风格虽然具有创新性，但却缺少文化脉络的连贯性。斯特林也分析了现代主义大师柯布西耶、密斯等为代表的现代主义建筑师，肯定了他们的建筑模式和方法也是在不断变化、不断前进的。斯特林崇尚的建筑是平面与功能的完美结合，他一直尝试调整和否定现代主义建筑原则中不合理的部分，努力寻求可以代替现代主义不同的工作方式与规则，也努力寻求低成本与现实、方便、可行的建筑模式。他说："我自认为是朴实的功能主义者，我的建筑解决方案方式是追求符合逻辑，解决面临的问题，方案必须与我们生活的时代相互关联，例如基地、功能、材料、成本等。"

参考文献：

1. Peter Arnell, Ted Bickford. James Stirling Buildings and Projects 1950-1980. New York: Rizzoli, 1985.
2. James Stirling. Architecture in an Age of Transition.Domus, September 1992.
3. James Stirling. Sa Conception de Muse. Techniques and Architecture, October-November 1986.
4. Robert Maxwell, eds. James Stirling: Writings on Architecture. Milan: Skira, 1998.

图片来源：

1. Peter Arnell and Ted Bickford. James Stirling Buildings and Projects, 1950-1980. New York: Rizzoli, 1985: 23-27.
2. Robert Maxwell, eds. James Stirling Writings on Architecture. Milan: Skira, 1998：81-86.

罗伯特·文丘里 Robert Venturi：后现代建筑运动的旗手

罗伯特·文丘里

罗伯特·文丘里人物介绍

罗伯特·文丘里，1925 年出生于美国，1947 年毕业于美国新泽西州普林斯顿大学，获文学学士学位，1950 年获艺术学硕士学位。1954 年文丘里获得罗马奖，到罗马的美国学院进修。

文丘里与大多数其他建筑师的职业生涯有所不同，他曾多年从事写作，之后成为通过用文字阐述建筑的建筑理论家，而后才是一个用建造来诠释建筑的建筑师。文丘里体现了一个有思想的建筑师先以写作论述影响了世界建筑的发展，之后又以写作和建造的双重手段对时代建筑和发展趋势产生了重要作用，他也因此成为世界后现代主义建筑运动的旗手和领袖。

文丘里代表建筑作品有，母亲之家（美国宾夕法尼亚切斯特希尔市，1964 年）；普林斯顿大学巴特勒学院胡应湘馆（美国新泽西州普林斯顿，1985 年）；西雅图美术馆（美国西雅图，1991 年）；英国国家美术馆圣斯伯里馆（英国伦敦，1991 年）；耶鲁大学医学院安里安医学研究教育中心（美国康州纽哈芬，2003 年）；1991 年文丘里获得普利兹克建筑大奖。

罗伯特·文丘里作品分析

母亲之家（美国宾夕法尼亚切斯特希尔市，1964 年）

母亲之家，是年轻时文丘里为他母亲设计的住宅，坐落在切斯特希尔市（Chestnut Hill）。同许多建筑师职业生涯初期一样，为密友或家人、亲

母亲之家

戚设计小房子，通常是通过躲避业主挑剔实际项目拓展事业的最初机会，如此建筑师可以摆脱生意性质的服务给设计风格带来的羁绊，得以倾注心力与灵魂，全力实施自己的创作理念，形成建筑师强烈的个人风格特色。对建筑师来说，可以把自己独立起来埋头不断琢磨，犹如个人的流浪与冒险一样专心思考。

文丘里设计母亲之家作为他新设计美学观的实验，探索了新的社会背景下住宅的构成要素。文丘里描述道："有些人说，我母亲的房子就像给孩子的住宅，呈现庇护处的基本元素：斜屋顶、烟囱、门窗。我喜欢这个评价，因为这栋房子实现了另一个目标——说明了住宅这种类型的建筑，其要素组成及其住宅的基本性质。这栋住宅比较接近路易斯·康的思想，毕竟我年轻时，路易斯·康深刻地影响了我。建造母亲之家是我的一种学习方式，也是一次美好的经验，但对母亲之家其实我并不是很满意，建筑从设计到完成的结果并不完全是我想要的样子。从某些方面来说，我很幸运，预算让房子有所改变，而且变得更好。我的直觉告诉我该怎么做，并掌控了我的手。直觉是最后很快就完成的动力。"文丘里的母亲很喜欢这栋房子，只是最初，她觉得餐厅的大理石地板太做作，但后来还是接受了。文丘里母亲多年独居其中，因此许多年轻的建筑师造访时，她都很乐于展示这栋房子，她也会请大家坐在餐桌边聊聊天，谈谈音乐。

普林斯顿大学巴特勒学院胡应湘馆（美国新泽西州普林斯顿，1985 年）

文丘里从周围环境获得设计依据，在普林斯顿大学巴特勒学院胡应湘馆的设计中采用了视觉连字符号形式的构思，文丘里把普林斯顿大学胡应湘馆视作狭长的句子形状，把建筑居中的位置当作视觉连字符号，运用连字符形式连接起一旁已存在的宿舍建筑群，将其统一在一起。

设计把入口放在偏侧面，而不是放在中央；入口处大胆的象征图像装饰和大型的大理石与灰色花岗石片墙结合，通过片墙烘托对比把学院整体与建筑本身的入口意义凸显出来，也起到强调原本过于隐蔽的建筑的效果。片墙还令人想起早期的文艺复兴装饰风格，图像参考伊丽莎白·詹姆士一世时期壁炉边的装饰图样，与伊丽莎白样式的建筑形成呼应。宿舍原本是位于巴特勒学院中心的一栋砖造建筑，文丘里尊重校园宿舍原有的砖造建筑构成关系，形成共同材料形式建筑块体的关系，砖造与石灰石的门窗边框以及紧依着入口的带状窗户使普林斯顿大学巴特勒学院胡应湘馆与原有的建筑环境高度融合，同时也创造了本身的独特魅力。

普林斯顿大学巴特勒学院胡应湘馆

西雅图美术馆（美国西雅图，1991年）

西雅图美术馆建设费用很高，是当时西雅图城市建设预算金额最大的建筑项目，西雅图市民在这个建筑项目中投入了极大的热情，美术馆通过发行公债和接受私人捐助实现了建筑预算。因此西雅图美术馆成为市民及政府都值得骄傲的城市建设项目，文丘里对西雅图美术馆的设计定位是建造一件建筑艺术精品，但又不抢风头。设计方案没有沿袭流行的做法——由几栋展馆相连组成的博物馆形式，而是采用了无隔间流动空间的弹性建筑模式。但建筑造型风格还是吸收了19世纪宫殿建筑特色，与兴建于1910年、1912年的西雅图市中心的办公建筑群形成和谐关系，强化了西雅图市中心特色的传统性和丰富性。

西雅图美术馆

而西雅图美术馆的新意体现在新的空间概念打造出了建筑的内在格局，使建筑犹如一个可弹性运用的大型博物馆。文丘里把西雅图美术馆规划成只有三分之一的空间是用于展览，其他空间是为满足教育与行政需求。装饰也是西雅图美术馆不可或缺的要素。这里的装饰采用具有表现性的抽象图案和有象征意义的纹饰，再通过配置色彩图案来塑造美术馆建筑外立面的抒情性。这些表现性的抽象图案和具有象征意义的纹饰使用了不同色彩的陶瓦与石材打造，强化了立面尺度变化和节奏感，也增加了美术馆的城市亲和性和平民色彩。文丘里还通过设置开阔的楼梯空间，把城市景色贯穿于美术馆内部，也把外面行人的视线从楼梯间引入美术馆室内，使建筑显得非常开放、亲和。

英国国家美术馆圣斯伯里馆（英国伦敦，1991年）

英国国家美术馆圣斯伯里馆是一个扩改建项目，原建筑由威尔·金斯（William Wilkins）在1830年设计，由于博物馆必须容纳不断提高的游客数量，确保大量人流的安全问题，英国国家美术馆圣斯伯里馆逐渐不能满足参观者的需求，因此旧馆需要扩建。文丘里采用一系列独具创意的新方式，例如把原有的立面古典元素复制到新建筑上，把新馆设计成犹如一个从旧建筑切下的有机体，也添加一些新元素与旧建筑形成对比，例如巨大的方形入口，在美术馆中设置窗户等手法，使参观者不仅在馆内欣赏艺术作品，还能感受到博物馆周边的城市风貌和文化建筑街区的静谧。

为了吻合20世纪博物馆风貌的时代性，文丘里还使用小型金属结构营造立面韵律感，运用综合元素以改善小尺度视觉趣味。文丘里这样描述英国国家美术馆圣斯伯里馆的设计："我们设计的这座公共博物馆，具有抒情装饰的美学特色，而且它位于市中心，承载着教育与公共艺术功能，因

英国国家美术馆圣斯伯里馆

圣斯伯里馆内部

此我们的规划必须符合体制内的传统。所谓的感官性，是指能透过造型、色彩与节奏，直接诉诸感官，让建筑能立刻吸引大众，而且不能只吸引一般的人和孩子，对于那些把这里视为具有重要象征的文化圣殿的人来说，也要有吸引力。"对于英国国家美术馆圣斯伯里馆改建项目，大家的期望是和原有建筑具有一致性，所以增建的部分具有包含历史延续性的场所感相当重要。

文丘里还关注到场所感的现实性，他认为如果能在一般场所也能欣赏到艺术，而不是只在博物馆看到，也可以同样令人兴奋；假如你到朋友家，看见客厅里很棒的画作，可能会比在博物馆看到这件作品的感觉更美妙，因为这画是在现实中。因此他在展览厅设置了窗户来提示参观美术馆建筑的真实世界的意义，这么一来，参观者观赏体会优秀画作之余，还可以望向窗外，让思路在被艺术的景象打断之后再回到现实世界，使游客观赏体会优秀画作的感受显得更加神奇，类似于观赏戏剧时，在每一幕之间的间隔中体会剧情一样。

文丘里还在项目过程中和设计事务所的同事来到建筑现场，研究讨论建筑需要的一些细节，发现了美术馆旧馆的材料构造对设计来说具有限制性，提示了他在新馆立面运用小型金属柱的想法，而这些元素原本也是威尔·金斯在旧馆曾使用过的。

耶鲁大学医学院安里安医学研究教育中心（美国康涅狄格州纽哈芬，2003 年）

耶鲁大学医学院安里安医学研究教育中心

文丘里在耶鲁大学医学院安里安医学研究教育中心的设计中，把庞大的建筑用复合体形式化解开，使用了不同体量的建筑体块组成弹性楼面形体组合。虽然建筑规模与尺度非常庞大，但经过文丘里的复合体形式化解，使建筑尺度感与环境形成了协调合理的状态。对于建筑庞大尺度的化解还得力于外立面所采用的不同材料所形成的图案，以及图像化装饰性和雕塑元素起到的视觉体量削减作用。文丘里在建筑后面布置茂密的绿植，软化围篱造成空间隔离感，以提升建筑对周边城市空间环境的友好度。

罗伯特·文丘里的理念、言论及成就

文丘里在 1954 年获得罗马奖，得到了去罗马美国学院进修的机会。有两年的时间得以深入研究欧洲建筑历史。在罗马，文丘里学习了装饰主义建筑，以及意大利历史建筑装饰主义特色；他还研究了欧洲古典主义建筑，认识到古典主义建筑空间与形式具有必不可少的社会意义，并非仅仅体现在象征性质而已，对欧洲古典主义建筑的重新认知，奠定了他后来写作《建筑的复杂性与矛盾性》的理论基础。

1966 年，文丘里写下著名的《建筑的复杂性与矛盾性》一书，他通过这部著作，充分阐述了现代主义建筑的争议和批判性观点。在书中，文丘里是以一个建筑师的身份来写作，而非以建筑评论家的身份出现。《建筑的复杂性与矛盾性》以一种观看建筑的方式来提示建筑师，不要只被旧有的习惯所引导，而是要理解过去的传统，通过审慎思考，批判性吸取前人建筑案例的有价值的部分。文中，文丘里也从一个艺术家的角度坦白自己所喜好的建筑特性，借以呈现他所阐述的建筑的复杂与矛盾性。文丘里的著作深深影响了同时代的建筑师。

1968 年文丘里创建耶鲁大学拉斯维加斯工作室，并创办了文丘里—史考特布朗联合事务所，聘任助教伊森诺尔，主导事务所展览与平面设计和建筑项目研究，以及担任事务所负责人。期间他们带领学生进行研究考察，研究了拉斯维加斯的带状商业区，作为他们共同的研究成果——商业地景丑陋与平庸的社会评价标准由此提出，颇具启发性分析与批判。

1972 年文丘里又写作出版了另一部著名论著《向拉斯维加斯学习》。该书由文丘里、史考特布朗与伊森诺尔合作撰写。《向拉斯维加斯学习》描述的是 1968 年前后，在拉斯维加斯商业带状区的调研过程。他们的第一个反应是拉斯维加斯带状商业区所拥有的特色与活力，强调了这种特色与活力具有的特别意义，这正是当时现代主义概念下设计形成的许多城市，都会地景匮乏的时候。文丘里认为他在罗马学习的是空间，在拉斯维加斯学习的则是象征性。在《向拉斯维加斯学习》一书中，他分析了建筑地景把标志用得淋漓尽致的特性，而在分析时，也研究欧美等西方建筑历史，揭示了象征性、图像与图示在建筑史中扮演了很重要的角色。从拉斯维加斯街区建筑招牌装饰，发展出将装饰性顶棚构造方式视为不可或缺的建筑类型和建筑装饰概念，文丘里把这称之为建筑招牌。

在《向拉斯维加斯学习》中，文丘里提出"建筑其实是传统悠久的艺术"的论断，他认为有吸引力的建筑其实来自体察平凡事物，并从中攫取灵感。他认为建筑最主要的目的是给予人类庇护，成为社会生活背景，而建筑美学必须具有如此的说服力。然而，建筑使用的手法不应该跟随流行演变、炒作，也不应该用哗众取宠的方式来引起轰动。吸引力来自说服力，建筑应该适当地运用文化吸引力，丰富建筑多元品位，处理恰当的建筑应该是一种背景艺术，恰当的建筑不必迫使其非得前进不可。例如，纽约市中心时代广场及其他许多时下建筑自我彰显。大家认为所谓优秀建筑师的定义，是使用者一眼即可看出建筑师的个人语汇是一种错误。今天，优秀建筑师的定义正好相反，建筑要能灵活运用多种语汇，这和我们这个时代对品位、文化、异质与兼容并蓄的想法有关，对丰富性的重视应该优于一致性。他说："我们的另一种理念令许多人不解，基于这个理念，我们反对所谓特色的奇才，我们非常重视建筑具有弹性，能通过时间考验，例如新英格兰磨坊、无隔间厂房、意大利宫殿等建筑形式。意大利宫殿400年来都一样，只有上面的装饰会变动。"这种建筑的运用方式很多，与现代主义以五指手套取代连指手套的特制化概念恰恰相反。

文丘里另一个观点是，建筑的内涵与采用的表现手法相关，而不是出于扭曲形式的抽象概念。人们会把文丘里的观念看作是现代主义的对手，事实并非如此，在文丘里的理念中对像阿瓦尔·阿尔托这样的建筑师充满赞美，也对柯布西耶的萨伏伊别墅充满敬意。他赞扬建筑师醉心于诚恳、诚实的建筑。文丘里主张的后现代主义强调了建筑与历史的关系，就像文艺复兴建筑与巴洛克一样具有继承性。文丘里说："其实装饰也可以是诚实的，即刻意使用建筑装饰为建筑赋予意义，这怎么能说是伪善呢？建筑可以有多种样貌，但一定要贴切。然而，贴切感不仅应当用于各种文化类型，也要用于文化价值，但这些建筑并不是装出来的。不是所有建筑都一样重要；不是所有建筑都应是高尚的艺术；多数的景观应该囊括朴素与花哨的建筑。"

文丘里反对建筑师只想着自己应该喜欢什么，建筑师应该采取何种意识形态，应当顺应社会的情形。建筑师如果从一开始想着要当佼佼者，追求会变得了不起，这样的话社会就会出现麻烦。他认为身为建筑师其实就是一个工匠，需要每天尽力而为。能成为具有原创性和革命性的建筑师是可遇不可求的事。具有启发性的建筑师需要单纯，需要能以居家体验来从事设计和艺术追求。

文丘里也重视早期的直觉和童年感受，他认为同年的喜好会影响成年直觉，艺术需要通过早期的直觉了解自己，他曾回忆道："我童年会在住宅后门看到母亲之家的存在，现在这扇门已遍及全球，还出现在伦敦国家美术馆圣斯伯里馆的入口。我小时候很喜欢费城现代美术馆外面五颜六色的陶制品，这影响了我在西雅图设计的博物馆。"

著名建筑师路易斯·康也对文丘里产生过影响，文丘里认为作为学生，从路易斯·康那里得到的最大收获是服务空间的概念，即空间是有级别性的，必须找出大的主要空间和次要空间，从中演变出以前到现在一直很重要、很有趣的新空间形式。在他的文章中，提到过许多从路易斯·康身上学到的东西。据文丘里的回忆："我会在电梯里遇见路易斯·康，我暑假曾在罗伯·蒙哥马利·布朗事务所实习，他是我们当地的现代建筑师，而楼上则是路易斯·康的办公室，当时没什么人听过他。我会在电梯里遇见他，也见过五六个替他工作的年轻人，他们从来不曾和我说话，因为我年纪轻，看起来没什么经验，但是康会跟我说话，他人真好。在我回到普林斯顿完成硕士论文时，便请路易斯·康和乔治·豪伊担任论文评审。路易斯·康也推荐我去找沙里宁，我在他的事务所待了两年半，在那里我并不是特别优秀，但是交了几个好朋友，也学到许多事务所的经营之道，之后由于父亲生病，我回家经营家族的水果农产品事业。我在家里的公司待了一年半，很害怕终其一生都得困在这里，那时我会去路易斯·康的办公室拜访，当作精神支撑，他是我很好的愈合良方。"在获得罗马奖之后，文丘里回到美国为路易斯·康工作，也以他助理的身份在大学教书。1961 年，宾夕法尼亚州大学建筑学院院长霍姆斯·柏金斯聘请文丘里开一门建筑理论课，这门课为他写作《建筑的复杂性与矛盾性》做了准备，后来文丘里把课堂笔记演变成了这本书。

文丘里也认为在现代主义大师中，阿尔瓦·阿尔托的作品对他影响重大，无论是在艺术或技巧层面，阿尔瓦·阿尔托的作品都最动人、最重要，也最丰富，成为他学习的来源。文丘里说："就和所有超越时代而流传下来的东西一样，阿尔瓦·阿尔托的作品也能以多种方式来诠释，而每一种诠释，在当时都可说是正确的，毕竟这么好的作品，会具备多种与多层次的意义，但阿尔托的建筑最讨人喜欢，对我这个不停写作的人来说，如果能读读他写过的关于建筑的文章就更好了。"

参考文献：

1. Robert Venturi, Denise. Scott Brown: Interview with Robert Maxwell. Architectural Design, 1992.

2. lnterview with Denise Scott Brown and Robert Venturi, Perspecta, 1997, 28.

3. Robert Venturi. Complexity and Contradiction in Architecture. New York: The Museum of Modern Art, 1966.

4. Hanno Rauterberg. Talking Architecture: Interview with Architects.Munich: Prestel, 2008.

5. VSBA Today. Architectural Record, February 1998.

6. Martin Filler. Robert Venturi & Denise Scott Brown. House Beautiful, June 2000.

图片来源：

1. Werner Blaser. lnterview with Denise Scott Brown and Robert Venturi. Perspecta, 1997, 28: 35-38.

拉斐尔·莫内奥 Rafael Moneo：开启紧密建筑理论的实践者

拉斐尔·莫内奥

拉斐尔·莫内奥人物介绍

拉斐尔·莫内奥，1937 年出生于西班牙图德拉，1961 年毕业于马德里科技大学，1985 ～ 1990 年担任哈佛大学设计学院的建筑系主任。代表作品有，国立罗马艺术博物馆（西班牙梅里达，1986 年）；米罗基金会馆（西班牙帕马，1992 年）；库塞尔演艺厅与会议中心（西班牙圣塞瓦斯蒂安，1999 年）；休斯敦美术馆贝克楼（美国德克萨斯州休斯敦，2000 年）；圣母大教堂（美国洛杉矶，2002 年）；普拉多博物馆增建，（西班牙马德里，2007 年）等。1996 年莫内奥获得普利兹克建筑奖。

拉斐尔·莫内奥在完成一系列高质量建筑设计的同时，也从事建筑教育工作，他在 1985 ～ 1990 年担任哈佛大学设计学院建筑系主任期间，对学术界也有很大贡献，特别是对当代建筑现况独特的批判观点和视角，对之后的建筑学界可谓影响深远。

拉斐尔·莫内奥作品分析

国立罗马艺术博物馆（西班牙梅里达，1986 年）

国立罗马艺术博物馆设计首要用意是要借助博物馆的兴建，让人们有机会了解已不复存在的西班牙梅里达古罗马城镇。因此，博物馆建筑不仅要传达和表现罗马建筑物的特色与风貌，还要满足考古发掘现场的环境要求。莫内奥借用了材料关联性来呈现罗马建筑风貌特色，他为国立罗马艺术博物馆的设计制定了两条原则：一个是国立罗马艺术博物馆建筑比真正

国立罗马艺术博物馆   国立罗马艺术博物馆草图

罗马时期的建筑更抽象，使博物馆建筑与纯粹古罗马建筑古典主义风格有所不同；第二个是采用传统的砖作材料构造为主要营造形式，让游人可以感受到类似考古发现时，罗马建筑的空间。莫内奥在国立罗马艺术博物馆刻意使用传统砖作材料，不仅要实现"类似罗马考古发现"的空间效果，打造出丰富抽象变化的当代建筑语言，同时在思考和定义该建筑的性质方面，砖作扮演了重要角色，具有无可替代的作用。

莫内奥还大胆使用砖作材料来做博物馆非常庞大厚实的承重墙，墙体的修建模式几乎和古罗马形式完全相同，不同的是，为了让这些类似罗马风格的砖墙更加坚固，莫内奥在承重墙用了填充混凝土，庞大厚重的古罗马式砖造承重墙成为博物馆建筑最重要的特色。莫内奥说："真实罗马砖作的灰泥接缝，比我在梅里达所做的还要厚些，我尽力设法让这些砖作构造的接缝变得薄些，因为只有减少这些砖作灰泥接缝，才能让博物馆的墙变得更抽象，运用抽象的墙来烘托考古发掘文物，减少接缝存在的干扰因素，让墙体显得更美。"

米罗基金会馆（西班牙帕马，1992 年）

米罗基金会馆位于西班牙帕马，由拉斐尔·莫内奥于 1992 年设计完成。米罗基金会馆建筑独特之处在于其强烈的表现手法，这栋建筑的量体和风格与周边环境相比，似乎过于强烈，但是，莫内奥研讨后发现，周边自然环境正在被人为建筑侵蚀，美丽自然的山坡环境中出现了过多的人为因素。因此，他采用强烈的表现手法，是希望通过米罗基金会馆形成对环境关系的回应，以此传达原本存在于此地的海洋，已经随着过度开发而消

米罗基金会馆

失的警示。

米罗基金会馆也体现了莫内奥处理空间延续性的技巧和惯用手法，例如通道的设计，借助空间延续性变化使到访者在沿着入口前进的过程中忽然发现美丽广场的意外惊喜；而后面接续的花园空间在游客惊喜未尽时，又带来新的景观。由于米罗的重要画作将在此陈设，所以在设计时，莫内奥还必须恰当地处理建筑地缘关系，例如建筑基地需要呈现出南向的斜坡，还有屋顶结构、会馆立面、景观水池等都需照顾到与画作陈设模式的一致性。

库塞尔演艺厅与会议中心（西班牙圣塞瓦斯蒂安，1999 年）

库塞尔演艺厅与会议中心位于西班牙圣塞瓦斯蒂安，1999 年由莫内奥通过竞标赢得该项目设计委托。莫内奥首先对库塞尔地区环境地理特殊性进行了详细系统分析，提出充分尊重地理气候条件和周边环境面貌的方案设想。他提出建筑在兴建之后，不破坏圣塞瓦斯蒂安的地理风貌的基本原则；对演艺厅与会议中心内部功能需求进行规划考虑，分别打造成独立的空间，因此建筑外观造型如两块庞大的巨石，耸立在圣塞瓦斯蒂安的河口处，形成该地区特殊地理环境有机组成部分的地景标志。

莫内奥的库塞尔演艺厅与会议中心的设计思路很单纯，首先把建筑外量体设计成一组紧密结合却相对分离的构成形式，莫内奥说："不对称量体的坐向安排，让进入大厅的访客不自觉地被引导向建筑高层，在那里可透过窗子细细端详乌戈尔山与海洋美景。外部玻璃设施往外延伸，迎向饱含盐分的海风，建筑量体在白天看起来厚实、不透明却有变化，到了晚上则变成神秘、璀璨的光源，由内部钢架与外部特殊玻璃结构组成的窗子穿过建筑的双层墙体，形成中性且明亮的室内空间，由立面窗子包覆大厅可以很好地接触到外部世界。"莫内奥的一系列举措使库塞尔演艺厅与会议中心设计方案在地缘环境框架下臻于完美。

库塞尔演艺厅与会议中心草图

库塞尔演艺厅与会议中心

有评论说莫内奥的库塞尔演艺厅设计借鉴了密斯的风格，但不同于密斯的手法是建立室内与室外的完全连续性，这更加刺激人们觉察室内与室外的互动。莫内奥的建筑也更注重充分维持地理原貌，追求自然肌理的吻合，为圣塞瓦斯蒂安的居民带来不同的体验，使他们享受到了城市与自然互动的美丽环境。

休斯敦美术馆贝克楼（美国德克萨斯州休斯敦，2000年）

休斯敦美术馆一期建筑建于1924年，由沃德·华金设计，1958~1974年密斯又进行了增建改造，莫内奥设计的挑战是需要与前面建筑密切结合，这也是休斯敦美术馆贝克楼修建设计的关键。因此，莫内奥依据新旧紧密性关系来解析建筑典型，并进行综合设计。在休斯敦美术馆贝克楼的平面设计中，莫内奥打破系列组成的展览空间固定形式，把建筑中部不同空间，用隐藏通道联系起来，隐藏通道自然地引领了观众的参观路线。他还运用了屋顶轮廓的变化形式，强调对应展览空间的多样性，屋顶也成为美术馆空间最重要的特色。屋顶设计还凸显了光线的重要性，采光手法，体现了莫内奥把光线作为建筑设计主要元素的概念，光线的重要性在室内空间得到非常恰当的体现，建筑巧妙地运用自然光，光线自然合理地从顶部泄入房间与展厅。

休斯敦美术馆贝克楼草图

休斯敦美术馆贝克楼

完成后，休斯敦美术馆贝克楼从沿街的主立面看过去，与原建筑师沃德·华金和密斯的设计结合关系可谓完美。

圣母大教堂（美国洛杉矶，2002年）

在圣母大教堂设计中，莫内奥把光作为建筑的最基本元素，为了使圣母大教堂很好地实现采光，莫内奥在教堂顶部设计了大型窗户，让顶部光线穿过窗户经由顶棚的反射，均匀地散落在教堂内部空间里，反射光在内部空间传播过程中产生出漫射光的独特氛围，把教堂内部元素都笼罩在漫射光的独特氛围里，为进入教堂的人营造出丰富的空间体验。在光的变化体验中，人们沿回廊通道进入中殿，中殿半圆后堂上方的玻璃十字架成为空间最终节点，光芒刚好穿过十字架洒下，提示出这光就是神秘上帝存在的象征。莫内奥用光颇似罗马式教堂模式，也带有拜占庭建筑的某些体验感。莫内奥说："当我开始构思这座教堂时，试着寻找有哪些现代建筑能让人感受到神圣的存在，我相信光才是要重新找回建筑超越人性的重要角色，透过光的载体，我们才能体验所谓的神圣。"

除了对光的追求，莫内奥还在建筑材料方面进行一番考究，他使用混

圣母大教堂

凝土很有原创性，通过对基地周围建筑材料环境进行综合分析，赋予混凝土材料室内外的双向环境适应性，形成具有内外墙之间的材质连续感。在这里，莫内奥很仔细地研究这种材料随时间而产生的表现，他希望材料本质从一开始就能被大家所感受。建筑色彩也是另一个有趣的层面，莫内奥在教堂环境使用与混凝土材料产生包容关系的灰黄色，灰黄色让混凝土材质的教堂建筑构造之间形成和谐的同质感，使进入教堂的人们因此而产生亲切感。

普拉多博物馆增建（西班牙马德里，2007 年）

普拉多博物馆增建

　　莫内奥通过严格竞图在普拉多博物馆增建项目设计中胜出，设计普拉多博物馆增建部分，莫内奥希望打造出呼应原建筑的设计方案，他追求的效果是游客在博物馆的增建空间部分时，并不会觉得是在一间新的博物馆，而是依然在普拉多博物馆旧馆。他的设计刻意让游客可以从大厅看到一旁旧建筑的肩部和原来长方形教堂的后堂。莫内奥说："如果说这次增建有什么优点，那就是它并未落入标准解决方案的窠臼。例如文丘里的伦敦国家美术馆增建，大家会说那是附加上去的，是一种集合体。而我们尝试的增建，和连接的主建筑更有共生关系。"普拉多博物馆的增建立面设计低调但不失体面，部分采用古典风格，他还委托西班牙艺术家伊格雷西亚斯设计了铜制的入口大门，以此达到吸引游客的关注和软化立面作用。莫内奥说："如此一来，此立面就具备了建筑常有的功能，提供了一个多元形式的框架，并借助旧馆建筑传达出另一种现实。"他努力思考增建项目与旧建筑的结合究竟能达到什么样的效果，而建筑行为本身传达出形式与意象的一致性，营造出真实可信的感受，这也是许多建筑师一再探讨的核心问题。

　　评审中标说明了莫内奥的设计方案已经取得一定程度的认可。但普拉多博物馆的增建项目属于含有公共记忆识别性的特殊项目，这类项目，经过改造的新建筑呈现在大众眼前时，经常会因为公共记忆有出入，而出现反对声浪源源不绝的现象，许多建筑师都难避免其影响。莫内奥在普拉多博物馆增建项目设计过程中也无例外，但他认为这不一定是负面的，建筑也不会因此变得不好，他反而相信多元的意见能让作品更丰富，他相信好的建筑依循一定过程能够渐渐把反对声浪化解。也有人把普拉多博物馆增建设计风格说成是一种折中和妥协，而莫内奥认为这恰好是一种优点。

拉斐尔·莫内奥的理念、言论及成就

莫内奥的理念是"持久的建筑更多，昙花一现的建筑更少绝对是件好事。能拥有更稳定的城市、更稳定持久的建筑，才是重要的。我的观点是重视建筑的耐久性、存在状态，建筑建造起来就是为了维持长久使用，这是必须努力达成的目标。自古以来，建筑一直在面临同样的问题，能引导建筑师看出建筑的特定逻辑，了解连续性这个特殊观念，这对建筑师至关紧要。将城市理解为一场开放牌局或一场单人牌戏，我们可以增加新的牌，去刻意转变，但不要毁坏前人的模式与标准。大家乐于看到建筑活出自己的生命，因此建筑要接受、对抗建造条件和限制，才能获得适当的状态。建筑对我们来说犹如呼吸的空气，它本身就是一门科学的方式，这一科学方式的主导也是建筑本身。"

以莫内奥的观点来看，建筑最大的问题是随意选择基地建造，基地是建筑的关键所在，建筑向来带着人们对现实的期盼，因此不能随意找个地方就成，而需要透过未来营造计划彰显基地原本隐含的特质，当建筑进入了实体建造过程，随意选择基地建造就会使建筑变得更无法预测。

莫内奥反对作为一个建筑师却干着纯艺术家的事，只想建造属于自己的纪念性建筑，并极力引发感官刺激的做法。建筑师需要尝试同大家一同合作来为社会做点实事，建筑应该是为满足民众需求而建造。建筑不是只满足喜欢这门学科人的一项专业，美好的建筑并不依靠疯狂地引起人们的注意，建造识别性建筑只能说在建筑史上很少见而已，识别性并不一定等于达到了真正创新。建筑需要适合环境，恰当回应和解决现实中的双重性问题；一个是适合都市纹理，另一个是完整独立的建筑单体。莫内奥把这称作"紧密建筑"。"紧密建筑"的意义在于善用城市间隙促进紧凑规划格局，为建筑需求的布局带来自由度。

一个项目建造的庞大经济成本，让社会将设计过程视为必须是缓慢与沉思的实践，而建筑的文化意义变化的速度，也许与媒体信息出现和消失的速度一样快，但施工行为仍要求有大量时间的缓慢投入过程。社会通过新闻、电影、电视、广告，驱使我们过着信息消费的生活，因此媒体成为权力的载体，建筑代表权力的时代已经结束，建筑师的工作把时间变成极度压缩的商品，于是形成被迫缩减建筑概念与最终执行之间的差距，而问题是，建筑常常需要缓慢与沉思的过程，无法对抗媒体信息时代快速实时性成为建筑与社会的矛盾。

莫内奥强调所谓"建筑的耐久性存在状态"，通常建筑师会尽力表现建筑师本人强烈的个人风格，但莫内奥则不同，他的目标是打造出多元永恒而且清新的建筑。他考虑的是建筑更广泛的意义，例如基地的历史连续性、人的切实空间体验、建筑在社会中的角色担当等。莫内奥认为建筑无须反映建筑师本人，建筑代表本身的独特存在就好。

　　莫内奥的作品可以清晰地解释他的营造原则，为他的建筑做法提出合理的理由，体现出用建筑为社会解决问题的基本理念。他倡导建筑师必须清楚地了解建筑项目所依赖的关键元素制约条件，但不一定需要完全掌握相关的技术，建筑师的角色应该着重于对建造项目综合的可靠性负责，也需要对当代建筑文化形式有自己的见解，建筑师必须具备在不同城市环境下进行营造设计的应变能力，例如应对新功能要求条件下规划的认知、研究学习新技术课题的热忱。建筑师也需要深度投入时代社会文化，善于把握建筑文化推出的时间点，这些都是作为建筑师的基本要求，也是建筑师可以在社会上扮演不可或缺的角色的理由。

　　建筑一旦从设计方案到完工落成，它就拥有了自己的生命，建筑作品会产生自身实体的连贯性，因而获得本身实体存在意义和自主角色特性，而建筑师的存在会很快消失，从这一点来讲，建筑师所创造的实体将不再属于他自己，其付出的努力也将成为过往，这意味着建筑作品与建筑师具有一定的距离，有时建筑师的乐趣也就在于体验这种距离感。因此，建筑师需要随时思考、了解自己的处境，必须以不间断的热情投入更新的工作中，才会有事业不间断的未来。

参考文献：

1. Henri Ciriani. Courtesy of Rafael Moneo Architect. A+U Lecture, July 2007.

2. The Idea of Lasting-A Conversation with Rafael Moneo. Perspect, 1988, 24.

3. GSD News. Harvard University Graduate School of Design, 3-January-1985.

4. Rafael Moneo Interview by Kieran Long and Marcus Fairs, 9-January-2004.

5. Rafael Moneo. Assemblage, 2-November-2007.

6. Rafael Moneo. Fragmentation and Compacity in Recent Architecture: End of the Century Paradigms. Ed Croquis, 2000, 98: 19-28.

图片来源：

1. Henri Ciriani. Courtesy of Rafael Moneo Architect. A+U Lecture, July 2007.

2. Rafael Moneo. Fragmentation and Compacity in Recent Architecture: End of the Century Paradigms. Ed Croquis, 2000, 98: 19-28.

理查德·罗杰斯 Richard Rogers：永续建筑精神的开启者

理查德·罗杰斯

理查德·罗杰斯人物介绍

　　理查德·罗杰斯，1933 年出生于意大利佛罗伦萨，1958 年获得伦敦建筑联盟学院学士，1959 获得美国耶鲁大学建筑硕士学位。代表建筑作品有：蓬皮杜中心（法国巴黎，1977 年）；伦敦洛伊德大楼（英国伦敦，1986年）；千年穹顶（英国格林威治，1999 年）；巴拉哈斯国际机场第四航站楼（西班牙马德里，2005 年）；韦尔斯国民议会大厦（英国卡尔地夫，2005 年）；利登荷大楼（英国伦敦，2006 年）；2007 年罗杰斯获得普利兹克建筑奖。

　　罗杰斯童年成长于重视艺术的家庭，其堂兄尼斯托曾担任意大利建筑杂志的编辑，尼斯托影响了少年时的罗杰斯，他开始对建筑产生兴趣。20 岁时的罗杰斯在同尼斯托的交往中开始对建筑有所了解，这促使他在青年时期便确认建筑是适合他的领域，并决定未来努力成为建筑师。罗杰斯曾回忆道："在米兰待的那段时间里，我曾在堂兄位于米兰的办公室上班，那时便开始动手做些建筑模型，之后我回到英国，进入建筑联盟学院读书，接下来的五年在大学里度过。伦敦建筑联盟学院的设计专业很强，我和前卫建筑团体的彼德·库克同年级，那时他们团体才刚成形，普莱斯也在建筑联盟，他们直到今天依然是影响深远的思想家……"

　　罗杰斯在伦敦建筑联盟学院毕业时拿到奖学金，前往美国耶鲁大学深造，师从保罗·鲁道夫及瑟吉·齐梅耶夫。在美国，罗杰斯深受耶鲁大学建筑史学者文森·史考利的影响，他曾开设介绍弗兰克·劳埃德·赖特以及其他大师的课程。罗杰斯说："史考利讲得很精彩，我也在美国各地旅行，看了大部分赖特的建筑，另一个对我重要的影响则来自路易斯·康。"在耶鲁大学建筑学院期间，罗杰斯结识了一生最重要的朋友伦佐·皮亚诺，毕业后他们一同回到伦敦，之后他们两对夫妇组成四人建筑组合，再之后，罗杰斯又和皮亚诺成立了两人的联合事务所，在多年的合作中罗杰斯与皮亚诺成为最亲密的朋友和事业伙伴。

理查德·罗杰斯作品分析

蓬皮杜中心（法国巴黎，1977年）

蓬皮杜中心立面

蓬皮杜中心廊道

罗杰斯认为蓬皮杜中心不需要设计成纪念性建筑，而是让建筑变成属于大众的场所，他的期望是使蓬皮杜中心发展成能涵盖巴黎与其他地方的最新文化与信息的交汇中心，成为计算机时代广场综合体与信息导向的场所，强调的是人与活动、展览的双向参与。

罗杰斯在蓬皮杜中心的设计上，期望打造出能吸引不同层次人群的地方，包括使用者、孩子、本地人、游客、学生，甚至上班族和路过的人。罗杰斯的设计目标并不是建造一座概念高大上的博物馆，他追求的是一个生机勃勃的大众聚会场所。蓬皮杜中心建成数年后，深受大众喜爱，成为巴黎吸引游客人数最多的场所，甚至超过了埃菲尔铁塔与卢浮宫。罗杰斯认为大家喜欢蓬皮杜中心的原因在于蓬皮杜中心建筑空间形式与功能的丰富和多样性，建筑给大家展示了愉悦易懂、多功能开放架构的建筑形式，在使用功能上一应俱全，建筑广场可让人们随心所欲地活动，开敞式的垂直交通让大家可以搭乘扶梯沿着立面往上兜风，也可到隐蔽静谧的艺术陈设和图书馆专区专心观赏和游览，而且蓬皮杜中心的博物馆、图书馆、餐厅，空间可以任意变换。蓬皮杜中心建设初期曾饱受争议，罗杰斯说："在兴建蓬皮杜中心的6年过程中，媒体没有说过半句好话，我们被骂得狗血淋头，只有《纽约时报》刊过的一篇文章例外；这样的情况直到开幕那天才改变，一夜之间媒体的态度大转弯。因此，如果太在乎别人的褒贬，可能会有风险，重要的是在评估自己的作为时，不能偏离自己的目标。"

罗杰斯对蓬皮杜中心的建筑理念是要创造一个架构，提出建筑的方式，让建筑不再是因为建构固定而无法变动，要让建筑的不同部分可以根据需要来更换，这与以往古典建筑或密斯式的现代建筑不同，以往建筑无法增加或减少，罗杰斯刻意使建筑在完工时未达到所谓限定的状态，让建筑在将来需求变化中可以调整，让建筑架构成为一种变化的模式。而建筑内部是实空间或虚空间、透明或半透明并不重要，重要的是能明智地变化安排，把建筑看作组件构造形式、建筑内部和外部皆可调整，而建筑构造的关键是够强、够坚固，经得起调整和改变。

伦敦洛伊德大楼（英国伦敦，1986 年）

洛伊德大楼工作内容类似在市场或交易所，因此希望拥有中庭，能看到彼此，但业主也不能事先确定单体功能需求会占据多少空间，伦敦洛伊德董事会希望建造一栋新建筑——一栋到了 21 世纪还能满足保险市场使用的建筑。于是罗杰斯提出把建筑作为一个中空的盒子，盒子结构周围设计单纯的楼层空间，在建筑外部的 6 座塔楼安置了电梯、空调与电力设施，以方便建筑在空间改变使用形式时可以升级与变更。外部的 6 座塔楼服务于主体建筑垂直交通与运输功能，塔楼里的电梯、空调与电力设施等可以随时更换。伦敦洛伊德大楼方案把罗杰斯的弹性空间思想发挥到一个新的阶段。罗杰斯把建筑的中央部分作为贯通式大屋概念空间，内部空间可以随时、随意更改，竖向交通的改变也不成问题，只要更换外部塔楼的电梯和配套机械即可。罗杰斯说："洛伊德大楼的概念是单纯的楼层平面配以垂直的交通，当初洛伊德保险市场找我们上会讨论时说：'我们在 20 世纪已经建了三栋大楼，都是大约使用了六七十年时间就要变更。我们对于频繁改变感到很厌烦，我们想要建造一栋用到 21 世纪也没问题的建筑。'由此，洛伊德大楼的概念是必须建造弹性建筑，我们的构想是设计很单纯的楼层平面，绝对要够单纯，不能有垂直空间打断，只要有可装卸的服务系统，把这个可装卸系统配置在建筑外部或中庭便可以实现单纯的楼层平面的设想。"

伦敦洛伊德大楼

伦敦洛伊德大楼拥有宽阔的楼层空间，可以确定的单体需求界限，因此设计要求大楼任何一个单体需求空间必须可以任意变换。罗杰斯针对新的洛伊德大楼的平面、剖面与立面的设计，把建筑功能模块体与单纯楼层平面的建筑融合在一起，创造出连接得更好、更有层次，可变的弹性建筑。

对于伦敦洛伊德大楼建筑外部环境，罗杰斯认为，以往要进入城市里的建筑时，通常需穿过又长又窄的街道，因此是斜斜地看见建筑物，而洛伊德大楼周边的设计采用徒步行人空间通道，让人从对角处靠近建筑，并且看到外部的构件，因此，靠近建筑时就会看到建筑整体逐渐显露，建筑立面的重复元素逐渐展开，也保护人们不受往来车流干扰，让锯齿状的高大塔楼丰富天际线，清爽的中庭空间让这栋大楼与周边环境搭配契合。

千年穹顶

千年穹顶（英国格林威治，1999 年）

千年穹顶是英国政府为庆祝 21 世纪大型展览而建造，建筑因千禧纪念意义和建筑造型独具特色而成为伦敦的时代标志性建筑，也成为英国许多重大事件的举办场所，建造之初就受到全球瞩目。千年穹顶是全球超级雄伟和昂贵的建筑之一，建筑投资 7 亿 6 千万英镑，它的空间规模可容纳巴黎的埃菲尔铁塔横卧其中。千年穹顶圆顶造型类似一组高塔拉起一个巨大的伞，它的象征意义是进入 21 世纪的时刻人类乐观看待当今与未来的宣言，表达人类能够掌握自己命运的信心与态度，千年穹顶用以鼓舞人类学会掌握面对未来和享受当下人生的乐观精神。

有趣的是，和罗杰斯其他建筑诞生过程一样，千年穹顶营造过程也面临社会强烈质疑和争议，有媒体评论称："世上很少有建筑像伦敦千年穹顶那样被建造得如此四分五裂。"2001 年，千年穹顶曾被《福布斯》杂志列为全球最丑陋建筑排行榜的首位。这也体现了不平庸的建筑本身就是伴随争议而生的。

巴拉哈斯国际机场第四航站楼（西班牙马德里，2005 年）

巴拉哈斯国际机场第四航站楼

巴拉哈斯国际机场第四航站楼启用时号称欧洲规模最大的民用机场。西班牙时任首相萨帕特罗亲自为新航站楼的启用揭幕，他在揭幕仪式上致辞说："新航站楼的建成启用将成为促进西班牙经济发展的新动力，是西班牙经济现代化和不断进步的一个缩影，代表了西班牙现代化的形象……"

罗杰斯把新航站楼的巨型屋顶设计成连续波浪的造型，航站楼竖向结构运用了巨大"Y"字形支撑钢柱，大厅内的主色调呈米黄色，墙体立面由大块模数的落地玻璃围合组成，旅客在航厦内可以轻松观看四周的美景及飞机的起落状态，体现了设计者关注人与自然和谐的设计理念。屋顶设计的多组圆形玻璃天窗充分利用了自然采光，厅内的光线柔和，令人赏心悦目。屋顶的圆形玻璃天窗具有很好的节能作用，顶棚采用了经过防火处理的一根根长条状型材，装饰成波浪起伏的造型。巴拉哈斯国际机场第四航站楼总面积超过 110 万平方米，包括登机手续和行李托运办理、安检、登机 3 个功能区，有 39 个接驳机位，全年旅客接送能力 3500 万人次，高峰时日进出港旅客可达 1 万人次，巴拉哈斯国际机场第四航站楼成为机场新的功能中心和衔接其他航厦的大型枢纽，航站楼内还辟有 2.4 万多平方米的旅客服务区，包括银行、商场、餐厅、咖啡厅、美容厅，甚至还设有温泉浴场，这些都经过精心设计，旅客对乘机间隙的购物、休闲非常满意。

罗杰斯说："我们的目标是要创造充满乐趣的机场，机场会有充足的采光和绝佳的视野，巴拉哈斯国际机场第四航站楼设计的目标不只是规模庞大，更着眼于创造舒适宜人的城市公共空间。"

韦尔斯国民议会大厦（英国卡尔地夫，2005 年）

韦尔斯国民议会大厦设计是罗杰斯研究低碳、生态领域高科技建筑的一个代表作，建筑采用了当时最先进的光控照明、地热能源、空调夜间冷却和自然雨水收集循环利用系统。建筑借助高科技技术和清晰的生态策略，完美地把握和呼应当地气候及自然环境状态。对于韦尔斯国民议会大厦低碳、生态化高科技建筑的设计定位，罗杰斯运用大量技术细节保证大厦低碳、生态化目标的实现。例如，他的设计采用了人工照明与自然照明、人工通风和自然通风的自动控制交互结合系统，使建筑保证了较高舒适度的同时，最大限度地减少了能耗。在建筑材料方面，罗杰斯选择采用原生态木材和清水混凝土、钢、玻璃等可再生概念材料，使韦尔斯国民议会大厦享有环保建筑典范的美名。

韦尔斯国民议会大厦

利登荷大楼（英国伦敦，2006 年）

从利登荷大楼设计看出罗杰斯处理建筑与周遭环境融合的高超能力，也看得出他积极运用伦敦摩天楼之间空隙的用意，利登荷大楼的业主是英国置地公司，大楼基地设在伦敦高层办公大楼建筑群中，罗杰斯认为作为高层建筑，对利登荷大楼来说，楼群之间的空间以及利登荷大楼街区环境关系和建筑本身一样重要，高层建筑还会影响城市与天际线。罗杰斯说："只要看看芝加哥和塔楼林立的意大利圣吉米那诺，便能明白这个道理，相比较于美国华盛顿网格式街道规划，伦敦蜿蜒的中世纪街道界定出不规则基地的大小，使建筑形式更具张力，我们面临的限制是，必须保留历史建筑观景视野。"罗杰斯经过严谨合理的环境调研分析，大胆地在街道和高层办公大楼中设计置入了一个斜的建筑背立面，建筑与后面的圣保罗大教堂形成造型变化的比邻关系且不会挡住观赏圣保罗大教堂的视野，罗杰斯用利登荷大楼丰富了伦敦城市街区观景需求。罗杰斯的观念是无论建筑规模大小，建筑师的责任都不仅是满足业主的要求，更关系到公共领域文化和科技，利登荷大楼设计需要尊重伦敦的历史和周边建筑，并且能体现出伦敦社会主流经济、政治与科技水平。

利登荷大楼

理查德·罗杰斯的理念、言论及成就

罗杰斯的名言是："建筑的敌人不是一般意义上的不好，而是平庸。"罗杰斯通过对特定材料的经验累积和发挥，使他的建筑构建方式具有清晰可辨的易解读性、轻质低耗生态性和弹性空间价值共享的永续性。罗杰斯长久地关注建筑的广泛使用性，他把建筑设计视作创造一个架构的方式，用拓宽建筑确定性范围，作为建筑可变的不同组件形式，使建筑成为可以依据需求不断更换调整的活体。罗杰斯的建筑通过解读社会需求最深刻层面，满足了人们对更深层次建筑的需求。

罗杰斯曾说："建筑是我们密切接触的社会政治经济与文化艺术形式的集合，建筑要能启迪人心，并颂扬社会、尊重城市和自然。建筑会改善，也会阻碍我们的生活，无论是影响重大或一般的事情，因为我们的日常都发生在建筑限定的环境里，建筑容易引起争议是因为建筑在生活中的地位特殊，建筑艺术形式也是大众最广泛、热烈评判的焦点。建筑需要民众特别敏感地监督，也仰赖社会对建筑质量的监测。建筑有其既定惯例环境，现在的契机正好带来对永续建筑的需求，建筑师需要重新建立和发展新的美学理念，来促进建筑的复兴。所以，建筑师必须担负起责任，使建筑必须对社会与环境的永续性有所贡献，这项要求远超过了规划书和设计任务书的界线。城市是我们文化的核心、经济的火车头与文明的发源地，城市绝非偶然发生，而是经过打造而来，没有什么比得上在美丽的城市游荡更美好的了，沿着蜿蜒的小径，走向树木林立的大道，从街头剧场跻身而过，与爱人在咖啡馆看着人来人往，这就是大家心中的天堂。城市若能妥善设计与管理，就能产生文明；如果忽视，很快就会丧失活力；如果城市破败，就会变得野蛮。未来的城市，不会像今天一样划分成各自孤立的活动区，而是比较类似过去，城市需要层次丰富，居住、工作、购物、学习与休闲会重叠，并且应该设在连续、多样、有变化的建筑环境中。我们需要的建筑是能合理填充空洞的空间，能强化丰富都市肌理的空间，街道与广场即使没有屋顶也生气蓬勃。以都会来说，最重要的是让城市更精简，重新改善和解决荒废或利用率不高的工商业用地，而不是失控地往绿地发展。"

罗杰斯并不认同评论界把他的建筑风格定义为高技派，他认为作为建筑无论是哥特大教堂或罗马式建筑，在当时都是高技代表。罗杰斯说："我们从不自称为高技派，如果别人要用高科技来诠释我们的作品，那倒无妨，就这一点来说，我们注重的是寻找正确的材料，而我们对于特定范围的材料，累积的经验越来越多，不过我们总是试着要扩大范围。建筑是由机械制作单位所组成，而机械本来就是现代的工具。工匠精神是所有好建筑固有的成分，但破坏这份精神的并非是机械，而是负责发明、设计与控制建筑的人。难以理解的是缺乏对机械爱与理解的这些人当中多半是建筑师。"

　　1998年，罗杰斯曾受邀主持英国政府的规划任务委员会，负责规划和制定永续城市的发展原则，再把这些发展原则和规划转变成给政府部门的策略和建议。罗杰斯长期工作在设计实践与建筑教育相结合的状态下，他的重点不只是设计实践活动和教学，每周他还和伦敦市长工作一天，把精力放在处理规模更大的伦敦城市问题上，罗杰斯所做的事情是处在介于建筑、城市与社会政治之间的状态。而回到工作室，他也处理所谓的小事情，例如从建筑方案、材料构造，到灯具五金零件等这类小事。

　　罗杰斯认为建筑要充满光线、质轻、有弹性、低耗能，以及有所谓的可辨性，即能解读出这栋建筑是如何组成的。今天的建筑还必须匹配都会环境，更加尊重全球生态环境，即建筑的永续性。永续性的内涵是寻求更有社会凝聚力、经济效益与环境健全的方式来生产并分配现有资源，由此建立共同财富的社会价值观，因此需要重视环境与社群观念，确保人类共同生活质量，体现人类与自然、与同类之间互依互存的关系。若能尊重自然需求，并注重合理使用当代科学技术，那么地球绝对能够支撑所有人类的生存。罗杰斯希望永续建筑理念能得到大众的理解和支持，并且成为时代的主流设计哲学，而人类重要的住所，城市，将与自然循环更紧密地结合，美丽、安全、公平的城市，将不再是遥不可及的目标。

参考文献：

1. Richard Rogers Interview by Yoshio Futagawa. GA Document Extra, 1996.
2. Richard Rogers. Cities for Planet. London: Westview Press, 1997.
3. Richard Rogers. Architects. London: Academy Editions, 1985.
4. Richard Rogers. Pritzker Prize Acceptance Speech, 4-June- 2007.

图片来源：

1. Richard Rogers. Cities for Planet. London: Westview Press, 1997: 85-88.
2. Richard Rogers Interview by Yoshio Futagawa. GA Document Extra, 1996: 12-16.

伦佐·皮亚诺 Renzo Piano：叛逆的永续建筑实践家

伦佐·皮亚诺

伦佐·皮亚诺人物介绍

伦佐·皮亚诺，1937 年出生于意大利热那亚，1964 年米兰理工大学建筑系毕业。代表作品：蓬皮杜中心（法国巴黎，1977 年）；曼尼收藏博物馆（美国德克萨斯州休斯敦，1987 年）；关西国际机场（日本大阪，1994 年）；贝耶勒博物馆（瑞士巴塞尔，1998 年）；纽约时报大楼（美国纽约，2008 年）；IBM 巡回展览馆（欧洲，1984 ~ 1986 年）等。1998 年获得普利兹克建筑奖。

皮亚诺的建筑犹如天才钢琴家激情地演奏，他的建筑表达以人性方式面对建筑永续性及生态性需求，他的建筑不露痕迹地吸纳技术因素，达到永续性的科技与文化平衡的状态。皮亚诺用独特的方式来诠释建筑面对气候、想象、象征、语意及故事性的气氛与场所精神，让这些建筑成为有说服力、有价值的组合，体现了属于皮亚诺个性的表达，并建构出漂亮、实用的新思维建筑。永续建筑创造是皮亚诺被誉为后现代建筑师代表的主要特征，这种追求把皮亚诺置入艺术冒险探索之中，皮亚诺的冒险成就和价值体现在技术摆脱风格概念束缚的勇气与科学精神的结合，他的建筑表现了追求建筑真谛和克服阻力的反叛性。

伦佐·皮亚诺作品分析

蓬皮杜中心（ 法国巴黎，1977 年）

蓬皮杜中心在 1977 年落成，由皮亚诺与罗杰斯合作设计。皮亚诺与罗杰斯在 1970 ~ 1977 年间合作设计了多个著名建筑，如巴黎的声学音乐研究中心，蓬皮杜中心是其中最主要的作品。蓬皮杜中心是皮亚诺与罗杰斯在 1971 年通过竞标赢得该项目设计委托，蓬皮杜中心设计可以作为皮亚诺反抗平庸的精神，以建筑表达人性方式，面对建筑永续性及生态性需求的典范。

蓬皮杜中心

在 20 世纪 70 年代初期，蓬皮杜中心落成之前，美术馆、博物馆建筑一般都是纪念性建筑风格，采用砖作或大理石，具有庄重严肃的氛围。而皮亚诺与罗杰斯把蓬皮杜中心打造成一座具有挑战性的建筑，类似一座工厂。初期评论界一致认为蓬皮杜中心不像美术馆，像一间大工厂。皮亚诺却很高兴，他说："有时也得稍微反抗业主，年轻时，我和罗杰斯一起合作巴黎蓬皮杜中心设计，完工时我的年龄才 40 岁，在 20 世纪 70 年代初期，主导巴黎这座城市的是严肃且令人敬而远之的文化机构，他们很难听进去我们的建议，我们被指责把一大块像麦肯诺组合玩具样子的建筑引进巴黎这样一座城市，把美术馆、博物馆设计成像是一间工厂、一座炼油厂，这是我们不听话的举动，当然整个蓬皮杜中设计方案就是不听话的举动。首先我们不填满所有空间，而是创造出一座广场，我们不希望再打造一座令人敬畏的老套博物馆，因此另辟蹊径，如果今天的博物馆有任何改变，不再是令人敬而远之的地方，我想或多或少得归功于当时打破规则。"

蓬皮杜中心通常会被建筑界视为高科技派建筑范例，因为建筑的技术与机械元件，都显露在外部，其实皮亚诺在蓬皮杜中心设计的本意并不是去颂扬高科技成就，也并未打算打造这样的建筑。皮亚诺也诙谐地看待评论界所谓高科技派建筑的称谓，他说："蓬皮杜中心采用大家熟悉的机械构造，而这栋建筑真正重视的是民众亲近度和空间弹性，所以没有采用人们司空见惯的石头、大理石、拱门等材料元素。"

蓬皮杜中心曾多次大幅翻新，在经过建成后多年，数千万参观者使用之后，在建筑需要一些变动时，由于这栋建筑的性能和机械工具依然灵活和具有弹性，因此几次大幅翻新和变动都得以顺利完成。

IBM 巡回展览馆（欧洲，1984 ~ 1986 年）

IBM 巡回展览馆是皮亚诺设计的一座可拆组装式的展览建筑，展览馆是由一组透明拱形空间结构组成的展览陈设空间，由 68 组立体桁架组合而成，每一组由 6 个角锥体组成，以集成支架与铸铝接头节点方式衔接和固定，在使用的三年期间里，IBM 巡回展览馆在 14 个欧洲城市的 20 座都会公园展会上搭建组装使用。

IBM 巡回展览馆

IBM 巡回展览馆建筑意义不仅仅在于组装结构可反复利用，也在于降低展览运行成本，更重要的是移动式展览设施给未来建筑环保带来启发，IBM 展览馆建筑作为组装结构体，由于可再循环利用，成了纯粹可再生有机概念建筑，资源再利用最佳化，因此 IBM 巡回展览馆也被绿色环保组织评价为有机建筑典范。

曼尼收藏博物馆（美国德克萨斯州休斯敦，1987 年）

曼尼收藏博物馆

1987 年皮亚诺接受曼尼收藏博物馆业主多明尼克·德曼的委托，设计曼尼收藏博物馆。曼尼收藏博物馆主要用于陈列业主 15000 多件艺术藏品，业主提出希望把收藏博物馆设计成展览空间模式。

皮亚诺做过不少类似的艺术建筑，他说："我和艺术品展示的关系源自 1982 年设计意大利都灵举办的亚历山大·卡尔德雕塑回顾展，还有布朗库西工作室、图温布里基金会等，这些建筑设计的关键是自然、光和独立观念，在博物馆里，沉思的情感必须优于任何概念，我们相信文化应该更讲究好奇，而不是要人敬畏。"

就该博物馆的设计而言对已经成名的皮亚诺来说，具有一定的挑战性，因为大众会对私人博物馆作为公共建筑存在的理由非常挑剔，而其艺术藏品关乎个人品位，是非公众意义的私密范畴。皮亚诺认为收藏博物馆应该是宁静和有诗意的地方，他的方案设计瞄准了表达"光的诗意"这样一个主题，他用建筑的构造形式体现了光的活力，把展览空间的屋顶设计成由一连串叶片组合的形象。皮亚诺对建造博物馆信心十足，他说："博物馆应该是宁静的地方，建筑除了要具有永续性与智慧表达之外，还必须是情感的制造者，我们千万不能忘记这一点。光线可以用微妙的方式促进沉思，更精确地说，光就是让空间具有情感效用的元素，让博物馆建筑仿佛有一层共同感受的无形丝网围绕着，我的设计不是把自己的风格或想法强加于建筑空间，而是在运用智慧与技法打造神奇的场所，可以保存和享受艺术，让一切变得稳定持久。"

关西国际机场（日本大阪，1994 年）

关西国际机场

在一开始设计关西国际机场时，皮亚诺就坚定地主张打造一种轻盈类型的建筑。因为皮亚诺发现，轻盈是日本建筑和工业理念中很普遍的特性，他说："我第一次为这个项目前往日本时，和建筑工坊创办合伙人冈部宪明还有工程顾问彼德·莱斯一同搭船去日本大阪关西国际机场基地，那时根本还没有基地雏形，只是空荡荡的一片，我们开始就确定了这栋建筑必须轻盈，也因为我们很清楚日本建筑讲究的就是轻盈和暂时性。"

皮亚诺还考虑到大阪海滨强气流海风对建筑的影响，提出关西国际机场建筑不能只着眼造型，必须注重可以抵御强气流海风影响的构造系统。关西国际机场采用金属皮层，是很早就提出的概念，皮亚诺依据经验，在做初步方案时对技术问题进行了全面细致的综合考量，既保证方案整体概念，也把细节考虑在内。当然克服海风气流限制因素在一定程度上影响了关西国际机场建筑造型，皮亚诺依旧坚持机场的设计表现方式反映轻盈性的日本文化原则，因此皮亚诺设计之初，所考虑的对建筑的整体概念连同功能细节同步进行的方式就显得非常重要，如建筑金属皮层和离境大厅屋顶的陡峭曲线，既要达到抵抗强气流海风影响的要求，也要表现金属皮层轻盈与屋顶曲线之美，以及建筑风格戏剧感的营造。

当时日本社会对这座机场兴建高度重视，社会普遍希望关西国际机场建筑不要建成一个只可以满足航空交通功能需求的盒子，而是能呈现日本文化的建筑。关西国际机场落成之后，得到了日本社会普遍认同，达到了日本社会的期待目标，这使得皮亚诺感到很欣慰，他说："建筑师同样也相信建筑文化代言作用的重要性。"

纽约时报大楼（美国纽约，2008 年）

皮亚诺在设计纽约时报大楼之前，首先了解并分析了纽约曼哈顿基地的人文与自然条件。纽约曼哈顿位于海中央的岛上，风大雨大，天空时而晴朗、时而阴云密布，阳光和雨水频繁交替出现，气温、光线变化速度极快。这里经常在雨后变得灰蒙蒙的，如果云层降低，一些高层建筑就被遮蔽在云雾中，皮亚诺设计纽约时报大楼充分考虑了基地的自然环境特色，把大楼设计成随着天气变化而产生光线变化、气候感应的特殊建筑。皮亚诺在这栋大楼上安装了 365000 个光温感应陶瓷棒，使建筑具有灵敏反映气温和光线的能力。因此黄昏和日落时分，建筑会变为红色，冷风和雨天则变成蓝色。

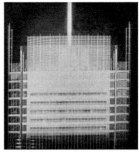

皮亚诺还把纽约时报大楼打造成透明体，这样既可面向城市彰显出建筑室内场景，也可以隐喻出新闻透明的含义，皮亚诺还让超高层大楼在往上升的过程中更好地获得四面射过来的光线。纽约时报大楼建筑外表面采用了低含铅量的玻璃，因此有助于建筑表皮在环境中呼吸和调节温度，高透明度皮层还形成与周围砖作与大理石构造建筑环境的互动，形成它们与纽约时报大楼的轻盈诗意对话的建筑语汇。

皮亚诺说："纽约是个复杂、层次丰富的城市，和它的阳光变化一样，这是个有心情的城市，我们把一座透明体建筑矗立在纽约笔直的大道旁，

纽约时报大楼

透明体有助于消减打破人们身处封闭环境的感觉，人们的视线将顶棚与天空融合，因此纽约时报大楼的室内场景无论从内向外看，还是从外向内看都是最棒的，透明的建筑理念还可以使身居其中的人将纽约整座城市尽收眼底，因此在纽约时报大楼建筑中任何一个位置欣赏景观都是绝佳角度。"

伦佐·皮亚诺理念、言论及成就

皮亚诺认为建筑是一个边缘学科，介于艺术与人类学、社会科学、科技与历史之间的综合学科。皮亚诺的格言是："建筑上完全顺从往往是没有出路的，风格概念对于我就像囚房，造成限制与阻碍，侵蚀创意的自由。"年轻时的皮亚诺性格中就表现出反叛，他不听大人话，老是惹得母亲流泪，后来他的反叛性格表现在建筑追求上，他相信艺术的反叛是一种文明表现，艺术上的完全顺从往往是没有出路的。他就具有顽强摆脱束缚的叛逆精神，坚持设计应该引进自由的价值观，即承认差异性，才能使城市更真实、更活泼。这一想法与纯粹现代主义原则刚好相反，他也不赞同所谓名家概念，他关注的是弘扬建筑本身。

皮亚诺说："建筑师需要清楚地理解社会职责，必须成为社会组织的一部分，建筑师行业前面50年都只是在学习与了解，犹如自古以来的社会分工，有些人负责打猎，有些人负责建造遮风挡雨之处。建筑师从过去至今，都像是漂流者鲁宾逊，必须对地理、气候、气氛与人的场所精神有所了解。建筑有时也是语意及说故事的艺术，引起人的想象与联想，建筑能勾起人们的记忆也是重要因素。建筑有时是人性的，有时是物质的，好的建筑应该是完美多元的组合，因此建筑师必须具有综合才能，方可建造出漂亮、实用的房子来。

与美国都市性建筑相比，欧洲建筑与城市关系更优秀，欧洲的城市文化更有人性、更有人文深度。在美国，大家只是可以看到许多美丽的建筑，只是以它的方式出现在世界并占有一片土地，建筑出现在美国的理由只是让建筑成为城市不可或缺的一部分，缺乏建筑内涵与外在关系的寻求，也缺少城市与人的深层次交流沟通。"

皮亚诺理想中的城市是：轻盈透明，到处有水、绿地与树木，随处可见广场、桥梁与街道，他还把广场看作是城市重要元素，是大家在此会面，消除差异、消除恐惧的场所，广场作为聚会地可以有效促进人内心平和与安全感。他反对建筑师追求所谓完美的建筑，尤其是连建筑里的烟灰缸一定要放在某个固定地方的做法，不赞同这样，他认为设计应该引进自由价值观，承认差异性，建筑应该使城市更回归本真。

如果建筑师和艺术家要有些成就，反叛精神倒是有其重要价值。皮亚诺不赞同所谓既定的风格和概念，也不喜欢什么一定的形式，建筑本身就是在对抗地心引力的大探险中诞生的，他先天反对显而易见的东西，建筑具有自由艺术性质，因为建筑本身就是一种尝试，而每一次尝试都必须有所不同，因此建筑本身是在冒险中的探索，作为建筑师，摆脱他人束缚保持自由状态非常必要，不但如此，建筑师还必须摆脱自我束缚，但这不同于自恋般地出风头。因此他不参与任何运动或结盟，他讨厌所谓结盟运动，但不反对运动结盟所代表的正确的立场。他认为建筑概念好坏与结盟运动无关。

他的理想是创造建筑永续性，从现代主义建筑产生之后，人们陶醉于混凝土与钢铁构造，缺乏建筑应该彰显对世界生态脆弱性的关注，这种态度的本质不仅是反自然的，也是反社会的。他说："我们正处于新的历史阶段，对世界生态脆弱性的关注，或许将成为新世纪建筑最重要的灵感元素，这不是讲究道德或者耗费较少能源即可，而是寻找新的语汇，打造出会呼吸、有生命的永续建筑。

"好的建筑讲究平衡，犹如天才的钢琴家必须具有在钢琴前面转换自己状态和技术的能力，演奏中会设法忘记这些能力，否则会变成机器人在弹钢琴。建筑师面对建筑问题时也是如此，需要考虑如何以人性的方式来了解最新科技进展，应用科学规则，运用建筑技术知识，让建筑不露痕迹地吸收技术与生态元素，使建筑的存在达到自身永续的平衡状态。"

皮亚诺的设计方法是多到基地走走，多倾听业主需求，多做草图模型，之后便与业主和基地拉开距离，开始和员工一同合作进入工作状态。皮亚诺说："当我展开一项新工作时，会双手插在口袋，在基地周围走上好一段时间，就只是四处走走，这么做就能感受到发生什么事，不必去考虑理论或做错事的风险。我会去基地一两次，然后回来，开始发想，但还不画图，我在等待之后开始酝酿想法，然后又回基地，我经常这么做，而且乐在其中。"

对于建筑师来说必须学会倾听，倾听是一种获得、接受、了解与捕捉的过程，皮亚诺举了一个例子："在纽约现代建筑环境中兴建一座当代美术馆，可能要和修复历史文化建筑在技术与方法上具有天壤之别，在这两者之间，重要的是作为一个建筑师必须了解什么是真正需要表达和表现的，因此建筑师必须倾听这些项目背后深层的建议，这些建议好比微弱又安静的声音，但有助于捕捉事物的精华，对于微弱又安静的声音得靠着训练有素的倾听能力，而这些是在学校学不到的，只能透过生活经验学习。当工作过程有了对问题的发现，灵感也就随之而来，有些特别时间里经验没有想象的那样重要，就好像是特技演员临时取消安全网的情况下的表演。他举例说："我开始画草图时少了这一步我就没办法做事，无法明确得知最后的情形。我让自己接受指引，发现自己画下的东西其实不那么糟，于是我继续下去，很像是短文写作，手绘带领你前往选定目标，一旦你刻意去发现时，反而因无法再掌握正在运行的状态而陷入了困境。建筑需要热情，但是建筑师要在热情中保有足够的清醒，不断了解设计有什么不合理的地方，不然无法确定某个特定方案，建筑师必须保持清醒地观察，并懂得在不断否定中肯定，否则设计将无法运行。"

皮亚诺把自己的事务所称作建筑工坊，他在设计时需要随时得到团队合作的支持，也需要团队感受到一起工作的意义。皮亚诺也很推崇意大利马赛克拼贴大师拉文纳的工作方式：就是花一段时间集中专注于空间装饰，然后用偶尔离开来放眼全局，以此来了解自己的工作成果。他也使用类似的工作方法，用暂时忘记来改善工作焦灼的状态，他有时刻意去做些无意识的工作，让自己和眼下的事保持距离，他的做法是让自己穿梭在各地和各个办公室之间，从巴黎到柏林，从一个工地到另一个工地。

参考文献:

1. Renzo Piano. Sustainable Architectures. Corte Madera: Ginko Press, 1998.
2. Renzo Piano. Building Workshop. Complete Works Volume One. London: Phaidon, 1993.
3. Renzo Piano Interview by Michael Webb. Town & Country, August 2006.

图片来源:

1. Renzo Piano. Sustainable Architectures. Corte Madera: Ginko Press, 1998: 25.
2. Renzo Piano Interview by Michael Webb. Town & Country, August 2006: 81-85.

扎哈·哈迪德 Zaha Hadid：潜在心灵构造感的唤醒者

扎哈·哈迪德

扎哈·哈迪德人物介绍

扎哈·哈迪德（1950 ~ 2016 年），1950 年出生于巴格达，曾在黎巴嫩大学学习数学，因此着迷于几何、逻辑与抽象问题，后来对 20 世纪 20 年代马勒维奇与康定斯基俄国前卫现代艺术运动发生兴趣。1972 年她转入伦敦建筑联盟学院学习建筑学，1977 年毕业获硕士学位。哈迪德早期深受伦敦的建筑联盟学院影响，在她就学期间，正是该学院黄金时期，堪称全世界建筑实验中心。伦敦建筑联盟学院师生和同事如雷姆·库哈斯和埃利亚·增西利斯等，对她的建筑事业产生了重要影响。她认为建筑联盟具有很好的学习建筑的学术环境，就读伦敦建筑联盟学院期间，每当哈迪德事业迷茫和混乱时，导师们总会为她指出方向，教她如何处理。她的努力目标是学会掌握自己的命运。在建筑联盟学习第四年，哈迪德有幸成为库哈斯的学生，这对于她来说如遇伯乐，库哈斯让她学会掌握自己的命运。与库哈斯相遇之初，库哈斯的工作室奇特而新颖，也向她敞开探索建筑世界的大门。1977 年哈迪德加入大都会建筑事务所，与库哈斯及增西利斯一同担任大都会建筑事务所合伙人。此后她还与库哈斯、增西利斯一道执教于伦敦建筑联盟建筑学院，1980 年她又在伦敦建筑联盟学院成立了自己的工作室。哈迪德一直坚持从事学术研究，曾在哥伦比亚大学和哈佛大学做访问学者，并在世界各地讲学。1994 年开始担任哈佛大学建筑设计研究生院导师，并执掌了丹下健三建筑教授教席职位。

扎哈·哈迪德的自述："我出身伊斯兰世界与家庭，身为古文明世界的一分子，我常觉得历史就是日常生活的一部分。站在伊拉克南部、底格里斯河与幼发拉底河交汇处的伊甸园，你能感受到永恒，你望着河，看着树，知道一万年来未曾改变过。我七岁时，曾和父母到贝鲁特，看一些他们为家里订购的新家具。我的父亲穆罕默德·哈迪是个兴趣广泛，有前瞻思想的人，我依然记得到家具工厂的工坊，看见了那些新家具。那些家具是直角现代主义风格，涂上黄色，还有一面不对称的镜子给我的房间所用。那面镜子让我好兴奋，也让我爱上不对称，回到家后，我把房间重新安排了一番，使它从女孩的房间变成了少女的房间，我的表姐喜欢我的做法，也请我帮忙布置她的房间，之后阿姨要我设计卧室，于是就这样展开了设计人生，是我的父母让我有信心做这些事情。"

哈迪德代表建筑作品有：维特拉消防站（德国威尔，1994 年）；贝尔基索滑雪跳台（奥地利茵斯布鲁克，2002 年）；广州歌剧院（中国广州，2002 年）罗森塔当代艺术中心（美国俄亥俄州辛辛那提市，2003 年）；BMW 车厂中央大楼（德国莱比锡，2005 年）；斐诺科学中心（德国沃夫斯堡，2006 年）；等。2004 年扎哈·哈迪德荣获普利兹克建筑奖。

扎哈·哈迪德作品分析

维特拉消防站（德国威尔，1994 年）

维特拉消防站坐落在德国莱茵河畔威尔镇，为了形成与周边带状区域的协调关系，建筑采用流线型造型。她优先考虑建筑符合基地环境的要求，其次是追求纯粹感，在外形上具有突出特点。为了突出建筑的体量感她使用单一色彩，建筑通过优雅、柔和的外表达成与基地的一致性。哈迪德说："一旦在建筑平面部分上色，就会失去量体特性，建筑会变得平平板板，达不到理想的效果。"她还把维特拉消防站的建筑方案阶段比喻成手套设计："由于严格的条件限定，设计必须非常精准。只有量体裁衣式地精心设计，才有可能完美符合基地规定的条件。"维特拉消防站项目表现了她善于运用混凝土，也善于运用其他材料与结构的能力，她在维特拉消防站设计中思考结构能做什么，以及该如何处理材料，但开始却是从诠释建筑皮层入手。她说："我认为景观不只与公园有关，大家到乡间去，不只是为了观赏树林，而是喜欢开阔的空间，那里的土地宽阔，延伸到视线之外，几乎不会被打断，这点非常抚慰人心。"维特拉消防站是扎哈·哈迪德第一件完成修建的设计项目。因其大胆的造型和超现实精神而产生社会影响。

这座消防站建筑原本只是供维特拉家具工厂防火使用，但消防区重新

维特拉消防站

规划之后，维特拉消防站将改建为兼顾椅子产品展示中心的多功能场所。扎哈·哈迪德为满足维特拉消防站的多功能要求，采用了"可变功能"弹性建筑空间策略。她把消防站作为该建筑首要考虑的功能，同时也兼顾可以由单一大空间包含的多种空间功能形式，其具体构想是先创造一个专属设施空间，并尽量赋予其流动性，再使专属设施空间兼顾椅子博物馆与消防站的双重功能。

贝尔基索滑雪跳台（奥地利茵斯布鲁克，2002 年）

对于哈迪德来说，设计的关键在于如何在符合既定的功能要求前提下，整合公共旅游服务功能，如咖啡厅、日光露台等设计元素，使建筑与基地的自然环境有机结合，形成建筑多功能复合体，让建筑的每个部分都紧密相连，形成有机的整体，以此造就贝尔基索旅游风景区地标建筑。哈迪德把贝尔基索滑雪跳台设计为简约功能主义的典型形式，造型结构精准，她通过对建筑精确计算，使运动设施得以高效能发挥作用。贝尔基索滑雪跳台的特殊之处还在于它除了作为滑雪跳台，还包含有咖啡厅、观景台、日光露台等公共旅游服务功能空间，贝尔基索滑雪跳台优美的形象还大大提高了景区公共艺术水平。

贝尔基索滑雪跳台

广州歌剧院（中国广州，2002 年）

2002 年，哈迪德参加中国广州歌剧院建设项目国际竞标，她以"圆润双砾"的设计方案赢得第一名，被定为广州歌剧院实施方案。广州歌剧院是当时广州市拟定建设的七大标志性建筑之一，地处珠江新城，总建筑面积约 70000 平方米，"圆润双砾"方案基本概念是大小两块"砾石"形象，优雅地出现在一片平缓的山丘上，其外部形态独特，犹如一个平缓的山丘上置放大小不同两块圆润的石头，被形象地称为"双砾"。

广州歌剧院

歌剧院主建筑空间在"大砾石"内部，剧场 1800 个座位，建筑由主入口、前厅、休息厅、剧务用房、演出用房、行政用房、录音棚和艺术展览厅及配套设备用房组成，前厅墙面用石材拼成一片片连绵起伏的山脉，大面积玻璃立面形成"借景"手法，使室内外景观浑然一体。歌剧院的南面是一片碧绿的草坡，草坡及大台阶下架空层空间设置咖啡厅和售票中心，东侧草坡下为表演艺术研究交流中心。

在地下室设置 260 个停车位，以及功能配套用房和主要设备用房。演职人员专用入口位于后台区，化妆间可满足 200 多人同时化妆的需求。多功能厅位于"小砾石"内，建筑面积 7400 平方米，配套建筑 2610 平方米，设有独立的多功能剧场、辅助及后台设施，多功能厅兼顾室内音乐、小型话剧、曲艺、新闻发布和演员排练等多功能使用要求，还可以放映小型电影，举行时装表演等。该厅的舞台、布景、观众座位等都能移动，并可作为实验剧场使用。

罗森塔尔当代艺术中心（美国俄亥俄州辛辛那提市，2003 年）

罗森塔当代艺术中心

罗森塔尔当代艺术中心是扎哈·哈迪德比较有影响力的作品之一，因为罗森塔尔当代艺术中心是美国第一座由女建筑师设计完成的艺术博物馆建筑。8 层高的建筑像一个精巧的方盒一层一层搭建在玻璃底座上，曾被《纽约时报》誉为"城市田园绿洲"。由于辛辛那提作为美国中西部核心城市的影响力正在消失，建造罗森塔尔当代艺术中心是希望能借此重新塑造辛辛那提中心城市的活力。罗森塔尔当代艺术中心基地设在辛辛那提城市中心，作为城市核心文化建筑，艺术中心与城市之间的关系相当重要。

罗森塔尔当代艺术中心建造不仅精巧，更具个性。一般来讲，大多数美术馆建筑空间都是采用水平分层式，但罗森塔尔当代艺术中心没有按习惯套路，它的建筑空间采取了垂直延伸方式，内部空间采用多展览室相邻并置的形式，建筑材料结构为混凝土、金属和玻璃组合，建筑空间构造采用现代几何的形式，具有很好的透明度和采光性，在顶层还设立儿童游乐园区，使空间意象趣味丰富。在这座艺术博物馆建筑中，设有永久馆藏，建筑可容纳多种类型的展会，例如超大型立体实物展。

BMW 车厂中央大楼（德国莱比锡，2005 年）

BMW 车厂作为世界著名工业企业，其建筑必须独具特色，而 BMW 车厂作为莱比锡城市的一员，必须满足城市规划和环境要求。哈迪德的建筑方案特点是：一方面非常具有风格个性，另一方面充分关注了 BMW 汽车厂生产的需求。哈迪德的做法参考了福特的组装线模式，也打造出了新型生产建筑，以满足 BMW 车厂的综合需求。

BMW 车厂中央大楼设计要点在于建筑的连续性，为了充分满足装配生产设施需要，汽车厂中央大楼建筑共有 8 层，但工厂设备运行却不能分散在 8 个楼层，所以在大楼建筑中蓝领们、白领们和访客们，还有汽车生产等一切都在大楼设立的独特共有空间里流动。BMW 车厂中央大楼体现了哈迪德对汽车文化的独特视角和对速度感的建筑表达。BMW 车厂大楼设计也表现出了很好的前瞻性与创新精神。

BMW 车厂中央大楼

斐诺科学中心（德国沃夫斯堡，2006 年）

斐诺科学中心的造型就像宇宙飞船，坐落在一块空地上，十根圆锥形的柱子支撑起建筑主体结构，建筑更像一张大型圆形桌子，屋顶即桌面，也是博物馆主体空间部分。往上延伸的圆锥形庞大的桌脚结构，把博物馆主体空间部分托起，形成地面广场空间，圆锥体支撑结构形成节奏分明的连续空间，斐诺科学中心的圆锥体空间具有不同功能，分别作为售票亭、书店、商店、实验室、剧院、餐厅与咖啡厅等。

斐诺科学中心

扎哈·哈迪德理念、言论及成就

2004 年扎哈·哈迪德荣获普利兹克建筑奖，成为有史以来第一位获普利兹克奖殊荣的女性。作为女性能抵达建筑师领域最高层实属不易，在此之前一直以男性一统天下，她的成就堪称非凡。作为一个女建筑师能够坚持不懈，并回归到自己的方式很重要，而身为女性，必须有比一般人更坚决地继续下去的信心，她说："我相信努力工作，努力能给人带来信心，建筑师能做不同的项目，是因为累积了庞大的建筑作品库，那些独立寻求的过程犹如被隔离的日子，如果被隔离的日子是在作探索研究，作得越多成果就越好，那是非常关键的时期，因为多数人会由此消失或放弃。"她不认为自己是女性角色模范，即便到了今天，女性要在建筑界立足依然很困难，这一点让她惊讶，作为教师她带过许多优秀女学生，她看到了太多的女学生毕业后面临的困境，还有许多女性团队成员，无论她们多么优秀，甚至是领导者，但总会被视为配角。

她成立独立事务所后参加的第一次竞标是爱尔兰首相住宅，她说："我期待推出'爆发'的建筑概念，这也是这个项目教会我把事情推向极致，但又不会让它变得荒谬，让设计可以完全在掌控之中，只在可能的时候才爆发，由此，我开始发展自己的设计语言，讨论不同的设计方向，开始表现出个人色彩。"哈迪德在成立自己的事务所后，社会委托任务日渐增多，但她没有因此而间断理论和学术的研究，她一直希望能与有批判精神的人一起工作，她认为如果不这样，就会把看到的假象当作美好事物，而与实情逐渐远离，因此陷入不断自欺欺人的情形当中，由此阻碍了设计事业的精进。

追求探索新的结构方式，重新诠释现代主义现实性一直是她学术和设计研究的重要目标，在她来看，现代主义生长于新科技基础之上，真正现代主义的优势在于对资源有效的运用，形成了现代主义新旧事物过渡的必然，现代主义对全新事物、对未来、对乌托邦的超现实性，形成传统意义上形的消失，导致造型过于简化。哈迪德的观点是，时代已进入一个新世界，只是人们并未看出这一点，仍沿用被限定的旧视点，唯有真正睁开眼睛，用心灵来感知存在，如此才会得到真正自由的思想，以此将新的认知转化为现存空间概念与造型的重新组合。这些新的形体成为新的现实原型，在其中，这些事物经过重组、溶解后再重返本源，借由这样新的方式重现新事物。社会需要建立新建筑并居住其中，即使仅仅是经由视觉。建筑和科学一样，如果不在实验室作些研究，就无法发现问题和找到问题的"解药"。建筑设计需要透过研究不断拓展界线，也可以从自己已经完成的作品当中体会出新的东西，例如常注意的空间需求与基地之间的联结，并非一定以传统的方式处理，如此才能使每一项诠释都能带给社会更多的东西。她说："作过的研究皆可好好利用，你的经验更多了，知道怎么设计得更好，不必每天重复别人做过的东西，当然，每个项目功能规划大相径庭，比如设计消防站，这和渡轮站、科学博物馆、寄宿学校或工厂完全不同，空间需求并无类似之处，有些东西你是不能重复的。"建筑师不想要继续传统的建筑生涯，就必须冒一点险，她认为选择了冒险是值得的，因为新规则经常是在冒险中发明的。

哈迪德认为自己并不是发明新的构造或技术，只是以拆解题材和物件的方式，回避了现代主义面临的问题，塑造了全新建筑。她的工作与研究也表现了对建筑与基地关系不同的思索，如借助建筑的功能与空间逻辑，造就令人振奋的建筑造型，她的建筑尝试从原野越过山丘，洞穴在山体间开展，河流在大地的蜿蜒感受中找到形式语言，唤醒人们心灵中潜在的构造感受，展现建造的特殊本质。哈迪德说："建筑设计如同艺术创作，你不知道什么是可能，直到你实际着手进行，当你调动一组几何图形时，你便可以感受到一个建筑物已开始移动了。"

哈迪德也反对追逐名利的做法，她看到许多本来优秀的建筑师身陷其中，追逐名利致使他们分神而不再具有做出好作品的精神，她认为建筑师最重要的还是作品，因为建筑这一行最重要的是工作兴趣，但大家却容易错误地认为名气是好事，其实则不然。

哈迪德的建筑并不是在虚构空间中，而是在探索现实环境中发现新的角度和模式。她说："我自己也不晓得下一个建筑物将会是什么样子，我不断尝试各种变数，在每一次设计里，都在重新发现和创造一件新事物。"

她研究建筑空间的方式多以草图分析基地环境关系开始，在她看来基地环境关系不光是有关历史或传统，也是促成技术方法的手段。她将图底分析转化成为研究方式，经常以不同方式来思考建筑，所以一般用来呈现建筑的工具似乎没办法表现出她想做的事情；起初她试着用绘图找出建筑的不同角度，后来这种绘图演变成为一种分镜头列表，她觉得只有这样才能完整表达建筑，因此她的绘图并不是建筑本身，建筑画和再现无关，而是和项目的特质有关，因此她关于建筑的图画，需要以阅读的方式来看待。她说："大家总认为我只是喜欢画图，其实并非如此，这一切作品最初都有兴建起来的打算，无论是竞图、委托案，我的绘图都不是在讨论建筑的不可能性，而是建筑真实营造的可能性。"例如她早期作品，维特拉消防站、斐诺科学中心等就是如此。

参考文献

1. Zaha Hadid Interview by Alice Rawsthorn for "Frieze Talks", A+U: Architecture and Urbanism, 21-October-2005.
2. Zoe Blacker. Building Design, 2-February-2004.
3. Zaha Hadid Interview by Yukio Futagawa. GA Document Extra 03, 1996.
4. A+U: Architecture and Urbanism, March 2003, 3.

图片来源：

1. Zaha Hadid Interview by Yukio Futagawa. GA Document Extra 03, 1996: 75-77.
2. Zaha Hadid Interview by Alice Rawsthorn for "Frieze Talks". A+U: Architecture and Urbanism, March 2003: 85-89.

圣地亚哥·卡拉特拉瓦 Santiago Calatrava：摆动与平衡的理性哲学营造者

圣地亚哥·卡拉特拉瓦

圣地亚哥·卡拉特拉瓦人物介绍

圣地亚哥·卡拉特拉瓦，1951 年出生于西班牙瓦伦西亚，先后在瓦伦西亚建筑学院和苏黎世联邦理工学院就读，早年学习雕塑艺术，20 世纪 70 年代在瑞士苏黎世读书，后转向工程技术，再后转向建筑学，并在苏黎世成立了自己的建筑师事务所。从圣地亚哥·卡拉特拉瓦的大量不同领域的建筑作品中我们可以看出，无论是在工程领域，或是在自己实际的项目当中，卡拉特拉瓦总是可以轻松地充当着艺术家、建筑师和工程师的多重角色。他的建筑以新理念、新形式、新技术推动开拓了后现代建筑的丰富局面，实现了艺术、科学、技术的高度融合。他集建筑师、工程师、艺术家于一身，在建筑领域出色地表现其全面的才能，成为 21 世纪建筑业耀眼的明星之一。就像他自己所说："当建筑师面临一些技术性挑战，必须要有工程师配合解决，这只不过是一个传统性概念。"在他的作品中，艺术性、工程技术和建筑特性高度融合，形成一系列出人预料的作品，引起建筑和设计艺术领域强烈的关注。

圣地亚哥·卡拉特拉瓦作品分析

斯达德霍芬车站（瑞士苏黎世，1983 年）

1982 年他赢得了苏黎世斯达德霍芬车站的公开竞标。斯达德霍芬车站的选址位置在一块靠近苏黎世城市郊区的绿坡地上，与一片湖水相连接，身处一个传统的都市郊区环境。对于斯达德霍芬市来说，车站建筑是一个大项目，它不仅担负着交通运输功能，还担负着修补城市肌理的使命。卡拉特拉瓦说："这个项目明显出现了是首先选择保留自然状况，还是强调人工建筑的矛盾，方案体现着对城市的态度，这些关系非常微妙。我的方案不仅设计了一系列的桥和通道接口，还设计了原来没有的与现行街道的连接处和一些小的公园区域。"他的方案对苏黎世一些基本的传统建筑给予高度尊重，运用了一种"尊重城市肌理、植入现代元素"的新方法和策略。斯达德霍芬车站是他在职业生涯中第一次中标，正是运用这种全新的设计方法和理念，使他在建筑界开始产生影响。

斯达德霍芬车站

该车站占地40米宽，240米长，要求在铁路不停止运行的同时开工建设，还要改造建设地下层的大型商场。整个车站是一个有机整体，因此周边关系不能简单化，卡拉特拉瓦把车站设计成像腾飞的恐龙从山坡洞里出来般，一个巨大入口通入地下的商场，在那儿，你立刻会联想到混凝土野兽的肚子。地上是连续的金属结构，下面是"动物"肋骨状混凝土结构，空间和造型分辨得很明确，一眼望过去，车站的功能感和识别性十分清楚。

斯达德霍芬车站的构思留给人的印象是恐龙象征，卡拉特拉瓦所运用的材料丰富而独特。他说："其实我的打算是我所讲的逆向逻辑，它是建立在结构力学基础之上的建筑语言。例如斯达德霍芬车站建筑的那些倾斜的柱子，虽然它们表面上是一种美学性的，但其实它们是结构性的——必需的支撑结构；支撑柱子的方式可以是多种多样的，比如，它可以是单纯的圆柱或是其他什么形状，但是我选择了形象化的手臂形状的造型，正是这样象征性的办法使建筑变得妙趣横生，很好地理解柱子的功能，比感觉它表现不出什么样的造型不是要好得多吗？"

阿拉米罗桥（西班牙塞维利亚，1989年）

卡拉特拉瓦清楚地意识到功能主义学派桥梁建筑在战后出现了实用性和艺术性的矛盾。他提出必须设法发现桥的潜在因素，他列举了佛罗伦萨、巴黎、威尼斯等欧洲城市通过桥梁增强城市亮点的例子，在城市本身形象定位方面，桥充当了关键角色。他的观点和结论是："建设一座桥梁在文化形态上的影响力超过建设一个新的博物馆。桥更有效力，因为它惠及每一个人，甚至一个文盲也可以欣赏一座桥，它连接自然交通和创造秩序的形态是独一无二的，再没有什么会比桥更有效力。"

他在努力使桥具有新的内涵，卡拉特拉瓦设计了不少成功的桥梁，例如阿拉米罗桥。阿拉米罗桥高142米，58度倾角的斜塔跟开罗的金字塔

阿拉米罗桥

角度差不多，该桥在整个塞维利亚老城中的绝大部分地方都可以看得见。有 19 对钢缆支撑，阿拉米罗桥跨度达 500 米，横跨门多罗·圣·乔尼姆河。它有 13 对支撑钢缆，最重要的是承重的钢筋混凝土塔有力地拉住桥面，使其实现平衡，从而不再需要桥墩。卡拉特拉瓦起初还构思了第二座桥，在斜塔对面的方向，像第一座桥投射在镜子里的效果一样，如若建成可以跨越瓜达基维尔附近的地区。

巴塞罗那通信塔（西班牙巴塞罗那，1989 年）

通信塔建筑

著名的巴塞罗那通信塔建于巴塞罗那奥运会期间。这一建筑设计委托是卡拉特拉瓦在 1991 年巴塞罗那城市整体科学发展项目竞标中赢得的，设立该项目的用意在于恢复巴塞罗那地区的活力。"这个项目具有识别特征，其构成要素丰富，它坐落在三角形基座上，侧立面向外突出，升入空中的高达 382 米的塔，坐落在具有圆形围墙的巨大商业广场的入口处，玻璃立面的电梯可以抵达在塔身中部 172 米高的观光平台，塔的三只脚矗立在基础上，基础采用了滴水造型设计，一个精细的等腰三角形同一个半圆形的组合基座，三角形切入半径 41 米的圆形当中，表现出高贵的气质。结构的主体采用加强钢筋混凝土，嵌入玻璃并运用薄铁皮包面，三个组合基础要素向上延伸，粗细渐变达到塔身的中间部分，汇集在 172 米高的星形平台，平台支撑起一个 130 米高的纺锤形发射塔。倾斜的倒锥体造型像被抛出的标枪。卡拉特拉瓦赢得这个项目投标是出人意料的，从他的草图可以看出其灵感来自于一个跪下祈祷的人，也有人说他的设计最初受到共济会标志的影响，形成圆形围合的形状。卡拉特拉瓦一再强调这说法是错误的，这是之后人们观看时产生的视觉感受。巴塞罗那通信塔建筑就像一个工程师创造的一个高级力学模型。在 1993 年展览会目录中，卡拉特拉瓦这样解释："这塔是作为奥运会的象征，单纯而富于挑战性的造型并不违反平衡力学法则，因为它的重心在基础部分，承重与垂直度相吻合，倒锥体的角度与巴塞罗那夏至时间角度相吻合，当太阳转过圆形的踏步平台时，实际上它的效果就像一个巨大的日晷。它独具特色，高高地升起在巴塞罗那两条重要的大道，玛丽迪安娜和帕拉利罗之间，成为那个时期城市前卫精神和先进技术的代表。"

沃兰汀步行桥（西班牙贝尔堡，1990 年）

在卡拉特拉瓦的作品中，桥占据了重要位置，他用一系列桥的设计和理论使人们重新认识桥的意义。他认为一座桥的设计导致的一系列问题，决不仅仅是形式语言问题，如果回顾 19 世纪和 20 世纪的桥梁建筑，有许多特别的桥和一些有意义的构造。有的运用石材，立上狮子雕塑护栏和塔门，在巴黎亚历山大 3 号桥上出现举着灯的天使；这些桥作为"二战"灾难的结果都消失了，数以百计的欧洲各地的桥梁不得不迅速重建。这就出现了功能主义学派在桥梁建筑行业的流行观点："一座好的桥梁要简单，要最便宜。"

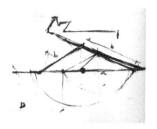

桥的结构力学计算草图手稿

卡拉特拉瓦认为都市丰富在于外围空间的丰富性，沃兰汀步行桥是其思想的一个例证，也表现出了他在新构造形式下探索工程技术方面的能力。沃兰汀步行桥横跨比巴河，用于连接城市中心的步行商业街区；步行桥运用的斜拱形式，是卡拉特拉瓦曾经在 1988 年未中标的，塞纳河上横跨第 12 街和第 13 街区新桥项目设计上用过的。桥上采用了 71 米斜跨悬空支撑抛物线形人行道，造就了颇具视觉冲击力的设计。这一弧线的运用远不仅仅是艺术家的大胆发挥。他自己这样评价沃兰汀步行桥："由垂直力和离心力造成的扭力，运用反向的弧形人行道造成平衡，将重力再传递给混凝土基础结构。概括起来是'一个悬浮平衡动感的造型'。"在夜间，一套特殊照明系统照在桥上，强调了桥镶嵌在夜色中的冲击效果，使整个项目看起来更加完美。

沃兰汀步行桥

里斯本高铁车站（葡萄牙里斯本，1993 年）

卡拉特拉瓦的名字同桥梁和铁路车站建筑紧密联系在一起，在这些方面他也非常被业界认同，里斯本高铁车站与桥大型工程便是一个例子，为他在业界赢得了荣誉。卡拉特拉瓦设计的里斯本高铁车站解释了他在简化桥梁和丰富大型建筑外表之间的探索，一个铁路车站建筑也可能有多种艺术风格可以选择，从金属门窗到照明方式等，在项目的经济条件允许的范围之内，卡拉特拉瓦穷尽设计者的智慧去寻找所想象的结果。在里斯本高铁车站设计中，卡拉特拉瓦强调他的逆向逻辑观点："要么完整的前立面，要么干脆取消立面。"他采用了单一的敞开式金属雨棚横跨在车站的广场上，这一设计方式对车站的功能有着重要的影响；车站与桥在都市里，一个车站常规的正立面需要借助建筑识别性来实现，游客和参观者对车站的第一眼感觉将是很重要的，卡拉特拉瓦所要的是一箭双雕。里斯本高铁车站与桥坐落在坡地上，从高处渐渐降下，这是城市的视觉点也是车站附近地区的视觉点。因而，车站本身就是一个正立面，为了完善车站与城市之间的和谐关系，他还计划建站前广场，使里斯本高铁车站在概念上比其他早期建筑方案与城市更密切。

里斯本高铁车站

里昂 – 斯特拉斯 TGV 车站

里昂 – 斯特拉斯 TGV 车站,(法国里昂,1994 年)

里昂 – 斯特拉斯 TGV 车站建筑占地 5600 平方米,与斯特拉斯机场相邻,是新一代铁路设施,服务于法国高速铁路运营网络。一系列高速铁路、航空系统和地方的其他交通设施集中在一起,构成了一个特殊有效的系统。长 120 米、宽 100 米、高 40 米的综合车站在 1994 年 7 月投入运营,它的钢结构中心基础构造重达 1300 吨。卡拉特拉瓦所设计的综合车站看起来借鉴了肯尼迪机场候机大厅的飞鸟创意,但是更丰富了许多。这一庞杂的设计,需要与机场连接,还要与外围交通系统连接。共 6 条铁路线从建筑主体下面穿过,需要停车的月台也是由卡拉特拉瓦来设计。计划时速高达每小时 300 公里的封闭式轨道,围合在混凝土的筒中,这一筒形建筑还要进行对震波的精密测算。

当有人形容里昂—斯特拉斯 TGV 车站建筑象征"史前之鸟"时,卡拉特拉瓦对此的回答含蓄却不失信息量:"我只不过是一个建筑师、艺术家,不是企图寻求什么革新的人。从心里说我没有追求这种象征,我从没有想到过鸟,而更多的是在探求让我引以为豪的雕塑语言。"的确,无论他的绘画还是他的雕塑都追求本原精神,不是在追求鸟的暗喻,而是研究视觉关系,并将这种关系运用表现在作品当中。"视觉是建筑师有效的工具,这可以追溯到古巴比伦时代。"斯特拉斯车站建筑被比喻作一只突出嘴的鸟猛扑在地下,但是卡拉特拉瓦曾经的想法看起来却完全不是这样的:"那鸟嘴的造型是经过复杂计算的力学构造的结果,同时还是必需的排水管构成的节点。实际上我是尽可能地缩小这一节点体块的,没有任何神性设计的想法。"有评论讲,他运用雕塑语言作为设计的出发点,是美学先行的做法,也就意味着是一种有意识地象征性设计的概念,卡拉特拉瓦反驳道:"这么说是不符合逻辑的,我可以讲那是行不通的,就像在海中行船,行迹在后,却无前路。"

圣地亚哥·卡拉特拉瓦理念、言论及成就

卡拉特拉瓦开启了在塑造形态的同时也解决工程问题的全新当代设计思维与实践模式,他的设计采用构成形式、逻辑形成、自由流动曲线的方式,让运动贯穿建筑结构形态,也让细节潜移默化于建筑整体中。卡拉特拉瓦的设计使建筑景观如同植物一样,而且使建筑具有景观的唯一性。1993年美国纽约现代艺术博物馆举办了圣地亚哥·卡拉特拉瓦建筑艺术展,前言中写道:"圣地亚哥·卡拉特拉瓦是 20 世纪工程技术传承的典型代表,

同前辈大师们一样，他达到了建造技术的新高度，解决了高难度的技术问题。构造，对于建筑师来说，是一个有效的工具，是建筑在科学创造与前所未有的造型之间找到平衡的关键点。卡拉特拉瓦正是从技术的着眼点来思考艺术的可行性，在技术的基础上寻求造型语言的创新，但却不是技术的炫耀。"

卡拉特拉瓦成功塑造的建筑作品应当归结哪类艺术？恐怕很难用语言来描述，他曾这样解释形体的定义："很难解释，是什么原因让我们很快接受某种形体语言，无须什么指导，某些形体便能够满足我们、吸引我们产生一种特殊的感觉，比如自然中的花草、风景征服了一代又一代的人。可以说，它的原因在于结构要素，一种基本功能的、不加装饰的、清楚的线条和造型远胜过强加定义的所谓艺术风格，这才是真正的风格。"卡拉特拉瓦常听到一些建筑师对时下受自然保护法束缚的悲观想法，他们认为最好的办法是合理地解除加在我们的创造力与自然保护法之间的约束，这种束缚导致了致命的乏味。但卡拉特拉瓦却认为这种悲观是不恰当的，作为技术要求的约束力，总是留有足够的空间和自由让作品表现出个性和创造力，如果你是一个真正的建筑师和艺术家，尽管是在严格的技术条件之下，仍然可以创造出好的作品来。

评论家希格弗莱德·吉迪恩在他的传记《空间·时间·建筑》中写道："结构工程技术正在加快完善的步伐，工业化模式生产因素的介入打破了建筑中艺术性比重过大和特权造成的不完整的现状，为今天建筑的发展打下了基础。19世纪的工程师们不经意地充当了新的技术因素的保存者，并陆续不断地将这些新技术提供给建筑行业。他们的贡献具有普遍意义，但却是幕后英雄。"吉迪恩举例提出有关工程技术角色的争议问题：1877年学术界曾出现这样一个问题，在讨论一个最高学术奖项颁发给谁时，工程师、建筑师或者工作组，还是所有人？当时其中一位建筑师戴维沃德用他的回答赢得了评审委员会的认同，戴维沃德说："这一调和永远也不可能成真、完美和实现，除非有一天有人可兼有工程师、艺术家和科学家的才能，把这些天赋集于一身。"吉迪恩接着说："我们一直认为艺术创造是一种人类独立于其他智慧类型的特别行为，它来源于艺术家与生俱来的个性和艺术家奇特多变的想象力，其实这是错误的观念。无论是当时幕后的工程师，或者具有丰富想象力的艺术家，今天，似乎都不能与圣地亚哥·卡拉特拉瓦无比的创造力相提并论，他的表现恰好达到了戴维沃德的理想——将工程师、艺术家和建筑师成功地集合于一身。"

参考文献：

1. The Solitude of Buildings. Santiago Calatrava Lecture, 6-March-1995.
2. Santiago Calatrava. Assemblage, 2-Apri-2008.
3. Santiago Calatrava Interview by Kieran Long, April 2003.
4. Santiago Calatrava. Sustainable Architectures. Ginko Press, 1996.

图片来源：

1. Kevin Roche, Santiago Calatrava Architectures. Ginko Press, 1996: 65-68.
2. Santiago Calatrava Interview by Kieran Long. A+U: Architecture and Urbanism, March 2004, 12-18.

第四篇　情深在深处——乡土、地域主义建筑

我们来看一段乡土主义建筑师对理想环境的描述："能让我把你领到一处山湖的岸边吗？这儿天空蔚蓝，湖水清绿，一切都显得格外和平与宁静。山岭和云彩倒映在湖面上，还有房屋、农场、庭院和教堂，它们不像是人工的创造，更像上帝作坊里的作品，就像山岭、树木、云彩和蓝天一样。所有这一切都洋溢着美丽和平静。啊，这是什么？和谐中的一个错误音符，就像一条不受欢迎的小溪，在那些不是人造而是上帝创作的农舍之间出现了一座别墅。这是否是一名高超的建筑师的作品呢？我不知道，只知道那里的和平、宁静和美丽都不复存在了。于是我要再问：为什么无论高超或蹩脚的建筑师都要侵犯湖泊呢？就像几乎所有城市居民一样，建筑师也没有文化，他们没有农民的保障，对于农民，这种文化是天赋，而城市居民则是暴发户；我所谓的文化，是指人的内心与外形的平衡，只有它才能保证合理的思想和行动。"[①] 阿道夫·洛斯曾在他的著作《建筑学》中这样描述。

在现代主义为主流的时代里，它确实让人无法不有所想。安藤忠雄先生也说："根植于风土以及生活文化的，用人的五官感觉不到的东西，都一定强烈地铭刻在人们的脑海中，我想这些都是建筑形式所要承担的'责任'，不是继承形体，而是继承眼睛看不到的'精神'，通过这些，将属于地域的、个人的特殊性、具体性的东西继承下来。"[②] 从20世纪现代主义建筑启蒙到被广泛认同、全面走向世界的过程中，乡土主义建筑师没有盲目地跟随现代主义建筑，也没有跟随和固守古典主义风格，在现代主义建筑进入了20世纪40～50年代的迅速发展时期之后，乡土主义建筑仍然坚持了自我，在克服现代主义建筑文化均质化、侵害地方文化等方面起到了非常重要的作用。

乡土主义建筑产生了如路易斯·巴拉甘、奥斯卡·尼迈耶、阿尔瓦罗·西扎、斯韦勒·费恩、格伦·默卡特、彼得·卒姆托等建筑大师。

乡土主义建筑不同于后现代建筑师们对现代主义建筑的反思和质疑，虽然乡土主义建筑和后现代主义建筑同样在阻止现代主义建筑出现均质化

的问题中起到了作用，但乡土主义建筑在提出了保留历史文化和地域文化必要性的过程中，没有用地域文化的元素与现代主义进行结合性的妥协，也不同于高技派的现代结合折中，乡土主义建筑自然地保留和创造了自身的力量和面貌，它的可贵之处，是其技术文化生态方面的自然性和其自身能够完美结合。"它们自称为原始形式，以地形和天空为背景，然而，它们的取材直接来自于当地部分农业特征和传统农业。"③

注释:

① 阿道夫·洛斯，1870～1933 年，奥地利建筑学家、建筑批评家，现代建筑的先驱之一。

② （日）安藤忠雄 . 安藤忠雄论建筑 [M]. 白林译 . 北京：中国建筑工业出版社，2003：19.

③ （英）弗兰姆普敦 . 现代建筑：一部批判的历史 [M]. 张钦楠译 . 北京：三联书店，1980：136.

路易斯·巴拉甘 Luis Barragan：本源深情彩色建筑表达者

路易斯·巴拉甘

路易斯·巴拉甘人物介绍

路易斯·巴拉甘，1902 年出生于墨西哥乡村，哈利斯科省瓜达拉哈拉，童年回忆成为他建筑创作的源泉和资源。童年生活中那些简朴的建筑给了他启发，例如石灰水刷白的围墙、天井与果园的宁静、色彩丰富的街道、村里的环廊、自在的广场，等等，这些丰富了他对乡土建筑的体验。他怀念童年的生活，认为过去的经历是建筑师和艺术家重要创作的创作灵感。他用怀旧空间唤起了心灵反应和乡土情感，巴拉甘的怀旧情结为人们提供了乡土建筑特有的归属感。他的建筑用真挚情感把对童年生活的甜美回忆、悠远思绪、亲和朴实都表述得十分动人心弦。

青年时代的巴拉甘曾在瓜达拉哈拉工程学院学习水利工程专业，1925 年毕业，获得工程学位。之后，他改变所学工程专业，自己进修转向建筑。1925 年父亲送他去欧洲旅行，巴拉甘在欧洲逗留了两年，参观了欧洲许多国家地区如西班牙、意大利和地中海北部地区，特别是地中海北部美丽的园林让他流连忘返，参观阿尔罕布拉宫和夏宫的经历也使他终生难忘，摩尔的艺术深深地打动了他，他还拜访了希腊，迷恋上了那里集居住宅的质朴。

巴拉甘的建筑通过关注人的内心情感与和谐来赋予物质环境乡土精神的价值，将人们内心深处的幻想、怀旧情感重新唤起。他一生钟爱着家乡墨西哥的风俗，排斥无节制、无约束的外向生活。他的建筑尝试和运用色彩，但不是对色彩的所谓研究，而是给人以体验，他通过色彩让建筑透出温情和诗意，以此来表达人的乡土本源情感与精神。去摩洛哥旅行也是他一生中印象最深刻的事之一。摩洛哥是一个色彩丰富的国家，他被这里的景象深深吸引，这里的建筑与当地的气候和风景是如此协调，与当地人的服装、舞蹈、家庭生活密切相关。他认识到墨西哥的民居、白墙、宁静的院子和色彩明亮的街道，与北非和摩洛哥的村庄和建筑之间存在着深刻的联系。通过旅行，巴拉甘不仅对摩洛哥和地中海精神理解更透彻，也加深了他对现代绘画、文学和建筑关系的认识。1936年，巴拉甘移居墨西哥城。1940年间，他建造了一些公寓建筑和一些小住宅。20世纪50年代末，巴拉甘还与美国建筑师路易斯·康有过一些合作，例如他们合作设计的萨尔克生物研究所的中心庭院，这是一个没有植物的"花园"，两旁对称的素面混凝土建筑围合出空旷的中庭，庭院中心一条笔直的水槽将视线引向远处的天空。这个庭院的设计也深刻地影响了路易斯·康。1976年路易斯·巴拉甘的作品在纽约现代美术馆展出，1979年获得普利兹克建筑奖。获得普利兹克奖之后，巴拉甘的影响不断增大，他的作品成为墨西哥的标志，如彩色绚丽的墙体、高架的水槽和落水口的瀑布，等等。晚年的巴拉甘受到帕金森病的折磨，丧失了行走和说话的能力。1985年，巴拉甘在轮椅上接受了家乡政府授予的奖章，于1988年逝世。

路易斯·巴拉甘作品分析

马戈乡村住宅花园（墨西哥 墨西哥城，1940年）

马戈乡村住宅花园

巴拉甘非常注重花园的设计，设计供人使用的完整建筑就必须连同花园一起考虑，建筑师应该意识到花园和房子是一样重要的，展示花园是体现建筑精神价值、美感、品位的有效途径。马戈乡村住宅花园是巴拉甘的姐姐和姐夫的住所，住宅花园位于山脚下，四周植物茂盛，透过枝叶的缝隙可以看到远处广阔的湖面。路易斯·巴拉甘运用不同标高的平台、台阶和坡道打造了这个住宅花园，他在马戈乡村住宅花园的设计上运用了色彩体验理念，通过色彩使住宅和花园体现出乡村诗意和温情，马戈乡村住宅花园也是巴拉甘关注内心情感乡土精神价值观念的早期代表作。

花园的精髓就是具有人类所能够达到的宁静，建筑、园林，它们应该与自然息息相关。巴拉甘这一思想成为他建筑和园林的鲜明特色之一。花园住宅的兴建，让人能居住其中还能追求自然美。巴拉甘说："许多书里的花园住宅建筑，阐述美、灵感、魔法、入迷、迷人等问题，却舍弃了宁静、寂静、亲密等概念，而这些都在我们的灵魂里占据重要位置，虽然我知道自己在花园住宅建筑中并未完全发挥出来，但我从未停止对那些元素的追寻。在我设计的花园与住宅中，向来努力让室内有寂静的安详感，在喷泉里应该有寂静的吟唱。花园住宅也需要对孤独有所解释，人只有与孤独亲密结合，才能找到自我，孤独是良伴。我们怎么能忘记喜悦呢？我相信当一件艺术品能够传达静默、喜悦、宁静时，花园住宅的兴建就达到了完美。"

巴拉甘住宅（墨西哥 墨西哥城，1948 年）

1944 年巴拉甘在墨西哥购买了 865 英亩的基地，建造了乡土气息浓厚的巴拉甘住宅，巴拉甘用住宅诠释私密隐居生活与大自然融合的建筑理想。住宅建筑与基地面积比不到 10%，建筑以熔岩为主材料，花园景观与自然地貌密切融合。巴拉甘住宅还采用泥砖、装饰用的灰泥、木材和圆石，色彩丰富热情。

巴拉甘住宅

巴拉甘在着手设计自己的住宅初期，感觉到在墨西哥的住宅建造不需要跟随当时流行的法式风格，外来的风格过于虚假且装饰过多，他认为简约的空间并不是简单缩减空间内容，而是通过概括使环境更实用、更诗意，且具有理性美感。巴拉甘住宅设计表现出他的一贯品位，光与色彩、怀旧感、乡土的简朴，以及自然生态性，建筑的独特色彩系统传达出建筑师情感的内在热度，同时也恰当地界定了住宅建筑的地域元素。

住宅的设计要点之一是满足人的藏身需要，住宅其实是一个能够退避、把人隔离起来的地方，例如他原本在住宅立面开了一扇落地窗，但住进去几个月之后，落地窗令他产生不安的感觉，于是把落地窗又封闭起来，而把对面的餐厅与卧室之间打通，因此他从坐的位置便可以看见花园，花园给巴拉甘带来了好心情。考虑到有时不需要过多的光，于是他在边上立起一面墙。他总是亲自参与决定墙的建立、质感的运用、色彩的处理和整个空间的"情感"效果。他也非常考究墙的高度、不同的角落材料的质感和花园设计的细节。他说："墙边摆着我现在坐的椅子，我马上觉得好多了，显然墙起到了相对封闭空间的作用，带给人宁静感。"巴拉甘的建筑外墙立面还拒绝使用巨大的玻璃窗，他认为这是对人的私密性的漠视，他也反对过于简单的混凝土外墙，觉得那太苍白而必须涂上颜色。

巴拉甘住宅体现了他注重在建筑和园林空间中创造神秘和孤独的营造思想，他把设计看作既是一个发现的过程，也是寻找答案的过程，但孤独才能发现自己，因此他一直以孤独为伴，他的建筑中也具有孤独性，他相信只有通过孤独才能寻找到美丽和感人的答案，所以建筑不是为害怕和回避孤独的人而设计的。

饮马泉广场（墨西哥 墨西哥城，1955 年）

饮马泉广场

饮马泉广场是 20 世纪 50 年代巴拉甘在墨西哥城东北部设计的居住区规划和社区景观。在一个旧的种植园的土地上巴拉甘规划了一个以骑马和马术为主题的居住区，后来形成了著名的饮马泉广场。他在浓郁的桉树林中自由布置了蓝色、黄色和白色的墙体，墙在满盈的长水槽中投下倒影，水槽中的水沿池边落入狭窄的水沟，发出的水声被巴拉甘称为"景观的音乐"。他的构思是将这个地方设计成骑马者饮马聚会的场所。

巴拉甘一生钟爱马，因此他的许多设计也和马有关，饮马泉广场原本就是为那些来饮马的人们相聚在一起而设计的一个小广场，他把饮马泉广场打造得像现代绘画一样有浓烈的色彩，广场上还有巴拉甘自己设计的一个情侣雕塑喷泉，用黄色玻璃营造出温馨与宁静。巴拉甘在饮马泉广场建造了高高的白墙、长长的浅水池，水池尽端又建造了一组蓝色墙体，在饮马泉广场中心地面落影、墙体的倒影、水中的镜像构成了一个三维的、光的组合系统，一天之中这个组合系统随着光线变化缓缓移动旋转，就像迷离的舞者把人带入梦的景致。饮马泉广场充分体现了巴拉甘喜欢运用浓烈色彩墙体的设计喜好，他还尝试通过不断改变墙的色彩、观察光与影的变化形成的神秘与静谧的环境氛围。饮马泉广场鲜艳的色彩形成了与墨西哥气候、文化感的高度和谐关系。

饮马泉广场建筑除了空间特性之外，巴拉甘还考虑了音乐性，饮马泉就像用水演奏的乐曲，他让音乐感环绕饮马泉广场四周，他说："建筑除了是空间的还是音乐的，是用水和空间来演奏的乐曲，饮马泉广场的墙还隔绝了街道的外部嘈杂和侵入性，为广场空间创造了宁静，在这份宁静中，水奏响的美妙乐章在空间里缭绕。"他的饮马泉广场成功地创造了广场空间静谧的感觉，喷泉弥漫着静谧的歌声，让人放松平静。巴拉甘认为只有平静才可以摆脱苦闷与恐惧，无论建筑华丽还是简朴，建筑师都必须营造出静谧的空间。巴拉甘的建筑虽然独特，但并不完全游离潮流之外，他注重传统建筑，但非常了解现代建筑，并把两者结合起来，巴拉甘认为当一个建筑能传达无声的愉悦与平静的时候，这个建筑就接近了完美的境界。

特拉潘礼拜堂（墨西哥 墨西哥城，1960 年）

巴拉甘本人是虔诚的天主教徒，他相信若少了对上帝的热爱，我们的地球将会是丑陋悲惨的荒地，而色彩和光是神在人间的显现，体现了精神、沉思、寂静的本质。无论是修道院还是大教堂，他喜欢的是建筑在阳光下的色彩和简朴。特拉潘礼拜堂的设计，巴拉甘侧重研究了墨西哥地区特殊的光与色彩感，他用特殊的光与色彩感创造出礼拜堂寂静与适合精神冥想的环境氛围。他认为，宗教与神话息息相关，若无法找寻到宗教的精神性与神话根源，就无法了解艺术与其历史的光辉，因为那让我们了解艺术现象的本质，而光是表达色彩本质的最好媒介；他说："光与色彩若少了其中一项，就不会有埃及金字塔的辉煌，也不会有墨西哥古国、希腊神庙和歌德教堂的辉煌……对建筑师来说，知道如何观看很重要——以眼光不受理性分析驾驭的方式来观看。至于我对建筑的想法，我只能说我从来没有特定的方式，我向来偏好让情感带领。"

特拉潘礼拜堂

吉拉迪住宅室内泳池（墨西哥 墨西哥城，1977 年）

吉拉迪住宅中光与色彩的运用也堪称是经典之作。在室内游泳池的一角，光与色彩、空间、墙体、水面、地面奇妙交错在一起，给人以梦幻般的感觉，使人们融入诗意空间中。在吉拉迪住宅室内泳池中，墙是极有情感意义的建筑元素，巴拉甘的设计经常以移动墙壁调整出阴影来表达他要的"沉思"感受，他把阴影视为人的基本需求，来代表"沉思"概念精神宗教冥想经验，他还相信"沉思"也是一个人能够反省自己，思考问题的奇妙过程。他说："我的建筑经常运用立方体设计，因此在我的作品中不断出现直角，我随时都在思考水平与垂直的平面，以及相交的角度，即便建筑周围没有任何东西，只有风景，也需要一些墙来创造私密的氛围，或许需要一点阴影是人类的本能。由墙界定出来的街道不会引人不快，只要这些墙面是从雕塑观点出发，运用树木、藤蔓与花朵处理到令人满意的地步，仿佛是垂直花园。"

吉拉迪住宅连廊

吉拉迪住宅的室内泳池与墨西哥的气候密切相关，墨西哥浓烈的阳光使得泳池放在室内更为适宜。泳池外围是一条回廊，穿过回廊是餐厅和起居室，他刻意将住宅室内泳池设计在起居室与餐厅边上，让住宅与泳池形成一个大的流动空间。住宅室内泳池不仅满足休闲运动和纳凉使用，泳池的环境还有提升住宅静谧、舒适、轻松感的意义。巴拉甘在泳池中设计了一道红墙，穿过回廊时一面鲜红色的墙出人意料地显现出来，并几乎碰到顶棚。他个人解释说红墙并没有任何功能和结构意义，只是出于色彩的考虑。巴拉甘说："游泳池里有一面红色的墙，我称为柱子，其实它没有支撑任何东西，那只是为了替水池增色，纯粹是为了乐趣和把光引进泳池空间，为了改善它的整体比例感，那根柱子必须存在，也为了能在构图中多形成一种特别的颜色。"其实红墙还有为空间赋予缩减水域尺度的意义，使它变得神奇，创造出某种环境张力。

吉拉迪住宅的室内泳池

吉拉迪住宅

路易斯·巴拉甘的理念、言论及成就

路易斯·巴拉甘一生钟爱着墨西哥风俗的乡土住宅建筑，对家乡乡土文化深深眷恋，他对美的体验首先来自童年时墨西哥乡村自然经历，他关注内心和谐的建筑表达，又在尽情旅行时激发了对北非及地中海建筑与风土人情的喜爱，这些成为他日后建筑之美创造的源泉。例如巴拉甘游历摩洛哥，被摩洛哥独特浓烈的色彩打动，激发了他表达建筑色彩的冲动。他又在家乡墨西哥和摩洛哥文化中看到了风俗、气候、风景与建筑色彩的内在和谐关系，之后他开始关注墨西哥民居中绚烂的色彩表现力，并将其运用到自己的众多作品当中。巴拉甘把这些色彩从墨西哥传统里挖掘出来，通过色彩关注美丽乡土与心灵感情的关联，他开始用彩色建筑传达这样美好的感觉。巴拉甘设计的景观、建筑、雕塑等作品，都是用色彩作为情感媒介来传达建筑的诗意，他的材料完全取之于天然和地产，巴拉甘说："这些彩色涂料并非来自于现代工业的化工产品，而是墨西哥市场上到处可见的自然成分染料。"他反对现代主义中的纯粹功能主义，尤其是那句著名的口号"住房是居住的机器"，他认为建筑不仅是我们肉体的居住场所，更重要的是我们精神的居所，他将自己以建筑表达对灵性的追求赋予了三个词：宁静，寂静，孤独。他说："建筑具有打动人类的美感，建筑在使用功能相同的情况下，能打动使用者，带来美与情感才是建筑最根本的部分。"

怀旧与回忆是巴拉甘设计园林或建筑时反复出现的主题。这来自于他对童年时的深情和记忆，他通过作品把遥远的、怀旧的美好感受移植到现实中。例如对父亲的农场的记忆，特别是对农场中水的美好回忆一直伴随着他，不断出现在他后来的作品中。例如，种植园中的蓄水池、排水口，修道院中的水井、流水的水槽、沧桑的水渠、反光的小水塘等，都反复出现在巴拉甘的设计中。

寻求土地附着感构筑景观意义也是巴拉甘建筑特色之一。他的建筑形式具有特殊的地形触觉性，构筑总是牢牢附着于土地，特别是他的住宅设计的建筑形式常常由建筑围护、石柱、喷泉和水渠组合而成，这体现了他对建筑和景观关系的独特理解和表达，他的建筑有时就是景观，反过来看景观也是建筑。他还常常把建筑安置于火山石和茂盛植被之间，显然墨西哥农庄乡土建筑给了他无限灵感，也表现了巴拉甘从青年时就对乡土文化起源流连的情怀。

巴拉甘的设计方案过程中会请朋友一起讨论，他会请画家、历史学家、艺术评论家、植物学家、园艺家等，方案讨论是巴拉甘设计工作中重要组成部分。巴拉甘主张简单要素的园林或建筑，例如他设计的一系列园林、建筑中反复使用的墙体、水体、阳光、空气、一两个艺术构件等单纯而简单的元素。巴拉甘赋予建筑作品物质环境中的某种精神价值，将人们内心深处的、幻想的、怀旧的和遥远的世界中来的情感重新唤起。他的建筑是神秘的、意外的、唤起回忆的处所，他排斥过度的无约束外向生活，他的早期作品借鉴了诸多元素，暗含西班牙宫苑、摩洛哥的墙、地中海色彩、南部意大利的风情，但逐渐他就自己感受发展出了属于个人的表现风格，以墨西哥当地特有的植物、水景和单纯的几何学建筑形式，结合超现实主义艺术因素，形成巴拉甘风格的墨西哥乡土主义建筑。巴拉甘的天赋体现在他具有善于因借地域的建筑特色、忠实呈现材料本色的能力，他的天赋还体现在善于把握建筑所呈现的光影变化，创造出一种贯穿建筑与景观的寂静氛围。

他的建筑与景观的寂静氛围来自于自然的真诚对话关系，例如，茂盛的花卉植被、彩色的片墙、婆娑的树影、明媚的阳光空气等都通过与自然的密切关系在建筑上留下了诗意的画卷。

参考文献：

1. Luis Barragan. Pritzker Prize Acceptance Speech, 3-June-1980.
2. Daniele Pauly. Barragan: Space and Shadow. Walls and Color. Basel. Switzerland: Birkhauser, 2002.
3. Luis Barragan. Gardens for Environment. Journal of The American Institute of Architects, April 1952.
4. Damian Baydon. An Interview with Luis Barragan. Landscape Architecture, November 1976.

图片来源：

1. Damian Baydon. An Interview with Luis Barragan. Landscape Architecture, November 1976: 16-19.
2. Luis Barragan. Gardens for Environment. Journal of The American Institute of Architects, April 1952: 27-28.

奥斯卡·尼迈耶 Oscar Niemeyer：乡土民族精神建筑营造大师

奥斯卡·尼迈耶

奥斯卡·尼迈耶人物介绍

奥斯卡·尼迈耶，1907 年出生于巴西里约热内卢天主教中产阶级家庭，1934 毕业于巴西国立美术学院，获得建筑工程师学位。尼迈耶的一生用乡土、民族精神的纯粹性与地域情怀的表达，为巴西利亚地域文化注入了现代乡土精神，它用全然不同的语言给世界建筑带来了惊奇和喜悦，在现代乡土精神层面上实现了审美乐趣与实用性兼顾的建筑理想。尼迈耶的现代乡土精神建筑在巴西给予了平民喜悦的感受，成了巴西民众内心民族精神的纪念碑。在技术上他还让钢筋混凝土显示出新意，将以往建筑诸多公认无法实现的形式变成现实。他的建筑也明显地影响过柯布西耶晚期作品，尼迈耶的建筑成就对世界建筑多元化发展可谓影响至远至深。尼迈耶代表建筑作品有：圣方济各教堂（巴西潘普利亚，1943 年）；巴西利亚国会大厦（巴西巴西利亚，1960 年）；伊塔马拉堤宫——巴西外交部（巴西巴西利亚，1960 年）；巴西利亚都会大教堂（巴西巴西利亚，1970 年）；拉丁美洲纪念园区（巴西圣保罗，1987 年）；尼特罗伊当代美术馆，（巴西里约热内卢，1996 年）。1988 年奥斯卡·尼迈耶获得普利兹克建筑奖。

奥斯卡·尼迈耶作品分析

圣方济各教堂（巴西潘普利亚，1943 年）

圣方济各教堂项目，是尼迈耶首度真正挑战现代主义建筑的作品。尼迈耶早期风格的形成深受巴西气候的影响，他为了应对气候改变了一些建筑师常规手法，例如，当时对混凝土建筑技术缺乏灵活运用，建筑多以直角、直线为主流，显得刻板僵化。在圣方济各教堂设计中，尼迈耶用建筑实践提出了对现代主义主流风格的挑战，他对当时流行的功能主义建筑做法有着很大的质疑，他认为功能主意教条化是混凝土材料无法自由发挥形式与造型潜力的主要障碍。潘普利亚圣方济各教堂的设计手法反其道而行，尼迈耶在建筑中采用的混凝土强调了曲线形式。因此圣方济各教堂是一座丰富表现出曲线的教堂建筑，圣方济各教堂虽然是新概念的建筑，但也吸收了一些古典主义的柔美形式，带有些巴洛克色彩，用尼迈耶的话说："圣方济各教堂方案是我初试啼声的建筑作品，以丰富的感官性和出人意料的曲线来设计。在这个项目中，钢筋混凝土开始解放造型，展现出自由。曲线深深地吸引了我，我追求着自由不羁、颇具感官性的曲线，固然是拜新技术之赐而得以实现，却也令人想起庄严的巴洛克老教堂。"

圣方济各教堂

圣方济各教堂建成初期曾遭到保守评论界的抨击，后来《巴西建筑》首先肯定了该教堂在当时建筑界的重要性，之后逐渐得到社会和业界的认同。尼迈耶回忆道："其实批评完全不会影响我，当初只有柯布西耶拒绝跟随社会保守的意见，我记得他说：'奥斯卡，你做的东西很好'，几年后他又说我的作品带有巴洛克色彩。"

巴西利亚国会大厦（巴西 巴西利亚，1960 年）

1960 年，巴西利亚正式成为巴西新首都，当时总统提出来打造新现代巴西利亚城市构想，其目的在于把社会文明进步成果带进巴西内陆，政府委托尼迈耶作新巴西利亚城市总建筑师，城市的建设规划与建筑采取纪念性模式，规划与建筑体现出整体与简洁。1957 年，尼迈耶开始和规划师路齐欧·柯斯塔合作负责巴西利亚的都市设计。因此尼迈耶从一开始就参与每一件重要项目的规划过程。尼迈耶为国会大厦设计了复合建筑形式，建筑主体由两个主要设计元素构成：圆顶与盘状造型，象征和代表巴西民众的乐观和英雄精神与对自由的向往。在国会大厦复合建筑中，圆顶与盘状建筑分层安排国会办公功能需求。尼迈耶说："我没有一刻停歇，也几乎一无所求。我是国会指派的指导委员会一员，我运用建筑创新手法服务了我的国家……"

巴西利亚国会大厦

在巴西利亚的一系列建筑设计中，尼迈耶的建筑风格将表现主义结构形式置入设计。在这些作品中建筑与结构就像是两个一起诞生的有机元素，彼此丰富互为依托。今天，人们参观巴西利亚时，会深切感受到尼迈耶的建筑艺术成就，建筑设计贴切地反映了巴西国家和民众的精神内涵，表现了深深感动游人的建筑形式，也表现了尼迈耶鲜明的建筑观和个人风格。国会大厦的建设过程还体现了建筑与城市总体规划的良好配合。尼迈耶深表对每一位参与巴西利亚精心规划构思者的敬意，他说："建筑与城市总体规划的良好配合让新巴西利亚这座城市不但美丽宜人，且有纪念性。"

但之后不久，尼迈耶意识到巴西利亚的城市问题，巴西利亚纪念碑式的政府主导型城市和巴西利亚工人居住的卫星镇格局，把巴西利亚分为两个不同部分，使巴西利亚成为被错误空间分割所阻碍和阶级差异而分割形成的问题城市。尼迈耶最先发现了巴西利亚这一城市问题，为此他非常遗憾和感慨，他也说："我得承认，当我开始在巴西利亚工作时，对于要解释这么多已经感到厌烦，我知道自己应对的经验够多，可以不必再去说明合理性，而我的建筑设计势必来批评，也没什么好在乎的，但是从来没有一座城市的兴建位置，是在如此离群索居的地方。巴西利亚建立在世界的尽头，没有电话，什么都没有，没有道路，一切得靠空运。原有的区区几条道路泥泞不堪，运输是个大问题。"因此他设计一系列大型的公共建筑时，考虑这些建筑大多都具有社会文化政治的功能，因此他试着让它们更美丽、更壮观，让多数社会底层平民也能停下脚步观看，并觉得感动，以此激发他们的热情。这些都是身为建筑师能尽力做到的。他的许多建筑作为巴西利亚社会政治与民众的纪念碑，其中他尽力做到给予平民喜悦的感受。他也把建筑视为一种精神需要来设计，他说："我为巴西利亚而设计建筑，也为巴西利亚而活。"

伊塔马拉堤宫——巴西外交部（巴西 巴西利亚，1960 年）

伊塔马拉堤宫

伊塔马拉堤宫的设计体现了尼迈耶作为建筑师对结构问题预先考虑的超强能力，也体现了他把空间想象力及艺术造型与材料结构技术结合起来的非凡能力。在伊塔马拉堤宫的设计过程中，尼迈耶首先决定该建筑设计要依循的思路——即结构形式的创新，建筑特色的本身也是结构形式的创新，伊塔马拉堤宫的设计他也借鉴了现代主义建筑结构方式和细节，把结构细节与建筑的宏大外观融合在一起。尼迈耶说："任何人只要观察过巴西利亚外交部大楼建筑过程，很快就会领悟到，一旦结构框架兴建完成，建筑设计即也已到位。我们试着用钢筋混凝土作试验，主要是让结构渐渐变细，末端非常轻薄，这么一来，建筑就像几乎没有碰到地面一样，依我之见，只有如此才能创造出响应当前思潮的特色建筑。"为丰富伊塔马拉堤宫建筑艺术与花园景观，尼迈耶设计了大理石流星主体雕塑公共艺术作品，由雕刻家布鲁诺·乔奇创作，花园由景观设计师罗伯托·布尔马克斯设计。

这些也都为伊塔马拉堤宫建筑增加了艺术氛围。

巴西利亚都会大教堂（巴西 巴西利亚，1970 年）

巴西利亚都会大教堂建筑的意义在于开启了尼迈耶创作的新阶段，在大教堂的设计中，尼迈耶开始采用更加抽象的几何化、单纯化造型语汇，同时也表现出更富纪念性的建筑追求。尼迈耶说："我喜爱寻找不平凡的解决方案，避免落入传统做法，我不断提醒自己以避免重复打造旧式老套的教堂建筑。"在都会大教堂，尼迈耶设计了幽深的入口门厅通道，使人们在到达中殿时会产生豁然开朗的感受，教堂建筑内部采用了彩绘玻璃窗，使得布道大厅空间色彩缤纷、美丽生动。尼迈耶在都会大教堂的建造过程中始终获得神职人员的理解与支持，教皇造访大教堂时热情赞扬道："建筑师一定是个圣人，只有圣人才能为教堂、天堂与上帝构思出如此灿烂的联系。"

巴西利亚都会大教堂

拉丁美洲纪念园区（巴西圣保罗，1987 年）

在拉丁美洲纪念园区的设计中，尼迈耶运用了一只手的雕塑形象，耸立在广场上的二十五英尺高的巨大手的形象，象征着唤起拉丁美洲的独立精神，提醒人们不要忘记殖民统治的阴暗过去，纪念园区用关注充满希望与疑虑的未来，体现拉丁美洲人民原始情愫的表达，传达出拉丁美洲民众的民族与人性精神。尼迈耶阐述道："为了呈现拉丁美洲精神，我设计了一只庞大、摊开的混凝土手掌，微弯的手指传达了曾经的绝望，还有一道血淌向手腕。我为了解释这座雕塑的精神，于是写道：'血汗与贫穷代表了被分裂、受压迫的拉丁美洲，当务之急是重新调整这块大陆，团结起来，让它转变为不可染指的盘石，确保其独立与幸福。'"

尼迈耶在圣保罗的拉丁美洲纪念园区设计充满激进情怀，他的园区建筑恰当地舍弃了细枝末节，显露出梁结构与优美弯曲的建筑外壳，这些元素构成了庞大自由意向感观空间，项目的主题一目了然。纪念碑的庞大尺寸呼应着拉丁美洲纪念园区的主旨：让饱受压迫与剥削的拉美大陆人民团结在一起。拉丁美洲纪念园区与周边的尼特罗伊当代美术馆遥相呼应，形成壮丽的景观环境。尼迈耶把拉丁美洲纪念园建筑创作，作为自我和民族共同的精神表达，他的园区建筑犹如一件绚丽的艺术珍品，立于巴西大地，深藏拉丁美洲人心。

拉丁美洲纪念园区

尼特罗伊当代美术馆（巴西里约热内卢，1996 年）

尼特罗伊当代美术馆的意义在于彰显出当时巴西在工程方面的进步，

尼特罗伊当代美术馆

尼迈耶在美术馆建筑设计中自由地展现建筑概念和造型新趋势,其最突出的特点是把大自然完全显现出来。尼特罗伊当代美术馆建筑设计就像开在空间里的一朵花,生长在大地之上。尼迈耶说:"这里美丽的自然环境对尼特罗伊美术馆建筑非常有利,借助美丽的自然环境让建筑靠着中央支柱,建筑形体像花朵一样自然地往上绽放,把附近的美景提升到一个更新的境界,这栋建筑像空间里的花朵那般突出耀眼,让游客一眼就会看见建筑与景观。"尼特罗伊当代美术馆建筑在山另外一旁刚好看得见里约热内卢湾,让建筑的空间与它的基地密切在一起,美术馆建成之后很快成为这座城市的象征。

奥斯卡·尼迈耶的理念、言论及成就

尼迈耶虽然出身天主教家庭却向来一身反叛精神,他认为天主教具有古老的偏见,他非常坚决地反对和抨击社会的不公平,他的格言是:"我对追求平等与民主的态度,向来有如无畏的叛逆者。"早年尼迈耶因为喜欢艺术,选择了大学建筑学专业就读,他认为建筑和其他门类的艺术一样,需要追求新意,带给人惊奇和喜悦,建筑不仅供人使用也具有观赏性。建筑是一种创造,而且需要独一无二的个性,还必须兼顾使用者的兴趣和特殊使用需求。每个建筑师都有自己的风格,尼迈耶的建筑比较轻松、简洁、明快。他喜爱钢筋混凝土,混凝土可以让他追求建筑雕塑感,尼迈耶还对曲线情有独钟,他一向认为曲线和直线的形式一样符合逻辑,但是曲线会更美。他的曲线把建筑作品创意与美表现得畅快自然,他常说:"我不喜欢直角或直线,它们生硬而僵化,那是人造的。自由流动、富感官性的曲线才能吸引我。"

在材料技术方面,尼迈耶还在发挥钢筋混凝土打造大跨度结构与悬臂优越性方面大有突破,达到了造型的完全自由,这让他抛去传统羁绊有了技术上的支持,使他充分发挥想象力来摆脱千篇一律的解决方式,寻求更广阔和新意空间的理想得以实现。他说:"当然,过去这些年来,我提出的难题令结构工程师头痛,但他们赞同我的做法。我向来希望建筑尽量轻盈,能轻轻碰触大地,能具有俯冲又能腾空飞翔的感觉,并带来惊喜。今天,我们享有完全的造型自由,钢筋混凝土让新的、无法预测的形式成为可能。以钢筋混凝土打造出新的、有创意的形式是我的兴趣,也是一大乐趣。我试着探索这些形式,结合最新技术打造出全新的建筑。"

尼迈耶曾与柯布西耶有过密切合作,他回忆道:"柯布西耶来到里约时,我协助他设计了一些项目，和柯布西耶接触，阅读他的理论，实在获益良多，然而他对我直接的影响是有一天他告诉我，建筑具有普世性，所以我入行时已经接触到大师，于是我开始做自己喜欢的项目。"和柯布西耶的合作，尼迈耶获得重要收获，通过柯布西耶，尼迈耶认识到建筑必须与众不同的原则，以及建筑是心智的创造物，是心灵自由创造的认知。他回忆道："直到今天，我依然记得我们初次见面的热诚，我们到机场接他，他似乎是从天堂下凡的天才建筑师，我的建筑也明显地影响了柯布西耶晚期的作品，这方面评论界已开始关注。"尼迈耶透过建筑的现代与乡土精神结合，为巴西利亚注入了现代乡土主义精神，尼迈耶现代地域民族乡土建筑表达对世界建筑多元化发展影响至深。

尼迈耶职业生涯经过两个主要阶段：第一阶段的主要建筑，是1943年设计的潘普利亚圣方济各教堂，第二阶段是巴西利亚系列建筑。他长寿且生活经历丰富，一百岁时再次结婚，妻子是他长期的助理，60岁的薇拉·露西亚，他在百岁高龄接受访谈时说："我没想过自己会这么长寿，但我得承认，我觉得还不够长，我不太回顾过往，我认为自己不超过60岁，我60岁能做的事情，现在也能做。对我来说当别人问起，如果未来有人研究我的建筑，我是否会觉得开心，我告诉他们，这个人也是会消失的，一切有始也有终，你、我、建筑都是如此，我们必须尽力而为，但也得保持谦虚，没有任何事情会长久维持，因此，我宁愿思考遗下什么事可做。"

参考文献：

1. Kevin Roche. The Curves of Time: The Memoirs of Oscar Niemeyer. London: Phaidon, 2000.

2. Oscar Niemeyer Interview with Brian Mier. Index Magazine, 2001.

3. Oscar Niemeyer Interview with Brian Mier. HUNCH (Berlage Institute Report), Granma Daily, 7-August-2006.

图片来源：

1. Kevin Roche. The Curves of Time: The Memoirs of Oscar Niemeyer, London: Phaidon, 2000: 55/60.

2. Oscar Niemeyer Interview with Brian Mier. HUNCH (Berlage Institute Report), Granma Daily, 7-August-2006.

阿尔瓦罗·西扎 Alvaro Siza：与天然融合的建筑大师

阿尔瓦罗·西扎

阿尔瓦罗·西扎人物介绍

阿尔瓦罗·西扎，1933 年出生于葡萄牙马托新纽斯，1955 年葡萄牙波尔图大学建筑系毕业，1966 ~ 1969 年担任波尔图大学建筑系助理教授。1988 年被授予威尔斯亲王奖，1992 年荣获葡萄牙国家学院凯悦基金会奖。1993 年被授予葡萄牙全国建筑师协会葡萄牙建筑奖，1992 年被授予香港大学荣誉博士。1992 年阿尔瓦罗·西扎获得普利兹克建筑奖。建筑代表作品有：波亚诺瓦茶馆（葡萄牙马托新纽斯，1963 年）；雷萨德帕梅拉滨海泳池（葡萄牙马托新纽斯，1966 年）；伯伊银行（葡萄牙维拉德孔德，1986 年）；波尔图大学建筑系馆（葡萄牙波尔图，1993 年）；圣玛丽亚教堂与教区中心（葡萄牙马可德卡纳维兹，1997 年）；赛拉维斯当代美术馆（葡萄牙波尔图，1997 年）；伊贝拉基金会馆（巴西阿雷格港，2007 年）等。

阿尔瓦罗·西扎早年曾对雕塑艺术产生兴趣希望未来成为一个雕塑家，但是由于家人的反对，他选择了一所开设绘画、雕塑与建筑课程的学校，原本打算借助建筑学习转行到雕塑方面发展，但后来因喜爱上了建筑而放弃了作雕塑家的初衷。

阿尔瓦罗·西扎作品分析

波亚诺瓦茶馆（葡萄牙马托新纽斯，1963 年）

波亚诺瓦茶馆是西扎最早的作品，波亚诺瓦茶馆坐落于马托新纽斯海边岩石岸上，离西扎的故乡不远。茶馆的屋顶采用结实紧凑的混凝土构造，因此夏天能保持凉爽，冬天也能抵抗汹涌的海浪与寒风。波亚诺瓦茶馆建筑与地景岩石相得益彰，成为马托新纽斯与大西洋海滨景色视觉关系的中介。波亚诺瓦茶馆基地是海洋穿过岩石接触的陆地，此处的景观随着天气与潮汐的变化而变化，虽然西扎的建筑遵循了乡土风传统，但他认为建筑也需要具有开放交流性。

波亚诺瓦茶馆

　　欧洲文化如意大利、西班牙、法国、英国的会所对马托新纽斯地区的影响会在该地区的建筑中明显地体现出来，在马托新纽斯新市镇的规划中也将欧洲不同地区因素相互影响汇聚在一起，形成新的乡土地域建筑风格。西扎的波亚诺瓦茶馆建筑尊重了马托新纽斯地区的地区特点，采取结合了葡萄牙风土传统，但也吸收了当时欧洲的众多建筑影响的建筑道路。

伯伊银行（葡萄牙维拉德孔德，1986年）

　　曲线的旋转造型是伯伊银行建筑突出的特点，旋转带来建筑丰富的曲线美感，曲线的使用是满足业主希望建筑体现出气势。曲线设计强化了银行的空间影响作用，因为基地正面太小，无法做出壮观的造型，因此，使用曲线形成不断朝着单侧墙延伸的面，如此可在视觉效果上放大建筑正面

伯伊银行

规模。此外，曲线也使伯伊银行在都会商业空间中，创造出一个商业性入口。伯伊银行室内延续了外部空间，室内空间与具有连接功能的楼梯采用曲线，曲线还丰富了银行柜台、轮廓和顶棚、墙体立面等元素。也许从建筑外面很难体会银行室内的感受，实际上室内空间互相联系，形成楼层在视觉上层层相连的完美效果，为整栋建筑创造出了视觉流动性的空间感受。

波尔图大学建筑系馆（葡萄牙波尔图，1993年）

　　波尔图大学建筑系馆的基地条件得天独厚，南面景观非常美。阿尔瓦罗·西扎把基地作为一座公园，将基地内原本的一些建筑与建筑系馆整合起来，建筑系馆的设计将系馆建筑安排在阶梯式三角基地上，三边分别为高速公路出口、原有道路及波瓦亚别墅旧庄园建筑区域。建筑系馆主建筑位于北侧，这样可以隔绝道路的噪声干扰，并维持空间在视觉上的私密性。

　　从河的另一边望向建筑系馆基地，清晰可见西扎的意图：在所看到的20世纪六七十年代的建筑群和塔楼环境里，出现建筑系馆新的组合，这里原本是设计成单一体量的大楼，但后来切割成片断分布，西扎发现，把不同风格建筑联系起来，建立某种关系并不容易，这并非最初预先设定好的

波尔图大学建筑系馆

想法，只是为了解决问题演变而成，这些问题包括功能规划，保留部分先前已存在的石墙，不易处理的地形等，于是促成建筑系馆形式的出现。这体现了建筑师巧妙利用环境创造了一种建筑类型的策略，西扎的设计让这些大楼和地景、基地的气氛融合为一体。

圣玛丽亚教堂与教区中心（葡萄牙马可德卡纳维兹，1997 年）

圣玛丽亚教堂与教区中心

圣玛丽亚教堂与教区中心属于新增教堂庭院建筑，形成教堂大门前方特殊空间，用来补充原有的教堂建筑环境，形成一个小型教堂广场聚会场所。教堂主体部分位于整体结构的中央，圣玛丽亚教堂与教区中心作为附属建筑起到了教堂主体与周遭环境尺度相互协调的作用，圣玛丽亚教堂小型都会广场整体复合建筑的形式，西扎以往也做过许多该类型的建筑，他还为该建筑设计了家具与其他配套设施，例如教堂里 400 张通往祭坛的椅子，西扎说："教堂的窗户在我心中是多么神秘，正因为这些神秘与热情，因此把窗户放在非常高的地方，水平的窗户开在高处很合理，可以让大家俯瞰美丽的山谷。"

赛拉维斯当代美术馆（葡萄牙波尔图，1997 年）

赛拉维斯当代美术馆

西扎希望在这项由他独力负责的项目中，能为这个地方做出更协调的建筑，赛拉维斯当代美术馆建筑基地周围是草原与花园，周边还有一些古建筑，他的方案是通过赛拉维斯当代美术馆汇聚周边建筑与环境打造一个公园概念的美术馆建筑。他把赛拉维斯当代美术馆设计成一座开放式的庭院，周围分布着几栋几何形式的现代建筑，"花园里的大房子"，白墙立面偶见敞开的窗子，这样在美术馆内部参观者可以在不经意间望见周边花园。他还充分考虑基地环境与周围的公园和建筑，设计采用了石材和混凝土包覆作建筑外立面，花岗石的建筑基座顺应基地的自然坡度，以呼应建筑与周围环境相互依存的氛围关系。

伊贝拉基金会馆（巴西阿雷格港，2007 年）

伊贝拉基金会馆

伊贝拉基金会馆建筑基地是从峭壁植被区域挖出一小块基地，占据洞穴般的空间，并在上方兴建不规则形状的四层楼，包括在平台层的一楼。建筑量体的边界，在南面与西面为笔直近乎呈直角的墙体，而东面与北面则呈波浪状。波浪状的墙面与建筑等高，围出通往中庭的通道，中庭周围则是展览馆，通道可以到达楼上三层三间不同大小的展览室，以及一楼的接待区、衣帽间与书店以及短期展览空间。伊贝拉基金会馆建筑内部设计非常有弹性，能依博物馆实际运作的需求而不断变化。

　　由于会馆的基地夹在峭壁与繁忙街道之间，建筑方案很不容易解决。从会馆建筑概念草图中可以很好地感受到建筑师的匠心。会馆占地很小，但是西扎运用斜坡与会展场地地面的高度变化，使它看起来很大方，入口广场采用开放与封闭交替的手法。西扎说："这不是一条曲线，而是一种调整，因为我必须建造一个整体，让空间变得精简，如果能引进绿化与植物，这样就非常美妙了。"

阿尔瓦罗·西扎的理念、言论及成就

　　西扎认为建筑是人类渴望与动机的一部分，就和绘画、雕塑、电影、文学一样，它属于人类需求理解与表达的范畴。建筑必须是艺术，否则就称不上是建筑。建筑不是艺术之母，因为建筑不是艺术的起因，也无法随处分布，但建筑和艺术一样具有自由精神表达性。他说："我对安东尼·高迪很有兴趣，因为我把现实生活中的建筑和他的知名建筑相比时，我得说他的建筑简直和雕塑一样，我认为把他的作品视为雕塑，比视为建筑更加有意思，而当我亲眼看到他的作品时，却发现这些雕塑其实是房子，拥有一般房屋所有的元素，门、窗、踢脚板，于是安东尼·高迪打开了我对建筑的兴趣之门，现在我认为他的作品的确是建筑。"

　　西扎的设计过程经常以非系统的方式展开，他的经验和忠告是，不要排除项目中任何元素，因为建筑和一切都有关联，建筑设计是一种统合的活动，一开始或许模模糊糊，但随着问题出现，就会变得清晰强烈起来。设计不过是沟通与分析的工具，他认为画图不是因为建筑需要，而是因为乐趣，关键在于创造出某种气氛，这种气氛让建筑师能逃离成见开启预期之外的探索。建筑师不只需要专注在设计与画草图中，他在项目的进行过程每隔一段时间就把图带回身边，这是因为更需要确实了解方案过程与建造的确切关系，在心里走遍整栋正在构思中的建筑物，这一过程不必看图，建筑师可以坐着想象走进设计构思中的建筑，走进每一个厅堂，进到每一间盥洗室，想象诸如洗洗手这样的情形，如果是住宅，还要去厨房，总之要竭尽所能，在设计项目发展过程中设身处地地仔细研究。

　　西扎认为建筑艺术需要了解空间关系考虑范围，并注重使用材料和质感表现作为参照，注重天然景观与建筑深度关系和独创性，他常常选择最简单的基本材料如瓷砖、木材、大理石等，主张建筑创造崇高、永恒、欢乐、含蓄、均衡的人类主题。他的建筑创作构思会让周遭环境扮演着重要的角色，让建筑于一处美丽地点进行融合，他甚至去模仿岩石的轮廓，让建筑宛如一块岩石，自然空间感油然而生。他说："我的建筑不能把葡萄牙文化、生活与大西洋切割开来。"

在为建筑的问题寻找解决方案时，无论采取什么手段都不能抄捷径，因为建筑设计过程各个层面彼此间的关系相当复杂，例如空间该如何精确连接，这种事情无法自动发生，好的建筑师，必须要学会精雕细刻，相信慢工才能出细活，他并不依据理论架构做事，也不会过分关注所谓线索，不向业主解释如何理解作品，他对建筑思考主要是稳定、宁静与存在，在信息洪流中为自己选择正确、深刻的定义。

西扎有兴趣预期未来会有什么新发展的设计项目，虽然究竟是什么发展无法确知，但这些设计项目能开发特定潜能，包括地方的主流文化，以及随之而来的张力与冲突，他的设计方案不仅为一个想法赋予实际形式的概念，还能同时考量诸多层面，拒绝将限制加诸现实生活。建筑的重点需要避免静态的意象，以及线性的时间推展；每一项设计，建筑师都必须思考建筑在转瞬消逝的意象中的状态，认真尝试直到可以完整捕捉具体的一刻，建筑师一旦开始去评估基地的环境，设计就真正展开了，这时让环境条件影响设计过程，有些元素或许模模糊糊，但绝不表示这并不重要。

参考文献：

1. Dawne Mc Cance. Mosaic: A Journal for the Interdisciplinary Study of Literature, December 2002.
2. Architects Do Not Invent, They Just Transform Reality. Courtesy the Office of Alvaro Siza Extra1, 1998.
3. Alvaro Siza Interview by Jose Antonio Aldrete-Hass. BOMB, Summer 1999.
4. Antonio Angelillo. Alvaro Siza-Writings on Architecture. Milan: Skira, 1997.

图片来源：

1. Antonio Angelillo. Alvaro Siza-Writings on Architecture. Milan: Skira, 1997: 8/16/22.
2. Alvaro Siza Interview by Jose Antonio Aldrete-Hass. BOMB, Summer 1999: 37-45.

斯韦勒·费恩 Sverre Fehn：寻找永恒过客希望的建造者

斯韦勒·费恩

斯韦勒·费恩人物介绍

斯韦勒·费恩，1924 年出生于挪威康斯柏，1949 年毕业于挪威奥斯陆建筑学院，获得国家建筑师职业资格。代表建筑作品有：威尼斯双年展北欧馆（意大利威尼斯，1962 年）；海德马克天主教博物馆，（挪威哈马尔，1979 年）；挪威冰川博物馆（挪威菲耶兰，1991 年）；奥克鲁斯特中心（挪威阿尔夫达尔，1995 年）等。

挪威广阔的湖泊森林，深沉的冬天等地域特征都影响了斯韦勒·费恩的建筑思想，早年他曾追随现代主义建筑，努力摆脱挪威建筑传统，后来又回归挪威文化传统。费恩深信了不起的建筑都与人面对死亡问题有关。费恩是奥斯陆建筑学院早期的学生，早年费恩信仰纯粹现代主义建筑风格，1953 年获得奖学金前往法国，来到尚·普维在巴黎的工作室学习，尚·普维对施工技术问题提出的有创意的解决方式给了费恩很大启发。在法国期间他参观和研究了柯布西耶的许多作品，这也给了费恩很大的影响。1997年斯韦勒·费恩获得普利兹克建筑奖，于 2009 年逝世。

斯韦勒·费恩作品分析

海德马克天主教博物馆（挪威哈马尔，1979 年）

海德马克天主教博物馆设计传达了费恩天堂与尘世之间自由往来的宗教思想，费恩设计博物馆的主题是："我们都是永恒的过客。"他自喻是建筑世界永恒的漫游者，人在建筑与城市里漫游、进出，欣赏广场与公园，

海德马克天主教博物馆

一切似乎都属于遥远与不久之前的过往。空间在身边开启、关闭，影像充满人的脑海之后，又瞬间放空，而留下的足迹也将随之消失。因此，费恩创造了没有地平线的地景，寓意外在与内在的世界、外部与内部的空间、室内与室外，一概没有分隔。

博物馆基地在中世纪古迹周边，保存了大量中世纪建筑遗存，设计需要考虑让考古挖掘在博物馆和展品中占有同等重要地位，新馆结构没有碰触任何中世纪的墙或遗迹。费恩说："这些遗迹必须维持原貌，因为它们在诉说古代战争、主教与历史的悲剧故事。面对着过去的遗迹需善加处理，过往意识会对作品产生很大的影响，博物馆不会受限于建筑墙体与屋面斜坡，其节奏与动线将带领访客接触考古发现，以及未来依然会在建筑周遭进行的考古挖掘。"

挪威冰川博物馆（挪威菲耶兰，1991 年）

一般来说，传统博物馆希望能让人意识到物体是过去留下的遗迹，而费恩认为博物馆的存在在于能让人们意识到看不见的东西，使未来和过去的元素密不可分。因此他关注的是大气层在冰川留下的大面积痕迹，让人们意识到在宁静的冰山之下隐藏着大量的水，只要气温升高几度，水就会淹没地球上肥沃的平原。因此，费恩将冰川视为物理元素，把挪威冰川博物馆设计成一个庞大的冰雪色的毯子，铺在广袤的土地上，包覆着透明却无法看穿的冰河，好似动物般缓缓滑动，往大海前进的假设使建筑在地表留下深深的痕迹。建筑恰当地揭示了冰隐藏了水的暗示和寓意。

为了尝试反映冰隐藏了水的暗示和寓意，费恩将博物馆入口设计得像是两道楼梯纵梁间的裂缝，两道巨大的楼梯透过纵梁间的裂缝上到高处平台，裂口还为室内带来生动的采光，随着进入室内深处，光的强度随着空间递减，外部的倾斜混凝土表面与陡峭的山壁形成有趣的对话关系，而一侧嵌入的玻璃造型与混凝土墙形成对照，给人以冰川底下冰块的奇妙联想。

冰川博物馆是费恩杰出建筑的典范，费恩处理大地景观谨慎而敬畏，极力避开了建筑如同外来物强加于地景之上的感觉。以费恩的说法："博物

挪威冰川博物馆

馆就像是两座山底下的一道裂缝，当我接受委托设计冰川博物馆时，发现这里的自然景观相当丰富，因此，我将混凝土打造成石造祭坛的形式，它的强势足以和周围美景对话。设计和建造过程中我很担心自己的做法是否妥帖，但最后是成功了，如果为了营造和谐而采用草皮屋顶，结果将会彻底失败，我认为对比有时要比和谐有趣得多。"

奥克鲁斯特中心（挪威阿尔夫达尔，1995 年）

奥克鲁斯特中心是一座献给挪威知名插画家与幽默作家齐耶尔·奥克鲁斯特的博物馆。博物馆收藏齐耶尔·奥克鲁斯特的画作，画作主题就是他曾离开的挪威阿尔夫达尔乡村。建筑设计成在大型木柱之间的空间，画家画中的世界持续在建筑空间里流动。一条通道穿越奥克鲁斯特基地中心，厄斯特达尔谷地的森林成为建筑的背景，格罗玛河平静地流过谷地。奥克鲁斯特中心建筑主材料采用石头干砌墙和松木木作，建筑在地景里形成一条优雅的线，建筑玻璃结构蜿蜒透明，长墙面宛如一条堤坝，与背景里壮阔的山峦和谐辉映。费恩认为他的作品和自然的关系会是一场和谐的碰撞，他希望该建筑会在文化层面引起关注，希望社会能关注如此打造的，让人更能察觉环境之美的建筑。费恩说："为一个人建造一个建筑，就像是为他画一张肖像，你可以为业主或建筑项目营造出一种诗意，当我们体认到高原对地景的意象有多么重要时，就能渐渐理解这个建筑，树立一排如纪念碑的柱子，衬着后方原始谷地，似乎是理所当然的做法，混凝土长墙有如边界，从另一边看，排列的木柱子令人联想到挪威森林。"

奥克鲁斯特中心

斯韦勒·费恩的理念、言论及成就

费恩说："我承认自己是一个没有偏好的建筑师，我不是密斯、不是伍重，也不是阿尔托，但是这些建筑师的表现对我影响很大，我在自己的特色中寻找答案，试着表达出自我思想的建筑。年轻时，我总是想象自己正逐渐摆脱挪威建筑传统，然而我越研究，越发现自己是在挪威脉络下做设计，我对基地、光线、材料的诠释，和挪威建筑传统根源有密切关系。"

费恩认为他的建筑充满死亡与神秘精神，建筑有时就是光明与黑暗的原型，费恩认为人类心智有诗意精神和想法，可能就是死后生命还在继续，这个想法推动了他的建筑创新，他相信所有了不起的建筑都与人面对死亡问题有关，这可能来自挪威地域特征，因为整个冬天都是黑暗的，因此需要人们得尽力发挥想象力，才有办法度过黑暗。生活在挪威不像南方，太阳会每天出现、落下，冬季与夏季的差异不那么大，由于挪威地域特征，费恩对于光与影很迷恋，他的建筑对于采光形式也非常考究。

费恩觉得建筑充满了矛盾性，他说："当我在一块大自然完全未遭破坏的基地兴建时，会有一场自我思想争斗，建筑要应对气候、自然与地形条件已经很复杂了，而我们经常会在文化取向方面遭到抨击，在这样的对抗中，我努力打造出让人更能体会到环境之美的建筑，并希望大家看到这栋建筑时，也能对这里的美有新的感受。建筑能促成自然生态与创意生活之间的对话很重要，这说法或许难以理解，但是过去与现在的对话有时需要同时展现出来。"

他的格言是："我们都是永恒的过客，都属于遥远与不久的过往。"这些都深刻地体现在他的建筑表达之中，他坚信建筑师要能成为帮助人们找到希望、梦想需求的天使。他也用自己的方式理解建筑与自然、材料和技术的关系，就是让每种材料都有自己的语言，让建筑语言能穿透材料、扩散讯息，形成建筑、材料和人的对话关系，他认为："如果和石头说话，它就会以回音的方式回应；如果和山壁岩脊说话，它会给你镜子般的声音；如果倾听大雪覆盖的森林，它会以静默告诉你它的回答。"

费恩的建筑透过对过去与未来的深度关注，来表达建筑的适合性。他认为唯有当下的新形体形式，才能使我们开始有与过去对话的条件。如果你只是追逐过往，那么过往将永远不可及，但如果你能彰显现在，就能与过去对话，让建筑以适合的状态存在。费恩说："没有人能使这个社会支持我，或者就是想要我的建筑。我没有人脉，或许在这方面我有点反对过分社交生活。"费恩建筑职业生涯是在不断地竞标画图当中，他相信画图是非常有效的实践方式，他说："建筑是一项提供给其他人职业技术服务的工作，就好比编写管弦乐，必须运用你的乐章与音律，你可以说大自然会透露出你的音律，建筑师的角色是体认到他人需求、希望与梦想，帮助人们寻找场所的天使。因此，建筑师必须随时思考建筑可以利用的基本条件和业主的真正需求，尽量精准解读地缘地景自然环境语言，并熟知人的因素，如此才能在建筑中通过人性、尺度和材料满足人性需求，当然也包含建筑中的对抗性。"

费恩的建筑作品持续出现的主题是敏锐地借助大自然创造场所感，他的建筑有自己介入自然的模式，他的创作基本上是关于人在大自然中的存在方式，以及人留在地景上的印记模式的思考和处理。费恩认为建筑就像乐器制作师，与最会运用木材的大师一样，他们能赋予乐器自己的特色。建筑要能让每种材料都有自己的特色，石头和易碎的秋叶特色就不一样，让特色能穿透材料，扩散出讯息。人与建筑的对话是透过材料和人的皮肤、毛孔、耳朵、眼睛等，但这对话不会只停留在肤浅层面，犹如香气会充满空气。例如对物体透过触摸，可以交换熟悉的程度等，建筑材料与人们也是如此。人类时常既不理性，也不够有逻辑性，但人类充满着惊喜、奇异的梦想、诗意与幽默，有时还有谎言。建筑必须要为人的天性提供呵护与答案，为其创造对话物质条件空间。有时城市象征是陌生、恐惧、庞大、稠密的都会建筑，还有各种文化差异，然而最重要的是，城市也能让人感受到它所拥有的一种特殊宁静，以至于会对比出乡下的不宁静，比如乡下有必须照顾的田地、要挤的奶、要人喂的鸡……而城市拥有的宁静体现在等待感当中，让城市成为一个等待的空间；有着等待女友的军人、等待船只抵达的水手……相对城市中等待的温馨而言，自然有时会显得具有被囚禁的沉重感，而建筑却是一种自然和人为造物之间的语言沟通方式，它就像诗一样，但必须删除冗赘的文字，显现表达的本质。

参考文献：

1. Sverre Fehn. GA Document, September 1984, 7.
2. Henri Ciriani. Interview with Sverre Fehn. A+U: Architecture and Urbanism, January 1999.
3. Pritzker Winner Sverre Fehn Offers Insights for Young Architects. Architectural Record, May 1997.
4. Sverre Fehn. Scandinavian Review, Winter 1997.

图片来源：

1. Henri Ciriani. Interview with Sverre Fehn. A+U: Architecture and Urbanism, January 1999: 65-88.

格伦·默卡特 Glenn Murcutt：美好即时建筑的大师

格伦·默卡特

格伦·默卡特人物介绍

格伦·默卡特，1936 年出生于英国伦敦，1961 年毕业于澳大利亚悉尼新南威尔士大学建筑专业，获得学士学位。代表建筑作品有：格伦·默卡特住宅（澳大利亚悉尼，1965 年）；马里卡·埃德尔顿住宅（澳大利亚新南威尔士滨吉角，1984 年）；梅格尼住宅（澳大利亚新南威尔士，1984 年）；波瓦里游客信息中心（澳大利亚卡卡杜，1994 年）；辛普森·李住宅（澳大利亚新南威尔士威尔森山，1998 年）；波伊德教育中心（澳大利亚新南威尔士里佛斯达，1999 年）等。2002 年获得普利兹克建筑大奖。

在默卡特的成长岁月里，曾随家庭生活在新几内亚，在那里他学会自给自足的生存之道，独立生活和解读自然让他觉得多数人是过着安静绝望的生活，他们的顺服，明显就是对于绝望的妥协。默卡特说："我不想要安静绝望，我一定要作出积极的努力。"

格伦·默卡特作品分析

格伦·默卡特住宅（澳大利亚悉尼，1965 年）

格伦·默卡特住宅是他位于悉尼附近的住家，悉尼处于温带气候区，默卡特的住宅兼做办公室，默卡特和他的妻子一同设计、共享。住宅没有安装暖气和空调设备，纯粹利用自然调节气温系统。在温暖的月份开启门窗，让风吹进来，冬天则关起门窗，利用冬天的阳光采光取暖。起居空间地板利用再生木材，并以木材螺帽、螺套锁住，而不是用钉子和钢制螺丝。

格伦·默卡特住宅

这些木材螺套可以用特制的扳手旋起,每块木板都可以移开,因此木材可以再度利用。出于住宅绿色节能的要求,默卡特夫妇俩也调整了生活方式,各种生活功能需求融合在小小的空间体积里,单纯通过独特的建筑形式巧妙解决。

梅格尼住宅(澳大利亚新南威尔士,1984 年)

梅格尼住宅位于澳大利亚新南威尔士,1984 年设计建造。梅格尼住宅具有空间宁静、开敞、光线充分的特点,在梅格尼住宅内可以很好地感受天气变化,无论是刮风、寒冷或晴朗都会给室内带来细腻的美感,浴室采用及腰开窗高度,淋浴间则采用屋顶天窗,也和室内其他空间一样,可以尽情感受天空的美丽。这些会让业主身居期间时,随时感觉到时光变化。

梅格尼住宅

梅格尼住宅体现了默卡特注重乡土环境肌理的设计思想。他说:"如果先前的什么东西有特性,那么我会保持这项特性,才不会最后作出像米老鼠一样滑稽庸俗的立面,从街道看过来,这里完全保持完整,这就是我对有特色的建筑抱持的态度。"在梅格尼住宅,默卡特试着赋予空间连续性,他尝试让建筑给人以敞开住宅空间,业主可以通过通风与采光感受居住体验到对气候与视觉的控制感受,以及在垂直维度拓展空间,给业主在地方、纹理、形态与建筑类型层面的归属感。

由于梅格尼住宅距离城镇较远,因此默卡特自己设计了建筑及室内配套设施,例如主卧暖炉、东西向立面特别遮阳设备、屋顶面雨水收系统设施等。默卡特说:"我的设计注重选择多样性,并不是特别针对一个人而做,我的设计能让许多人来使用,给大家如何生活的选择;例如使用者不想坐在三角形阳台,那可以坐在空间里休息与思考,还可以待在温暖安稳的敞开空间里或走进自然等,我想要给人自由以及自由的精神,这就是建筑文化的一部分。"

波瓦里游客信息中心（澳大利亚卡卡杜，1994年）

波瓦里游客信息中心

波瓦里游客信息中心位于澳大利亚卡卡杜国家公园，1994年设计建造，在波瓦里游客信息中心设计中，默卡特充分考虑了与原住民的合作关系，认真倾听了原住民对历史的理解，默卡特体会了由于原住民文化和白人认知的不同，绝大部分的白人社区建筑会被原住民认为不健康，他们觉得在这些建筑里无法好好活动与呼吸，这让默卡特认识到建筑若无法让不同民族、文化同时身处其中并适应，也不可能让更多人共处一室依然觉得舒适。因此波瓦里游客信息中心建筑不仅表达了对原住民文化积淀的尊重，也充分考虑适应包括原住民在内的多种人群习惯的需求。

格伦·默卡特的理念、言论及成就

默卡特把建筑作为人类促成事物发生的媒介，能感受、碰触、观看、聆听，让事情发生、理解并进入，如接受、行走、坐下、嗅闻、碰触、准备、爱、照料、睡觉、放松、观看、观察等现象。他关注着事情在处于发生中、进行中的状态，建筑是促成这些事物实现过程的媒介。默卡特认为建筑设计关键是把平凡之事做得超出一般，他说："我从不相信建筑师一定得建高楼大厦才算成功，我并不在乎一定要设计所谓大项目，我关心的是怎么把普通建筑做到最好，如果法规与建筑商的需求和我的信念相左，那么我就不会接受这个设计委托。我关注自己内心需要，而不是做些炫耀的事。我是个内向的人，并且低调行事，例如我曾被邀请担任评审，去修改伍重的悉尼歌剧院建筑，我拒绝了，因为这个做法是错的，任何颁发给我的奖项，对我都是意外的震撼，我无法给大家什么讯息，只能说我们都有责任妥善处事，这至少是我身为建筑师能做到的。"

建筑与一般意义商品的差别在于事物发生进行中的状态，真正的建筑源自艺术，与事物进行中的状态密切关联。他说："如果我们把自己和环境、景观、周遭大自然的丰富之美切割开来，当然我们还是会有脑袋眼睛，但是，我们看见的世界只是在眼前经过而已，能够深切感受才是美好，比如今天比较凉，昨天比较暖，真实的才美好。建筑设计就是要把人连接到环境中，让人的身体尝试接收变化带来的好处。"对默卡特来说，建筑的关键在于选择使用当地材料，以及对气候问题的思考和表达，他认为："生物能永久生存下去，前提是能与其他有机体保持平衡，消耗速度不要超越维生所需，现在的世界正过度开垦、毒害大地，对未来缺乏合理适当的规划，唯有先对材料、制作过程、回收能力、光线、通风，与外在及自然景观的关系等种种议题负责之后，我才有必要去关注建筑造型，这些议题都应该体现在设计过程中，这些元素是打造建筑的思考基础，该如何组合这些因素才是建筑的根本。"因此，默卡特对绿色建筑兴趣浓厚，他也非常关注结构、空间、光线方面尊重地景的建筑，他关注建筑空间对大地景色提供庇护，他也关注景观生态变化，例如从沧海化作陆地再化为山丘，变化出一系列的生态交错区的生态带。他说："这是一种思考方式，在决定如何联系各种元素的过程中，也要去理解如何恢复与再利用这些元素，关注这些问题，是因为在重新利用建材元素时，使内含耗能的流失降低。毁坏环境会导致人类无法永续生存，人类消耗与污染地球资源的程度，要与大自然更新的能力保持平衡，但大家似乎并不懂得。许多建筑师的设计在抗拒环保，他们认为能回应气候的建筑无法成为所谓美丽的作品，太多这样的作品把与大自然保持和谐当作是负面限制。"

澳大利亚地景和生态对他的建筑影响很大，在澳大利亚大部分地区，生活在原生态条件下，干旱和洪水经常是很大问题，澳大利亚的树木也适应原生态条件，会追随阳光的轨迹，默卡特精准地观察地景自然变化，体会植物群细腻又充满力量的状态。因此他的建筑很好地实现了与原生态细腻的结合。他反对现代化国家高能源消耗模式，他说："现代化国家仅占地球人口一成，却消耗了地球九成的资源，这样不对，我们必须减少耗能，在第一世界耗能为第三世界的十倍，却担心第三世界人口爆炸的问题，发达国家根本没有资格这么说，这是非常自以为是的态度，对于自己的道德判断必须谨慎。"

默卡特还强调建筑师的人品，默卡特的人品体现在工作中的妥善处事，他坚信生活的真谛在于为己为人的客观，而不是做些值得炫耀的事。他以建筑来关注人在事物进行中的状态，把建筑、人、环境、景观及周遭大自然密切结合起来，让人能够通过尝试需要接受变化，并感受眼前正在发生的美好。默卡特的建筑努力实践了建筑即时意义。他的建筑也体现在对于因地制宜的材料使用、回应气候的思考，使建筑与大自然保持有机平衡，让消耗低于维生，因此他对建筑的资源回收能力、光线、通风，与外在及自然景观的关系具有高度负责的精神。

默卡特主张建筑具有可变的弹性，可以开关闭合，他清楚知道建筑要纳入的观景，要庇护、观察与接待等的功能是什么；他的建筑设计要求能体会光线、温度、风的模式，并迎合日照位置的变化。他认为能在地球与阳光之间建立起良好关系的建筑，才是找到了季节气候变化时控制热度与寒冷的好方法。他的乡村建筑屋顶都设计了能够收集雨水并加以运用的构造，包括饮用水、灭火、冲马桶、浇花等。在部分大型建筑设计方案中，会把废水回收、循环生物消化处理之后，用以浇灌田耕和花园所用。

他确信地景是大家生活中非常重要的元素，因地景的存在才开启了人与场所的对话关系。默卡特关注建筑如何吻合大地地景，又不显得霸气，他认为在澳大利亚这样土地辽阔的国家里，人类就像大自然里的蚂蚁一样，我们的建筑能够安静地与地景融合非常必要。他说："一个建筑师要做的九成是对场所理解，剩下的一成则是对文化理解，以及文化如何适应地方环境需要，地区文化将造就我们，而不是我们造就地区文化。"他的建筑来自于对环境的观察研究，他并未尝试设计所谓澳大利亚建筑，而是试着设计他所在之处的建筑，例如他的建筑强调澳大利亚独特的明亮光线，晴朗天气条件下光线地景中清晰的元素。例如在北半球，光把环境中的元素联系在一起，但在澳大利亚却是分离的，默卡特抓住这种可辨性、透明度、特殊的影子、光的特性，他的建筑结构与处理都是作为对特定基地的特殊条件的回应。这方面澳大利亚的乡土建筑为他的工作方式提供了很重要的借鉴，例如，地区的变迁，从海洋变土地，从低地变高地，因此早期殖民建筑外廊空间形式，对他都是很有意义的元素。他说："在这个国家，我们不仅居住在城市，更住在边缘地区，有九成的澳大利亚人住在海岸边，某种程度而言，我们是住在澳大利亚的外廊，把这个国家的绝大部分放在后方，我们是居住在边缘。"

参考文献：

1. Glenn Murcutt Interview by Martin Pawley. World Architecture, September 2008.
2. Spirit and Sensibility. Architecture, October 1999.
3. Glenn Murcutt: Thoughts on the Ecology of Architecture. A+U: Architecture and Urbanism, August 2006.
4. Glenn Murcutt Interview by Yoshio Futagawa. GA Houses, May 2003.

图片来源：

1. Glenn Murcutt Interview by Yoshio Futagawa. GA Houses, May 2003: 18-23.
2. Glenn Murcutt Interview by Martin Pawley. World Architecture, September 2008: 38-40.

彼得·卒姆托 Peter Zumthor：地方自明性建筑揭示者

彼得·卒姆托

彼得·卒姆托人物介绍：

彼得·卒姆托，1943 年出生于瑞士巴塞尔，1962 年进入瑞士巴塞尔美术设计学院，1967 毕业，同年获得瑞士联邦家具设计师证书与室内设计学位，2009 年获得普利兹克建筑奖。代表建筑作品有：彼得·卒姆托工作室（瑞士赫登斯坦，1986 年）；圣本笃礼拜堂（瑞士苏姆维特格，1988 年）；温泉浴池（瑞士瓦尔斯，1996 年）；布雷根茨美术馆（奥地利布雷根茨，1997 年）；汉诺瓦世博会瑞士展览馆（德国汉诺瓦，2000 年）；克劳斯田野礼拜堂（德国梅谢尼希，2007 年）；科伦巴美术馆（德国科隆，2007 年）。

彼得·卒姆托的格言是："房子最终必定有形式，无法避免，我发现美的形式其实就是一切能适得其所，建筑物质像是人的身体、薄膜、纤维，一种覆盖物，衣料、绒布、丝等一切包覆着我们的东西，我也尝试如此思考建筑的意义，建筑最崇高的使命之一是为创造和带给地方自明性，使其个性鲜明，因而成为世界的一部分……"彼得·卒姆托获得业界广泛赞誉，被认同为建筑诗人，他的建筑作品运用独特语言表达了强烈的个人风格。他为人也是言行合一，言语精练，没有冗赘，他善于表达，建筑语言深刻动人，他的建筑追求生动流畅、焦点明确，清楚、并极富感性、令人回味。

彼得·卒姆托作品分析：

卒姆托工作室

彼得·卒姆托工作室（瑞士赫登斯坦，1986年）

彼得·卒姆托工作室位于瑞士赫登斯坦格劳宾登州一个群山环绕的村子中央，是卒姆托工作与居住的地方。工作室建筑采用木造结构，风格与当地传统建筑风格一致，造型更具有地域木制建筑特色，外立面采用结构细腻的落叶松木板包覆，宛如一件精美的家具。一楼居室空间，二楼是制图间，档案室位于地下室，南面有大型开窗，望出去有一小片樱桃树林，还有美丽花园和沿墙搭建的棚架，爬满生机盎然的葡萄藤，窗上采用了大型帆布遮阳屏。室内为单开大型空间，由一座延伸至三个楼层的独立工作墙分隔，也隔出北边狭窄的公共区域和南边的居住区。

圣本笃礼拜堂（瑞士苏姆维特格，1988年）

圣本笃礼拜堂的特点是修长的建筑外观和内部空间采用流通性设计，建筑内部形状与外部密切呼应和关联，建筑平面造型形式模仿和借鉴了叶片和水滴造型，内部空间类似于本地区传统古老教堂的集中式平面做法，而采用叶片生物形态形成了比较柔和，也更为流畅的环境感受。走进教堂让人感觉到沉静，也觉得犹如登上了一艘静静航行的船。建筑内部曲线柔和，木制地板采用弹性地龙骨构造，使人踏步其上脚底可以感受到轻微弹性，37根独立的结构木材围出地面的叶片形状，也界定出教堂空间。屋顶的木柱结构加强了建筑叶脉意象表现力，也形成船形内部空间肋骨形结构构造。屋顶与梁柱精密搭接、浑然结合，窗前细致的木条造型也很好地解决了光线照明的调节问题。

温泉浴池（瑞士瓦尔斯，1996年）

在瓦尔斯温泉浴池设计中，卒姆托的想法是要打造一座仿佛回到人类的过去，就像千年以前的人们那样沐浴的建筑。他运用了把建筑嵌入斜坡的手法营造出温泉浴池古老的气氛，并把温泉浴池建筑与基地地形及地质连成一体，仿佛这座建筑早就在那里，与瓦尔斯谷那些经过挤压断裂形成千片巨石断层凹折浑然一体。

在温泉浴池设计中，卒姆托还设计了迂回曲折的室内空间，与下凹的涌泉池沟槽相搭配，犹如一块巨大的石头刻凿而成。在浴场内部，设计师并没有展示最新的水处理装置，喷水器、喷水口或水瀑，卒姆托强调的是沐浴净身静谧而原始的体验：让人在不同空间接触不同温度的水，在水中放松，并且在水中可碰触石头；为了让沐浴者体会石头亲昵抚触着身体的感受，室内设有石头加热装置，让石头拥有仿佛经过阳光照射般暖洋洋的触感。他还把每一块巨石挖空，并在里面打造各种用途的洞穴、下凹区和一些狭缝，让巨石保留原生态，庞大而宁静，借以强调石头存在的感受和石头对沐浴者身体的影响。他还在建筑顶部的石块凿出开口，把顶棚铺在室内浴池柱石之间。卒姆托受到来自土耳其浴室穹顶的影响，他在顶棚上凿出小开口，并镶嵌蓝色玻璃，引进光线，让日光呈现在幽深的浴室空间里，使沐浴者体会到山中石头世界拥有的一股神秘特质，也感受到黑暗与光明的统一感。引进的光线反射在水面上，弥漫在蒸气缭绕的空气中，听见水在石洞空间发出的各种声响，温暖的石头、裸露的肌肤、沐浴的仪式氛围，还有结合了日光的表现方式。

温泉浴池

布雷根茨美术馆（奥地利布雷根茨，1997 年）

卒姆托在布雷根茨美术馆突出追求表达两个概念，一个是建筑给人会呼吸的感受，另外一个是建筑内外光和影的丰富变化。从布雷根茨美术馆外层看，建筑由精致的大型蚀刻玻璃板鳞片结构组成，看起来就像是鸟的羽毛一样，鳞片结构由大型钳具固定在金属托架上，鳞片结构玻璃板的模数尺寸相同，边缘暴露在外，鳞片状结构接合处是开放状态，这个空间架构如同一张细网，可以让风吹进来，使外面湖水气息穿透建筑。美术馆内部展览空间顶棚也是采用蓬松模数结构，就像卒姆托希望的，将空气引进整个建筑，打造出会呼吸的美术馆。从外观看，布雷根茨美术馆建筑像盏吸收变幻天光和湖面雾气中的灯，建筑可以通过角度变换，反射出日光、天气环境和光线与色彩变化，宛如揭示着建筑生命的存在。楼上展览室顶棚也可以用来捕捉光，这些模数玻璃板接缝也是开放的，挂在混凝土顶棚上，下方经过蚀刻的玻璃板表面与边缘闪耀微光，并将日光导入整个室内空间，如果从户外露天咖啡座和其他外部环境观看建筑内部，还可感受建筑内、外部结合不断波动的光线变化，这些玻璃板聚集而成的空间让光源出现如此美妙的变化，产生影子与反射。卒姆托说："我相信每栋建筑都有某种情感，我使出浑身解数，浇筑混凝土做出丰富造型，再结合技术装备，使一座庞大建筑外观呈现近乎雕塑的气质，我认为界定空间材料的外观若具有感官性，对馆藏艺术品会有好处，这种做法可以调整光的氛围，并为空间赋予深度。持续波动的光线，让人觉得建筑似乎在呼吸，好像一切都可以渗透进来，无论是光、风与气候皆可穿透，仿佛这座建筑有办法掌握不受限于密闭的外层。"

布雷根茨美术馆

汉诺瓦世博会瑞士展览馆

汉诺瓦世博会瑞士展览馆（德国汉诺瓦，2000 年）

卒姆托设计汉诺瓦世博会瑞士展览馆建筑，除了使用钢材支撑结构之外，全部采用了瑞士本地木材，运用高度统一的建筑主材料营造出非凡的感官飨宴。由于展览馆大量使用木材，所以当馆外炎热时，里面却清凉如森林，而外面凉意逼人时，馆内反而温暖如春。木质材料会吸收人体温度是广为人知的事实，卒姆托很认真看待世博会的"绿色永续性"主题，选择了木材兴建展览馆，他将木材的剖面切成 20×10 厘米，排起来长达 144 公里，共计使用 2800 立方米的落叶松与花旗松，全部取自瑞士森林。组装时不使用任何黏胶、螺栓或钉子，只以钢索支撑，每一根木条直接压在下方的木条上，世博会结束之后，建筑可以拆除，这些木条还可以当作干燥木料出售而回收利用。展览馆建筑室内就像是大型乐器，可以收集声音，并予以放大传送到其他地方，这和每间房间的特殊形状、室内建材表面以及运用方式有关。卒姆托说："如果把和小提琴一样优质的云杉铺到地板上，或粘到混凝土板上，声音是不是会不同呢？我对建筑的理解源自于童年时期与年轻时，源自于成长过程。"卒姆托在汉诺瓦世博会瑞士展览馆建筑设计中，用生态和再利用概念表现了建筑永续性价值，汉诺瓦世博会瑞士展览馆的确令当时的观众赞叹不已。

克劳斯田野礼拜堂（德国梅谢尼希，2007 年）

克劳斯田野礼拜堂 1

礼拜堂是为纪念瑞士圣人尼古拉·克劳斯而建造。克劳斯生活在 15 世纪，是对抗当时教会问题的正直人物，他代表着正直、不做任何错误的事，也不妥协，深受大家爱戴，他去世后四百年的 1940 年被封为圣人。瑞士有半数人信仰天主教，委托建造人瑟夫与楚黛尔·施德威勒是虔诚的罗马天主教徒，他们是一对老农夫妇，克劳斯也是卒姆托母亲最爱的圣人，所以他决定只收少许设计费用。卒姆托对该礼拜堂建筑设计作出了很大投入和奉献，他从 1998 年开始设计，到 2007 年落成，前后跨越了 8 年多时间。克劳斯礼拜堂设有祭坛，不是一般意义的教会空间。卒姆托在田野中打造小巧的新空间，期望能表达出大家对克劳斯的爱戴之情，设计目标是一个亲和的乡村礼拜堂。礼拜堂落成时，来到这座礼拜堂的人们有知识分子与学术界人士、普通人、农夫，他们深受感动，大家赠送各式各样的赞美诗集给卒姆托表达内心的感激。卒姆托希望借由这件委托设计打造出真正属于当代的好建筑，建筑外部完成之后，为了研究科隆附近克劳斯教堂内部的碳黑室内空间，他还跑去找木炭制造商寻找协助，他说："我以为木炭制造商知道该怎么做，但他们也一无所知，后来我脑海中还冒出更执着的想

克劳斯田野礼拜堂 2

法，去找了烟囱清洁工，为了实现建筑创作目标，我不在乎是来自铁器时代或是未来的做法，我要的只是解决之道……"

科伦巴美术馆（德国科隆，2007 年）

科伦巴美术馆因建在科隆的一片废墟的边上，形成新建筑运用旧地基的特别状态。基地原来环境中建筑差异大且零碎，但这也是古迹林立的科隆特有的环境，所以科伦巴美术馆必须建成新与旧结合的城市建筑与环境元素的集合体。卒姆托的设计在废墟上方架起鲜红色走道，在展场引进了

科伦巴美术馆

自然光，这些出人意料的设计形成参观者的体验。在形式上，他运用了把实体建筑语言与原有环境建筑零碎部分进行整合、补充和统一的方法。他的基本概念是营造环境和解与融合，保护旧有建筑，避免画蛇添足地抹去历史痕迹和破坏城市历史文脉。他在寻求科伦巴美术馆建筑自身语汇的过程中，尽力寻求丰富旧建筑环境，避免新建筑彰显出伤口感，给城市带来建筑伤口开放于外的感受。在强调美术馆新建筑功能架构内，以简洁明了的方式处理过去残留建筑历史痕迹，更精确地体现建筑综合表现完整性。卒姆托这个态度明确传达了建筑师是历史和新环境共同营造者的明确意图。

科伦巴美术馆新建筑的材料采用了卒姆托为科伦巴美术馆而特殊定制的砖，定制砖的颜色、形式与黏合方式都保证能与旧建筑环境的石头与砌砖的颜色和水泥块结构实现最佳搭配，他说："我如此想象一座博物馆，我相信艺术的精神价值，而亲自体验艺术品，这有助于达到超越物质存在的境界，艺术品能启示我们融入不理解却更伟大的事物，艺术的心智灵性元素令我深深着迷。"

彼得·卒姆托的理念、言论及成就

卒姆托不是从理论定义作为出发点来做建筑的人，他的建筑观念一向注重实体意义，善于使用有表现力并能共鸣的材料语言。他认为建筑师需要为旧事物增添新概念与热情，建筑师工作是热情与执着的追求过程，既要从训练与实务中学习，又需要有发现新事物的能力与直觉，内心通晓深入理解事物，使之尽善尽美。他坚信设计目标是致力于达到尽善尽美的建造，他经常回忆起童年照自己的想法做东西的经历，那时的目标就是一切都要恰到好处才罢休，他觉得这并不是一定要为了什么，而事情原本就应该是这样。

卒姆托接受设计委托的条件必须是真的感兴趣，他认为设计无法脱离实际物体而存在，他打比方说："一个有钱人找上门，想在滑雪场造一间漂亮的房子，他会说钱不是问题，我只想有个漂亮的地方，让我和朋友住。你可以想想办法吗？即便这人可能是个好人，或者的确是个好人，我还是会说不，因为对我来讲，我得投入四年的生命，但对委托人而言，只不过是在某个地方另建一座周末度假小屋，两者根本无法相提并论，这和购物一点关系都没有，除非我对委托感兴趣，否则我会无法工作，因此我会对没有兴趣的委托说不。"他也认为工匠和工程师的结合很重要，他非常尊敬具有制作技能的人，并相信制作是人类工作的基础，而制作学问令他印象深刻，使他在设计建筑时不断尝试运用制作之道，不断克服技能挑战。他坚信建筑形式、量体与空间能在有形实体中化为真实，建筑师的想法无法脱离实际物体而存在，建筑最重要的秘密在于它会收集世界上不同的东西、不同的材料，将其结合起来创造出特有的空间。

在建筑绘图类型中，他更在意的是施工图，原因是施工图是画给工匠看的，更加细致客观，并不会令人联想什么，不需要试着说服人或令人印象深刻，这正是建筑本来的样子，施工图就像解剖图，显露出完工后建筑不愿暴露的内部秘密，张力与接合的艺术、隐含的几何、材料的摩擦、内部支撑力，以及蕴含的人力工作要素都在其中。卒姆托的设计与工作非常依循自己的喜好，他个人觉得这是个很天真的过程，每个人对建筑都会有自己的概念和理解，都会有自己的观点，作为建筑师重要的是要能够把对建筑的思考和想象变成图纸，遗憾的是，许多建筑师无法以三维空间来思考，因此对他们来说，无法将建筑纸上的图画转化和想象成它有朝一日将变成的样貌。处理建筑方案时，他会倾听业主的声音，希望能获得什么经验，他常常能体会到这种感觉，就好像作家常感受好书好像自己会写出来，建筑也是同样，一旦起了头，然后就得放手，要去往建筑构造和材料把你带到的地方。他说："我的设计过程是从居住开始，最后也回归到居住，我会在心中想象住在我设计的房子里会有何感受，我会以我梦想中的建筑空间，体会为大家营造的体验，虽然房子没有真的建造，但最初设计一旦画在纸上，它就开始对设计者发挥影响，我会对着完成的图纸自问，哪个部分可以行得通，哪个部分行不通。随着设计进行，有时我一觉醒来之后，发现自己好像身在所思考的建筑的某个地方，想出了某面墙或某扇门不太对劲，我不必刻意追求，事情就这样发生了……"

卒姆托对建筑要求是讲究尽善尽美，他认为最美丽的建筑一定是一切适得其所，建筑各个部分要连贯成一体，环环相扣，完美作品若是除去和添加任何部分，都会因破坏建筑整体而不能成立。卒姆托也要求建筑功能用途与建构形式要恰到好处地反映地域特点，与地方形成深刻联系，他强调美好的建筑一定是具有地域性，一定为地方带来特色，建筑最崇高的使命之一是创造和带给地方自明性，使其因个性鲜明而成为世界的一部分。他的做法是把建筑中一切整合在一起之后，试着感觉自己是否喜欢这样的组合，最后才是美或不美的单纯问题，而美或不美的单纯问题才和形式有关。卒姆托建筑设计的最后才是以形式来表达，他说："房子最终必定有形式，这无法避免，我发现美的形式其实就是一切能适得其所，往往事后观看作品时，会发现它们已拥有令我惊喜的形式，但你根本无法从一开始想象会有这种结果。要是完成的建筑最后看起来不美，形式无法令我感动，那么我会回到起点，重新开始，或许所谓美的形式是我的最后要求。"

参考文献：

1. Peter Zumthor Interview by Patrick Lynch. Architects Journal, April 2009.
2. Peter Zumthor. Atmospheres: Architectural Environments-Surrounding Objects. Switzerland: Birkhauser, 2006.
3. Peter Zumthor Interview by Rob Gregory. Architectural Review, January 2009.

图片来源：

1. Peter Zumthor Interview by Rob Gregory. Architectural Review, January 2009: 15-22.
2. Peter Zumthor. Atmospheres: Architectural Environments-Surrounding Objects. Switzerland: Birkhauser, 2006: 55-70.